어떻게
아이 마음을
내 마음처럼
자라게 할까

실패와 좌절에도
무너지지 않는
단단한
마음 연습

어떻게
아이 마음을
내 마음처럼
자라게 할까

크리스토퍼
윌라드
지음

김미정
옮김

불광출판사

"어린이와 성인 모두에게 유용하고 훌륭한 지침서로서 쉽고 재미있게 읽히는 믿음직한 책이다. 눈길을 사로잡는 유용한 연습이 빼곡히 실려 있어 부모, 치료사, 교사에게 더없는 자원이다. 유망한 학자로서 아이들의 요구에 지대한 관심을 가진 저자의 노력이 페이지마다 묻어난다."

수잔 M. 폴락, 명상과 심리치료 연구소 대표, 《함께 앉기(Sitting Together)》 공동 저자

"마음챙김 학습에 접근하는 놀라운 방법이다. 훌륭한 기술과 실용적인 도구, 유용한 지혜가 가득하다."

잭 콘필드, 《마음이 아플 땐 불교심리학》 저자

"《어떻게 아이 마음을 내 마음처럼 자라게 할까》에는 마음챙김의 이로움을 청소년에게 가르치는 일에 관한 지혜와 전문적인 지침이 가득하다. 저자는 교사, 임상의, 현직 치료사로서 쌓아온 방대한 경험을 바탕으로 손쉽게 실천할 만한 실용적인 연습 활동과 생각거리를 제공한다. 이 책을 활용하면 모든 일상생활에 마음챙김을 적용할 수 있을 것이다."

타라 브랙, 《받아들임》 《끌어안음》 저자

"마음챙김의 이로움이 널리 알려지자 이제 사람들은 '어떻게 하면 그것을 아이들에게 가르칠 수 있을까?'라는 질문을 던지곤 한다. 더는 고민하지 않아도 된다. 다양한 연습 활동과 실용적인 지혜가 가득

담긴 보물상자와도 같은 이 책은 모든 독자에게 영감을 불어넣는다. 저자의 유쾌한 접근법을 따라가다 보면 누구나 자기다움을 유지하면서 주의력을 높일 수 있다는 사실을 깨닫게 된다. 모두가 이 책에서 소개하는 연습을 실천했으면 한다. 곁에 있는 아이들에게 전해주어도 좋고 우리 내면의 아이부터 시작해도 좋다."

크리스토퍼 거머, 《오늘부터 나에게 친절하기로 했다》저자, 《마음챙김과 심리치료》 공동 편집자, 하버드 의과대학 교수

"《어떻게 아이 마음을 내 마음처럼 자라게 할까》에는 어린이, 청소년, 가족을 위한 훌륭한 조언과 연습이 가득하다. 전 세계의 모든 부모, 치료사, 교사에게 더없이 훌륭한 자원이다!"

수잔 카이저 그린랜드, 《마음챙김 놀이》《미국 UCLA 명상수업》 저자, 이너키즈 (Inner Kids) 공동 설립자

"청소년들에게 깊이 있는 마음챙김 경험을 선사하는 일은 형식적이고 구조화된 수업이 아니다. 오히려 아이들은 일상생활의 '자잘한 순간' 속에서 마음챙김을 경험한다. 이 책은 마음챙김과 청소년을 다룬 도서 중에서도 이러한 진실을 반영해 간단한 개념에 집중하는 짧은 연습법을 가득 실었다. 아이의 발달 단계에 맞는 마음챙김 연습을 일러주고 꾸준히 실천하도록 도울 방법을 찾고 있다면 이 책에서 해답을 얻을 것이다."

크리스 맥켄나, 마인드풀 스쿨스(Mindful Schools) 프로그램 디렉터

"실용적이고 호소력 있는 내용으로 읽는 즐거움을 선사하는 이 책은 부모, 교사, 그 외 아이들을 상대하는 모든 사람에게 귀중한 자원이다. 저자는 방대한 경험을 바탕으로 창의적이고 상식적으로 이해되는 연습법을 가득 실었다. 이 책은 어린이, 청소년, 성인 등 사실상 모든 사람이 더 행복하고 풍성하며 적극적인 삶을 이루는 데 유용하다."

로널드 D. 시겔, 심리학 박사,《마음챙김 솔루션: 일상의 문제를 대하는 일상의 연습들(The Mindfulness Solution: Everyday Practices for Everyday Problems)》저자, 하버드 의과대학 심리학과 조교수

"이 책은 집, 학교, 상담실에서 아이들을 대하는 부모, 교사, 치료사를 위한 간단하고 재미있고 흥미로운 마음챙김 연습들을 훌륭하게 엮어냈다. 저자는 삶의 자양분이 되는 마음챙김의 이로움을 어린이와 청소년에게 전하는 데 필요한 귀중한 자원을 만들어냈다. 믿음직한 요리책처럼 이 책에는 건강하고 맛있고 만족스러운 마음챙김 레시피가 가득하다. 이 레시피를 활용한다면 여러분 삶에 함께하는 아이들과 더불어 마음챙김의 맛을 음미하게 될 것이다."

에이미 샐츠만,《마음챙김 명상 교육: 인성 함양과 정서 안정을 위한 학생용 MBSR 8주 코스》《10대를 위한 고요하고 조용한 장소 : 스트레스와 힘든 감정을 완화하는 마음챙김 워크북(A Still Quiet Place for Teens: A Mindfulness Workbook to Ease Stress and Difficult Emotions)》저자

"초심자든 전문 강사든 마음챙김 교육에 관해 궁금한 점이 있다면 이 책에서 현명한 해답을 찾을 수 있다. 이 책 자체가 여러분 자신, 친구, 교사에게 훌륭한 선물이다."

리처드 브래디, 마음챙김을 위한 교육자 모임 설립자

"훌륭하고 시의적절한 이 책은 풍부하고 실용적인 내용을 담고 있어 어린이, 청소년, 그리고 이들과 함께하는 성인에게 큰 도움이 될 것이다. 특히 10대들의 스트레스 여파를 가장 가까이에서 겪으면서도 적절한 마음챙김의 대처 기술을 배우지 못했던 부모들에게 더욱 유용할 것이다. 저자는 이 분야에서 가장 존경받는 현직 치료사로서 아이들에게 마음챙김을 전달하는 효과적인 방법에 관한 풍부한 지식과 이를 뒷받침할 믿음직한 과학적 근거를 잘 정리해 담았다. 마음챙김을 처음 접하는 사람도 이 책에서 영감을 얻고 책에서 제시하는 내용을 지침으로 삼을 수 있다. 친근하고, 활기 넘치며, 재미있게 술술 읽히는 이 책은 실제 일화를 통해 생생한 이야기를 전해준다. 진정성과 실용성을 고려한 연습법들은 분주한 하루하루를 보내는 아이들과 가족들에게 적합하다. 몇몇 연습은 단 1분 안에 실천할 수 있다. 나도 이 책을 활용해 양육 요령을 기르고 주변에 널리 권할 생각이다."

캐서린 위어, 영국 사우스햄프턴대학 교육학과 명예교수

리오(Leo)를 위해

아이를 대하는 방식만큼

그 사회의 정신을

명확히 보여주는 것은 없다.

–

넬슨 만델라

1995년 5월 남아프리카공화국 프리토리아에서 열린
'넬슨 만델라 아동 기금' 출범식 기념 연설의 첫마디

차례

이 책을 집어 든 당신은 세상을 변화시킬 놀라운 여정에 들어섰다. 지금 어디에서 어떤 기분을 느끼고 있든 당신은 혼자가 아니다. 당신은 점점 더 많은 사람이 조금씩 사라져 가는 경이로움, 호기심, 성찰을 아이들에게 되돌려 주고자 애쓰는 운동에 함께하고 있다. 이 책이 존재하는 이유는 당신처럼 다음 세대가 더 온전하고 연민 어린 삶을 살아가도록 도우려는 사람들과 공동체가 있기 때문이다. 중국 속담에 "한 세대가 씨를 뿌리면 다음 세대가 그늘을 누린다"라는 말이 있다. 그 일은 우리로부터 시작한다. 이런 의미에서 부모 또는 어린이·청소년 전문가인 당신에게 감사의 인사를 전한다. 자기 자신 그리고 자신이 속한 공동체에 마음챙김의 씨앗을 심고 정성껏 물을 주는 이들과 이 여정을 함께하게 되어 기쁘다.

プロローグ

명상은 소우주이자 모델이자 거울이다. 우리가 앉아서 연습하는
이 기술들은 삶의 다른 영역에도 그대로 적용할 수 있다.

–

샤론 샐즈버그,《하루 20분 나를 멈추는 시간》

아이들과 함께하는 마음챙김은 20분간 조용히 방석에 앉아 명상하는
것만을 의미하지 않는다. 나는 교사, 치료사, 부모로 사는 동안 다양한
나이와 배경을 가진 수많은 아이가 마음챙김하는 모습을 지켜보았다.
아이들의 마음챙김 연습은 그들 한 명 한 명이 별개의 사람인 것처럼 전
부 제각각이었다.

　주의력 결핍 과잉행동 장애(ADHD)와 부모의 이혼 문제로 힘들어
하는 일곱 살 재키에게 마음챙김은 나나 재키 스스로 종을 울릴 때까지
바닥에서 동물 인형을 가지고 논 다음 둘이서 함께 주의를 기울여 세 번
호흡하는 것이다. 음식 문제로 힘들어하는 곱슬머리 10대 알렉사에게
는 음식을 먹어야 한다는 감정의 신호가 아니라 몸의 신호에 집중하고
반응하는 일이 마음챙김이다. 라크로스 경기장에만 들어가면 공황에
빠질까 봐 두려워하는 건장한 체구의 운동선수 자레드는 경기 중에 신
속히 자기 몸을 살피면서 불안이 느껴질 때마다 두 발바닥으로 알아차
림을 불러오는 마음챙김을 실천한다. 아동기 질환에 의한 만성 통증으
로 열두 살에 처음 상담실을 찾아왔던 엘리에게 마음챙김은 학교의 명

상 모임에 참가해 조용히 방석에 앉아 있거나 영적 성장을 위해 청소년 마음챙김 수련회에 가보는 것이다.

학교 교사에게 마음챙김이란 국가시험을 앞둔 아이들에게 집중적인 듣기 연습을 제공하는 것일 수 있다. 치료사라면 상담 과정에서 내담자가 온 감각을 기울여 그림을 그리게 하는 것도 마음챙김이다. 나는 아들이 태어나기 전까지 명상 수련회에 참가하고 수요일마다 명상센터에서 마음챙김을 연습했다. 지금은 아들이 쉬거나 뛰어노는 모습을 보면서 그의 미래와 살아갈 세상을 떠올리며 느끼는 기쁨과 두려움을 알아차리는 걸 마음챙김이라 여긴다.

어떤 방식으로 하든 마음챙김은 힘든 시기에 차분함과 명료함을 선사한다. 우리가 아무리 아이들을 잘 보호하려고 해도 힘겨운 시기는 반드시 찾아온다. 세상은 언제나 연민으로 가득한 곳이 아니다. 지금껏 한 번도 상처받지 않고 자란 아이일지라도 언젠가는 상처를 받는다. 하지만 우리가 아이들을 잘 가르친다면, 그들이 부딪힐 가장 커다란 도전 과제들이 도리어 가장 훌륭한 스승이 될 수 있음을 아이 스스로 발견할 수 있다. 마음챙김이 가져다주는 선물 중 하나는 필연적인 삶의 고통을 지혜와 연민으로 변화시킨다는 점이다. 위대한 철학자들은 고통이 영적 성장의 시금석이라고 입을 모아 말했다. 아이들이 인생의 역경 앞에 주저앉기보다 성장하고 번성하길 바란다면 괴로움을 다루는 데 필요한 도구를 제공해 주어야 한다.

연민을 기르려면 어느 정도의 고통을 경험해야 한다. 삶은 반드시 우리에게 그런 고통을 가져다준다. 마음챙김 같은 명상 연습은 아이들이 고통 속에서 주의를 빼앗기기보다 스스로를 치유하고 진정하게 만든다. 아이들은 상처 입고, 무릎이 긁히고, 시험을 망치고, 첫 실연에 울겠지만 그런 경험 속에서도 살아남아 성장할 수 있음을 알아야 한다. 또한 자신의 경험을 다른 사람들과 나눔으로써 세상의 고통을 누그러뜨릴 수 있다는 사실도 말이다.

마음챙김이라고 하면 불교를 떠올리는 사람이 많다. 하지만 마음챙김을 연습하고 그것이 개인과 집단에 가져다주는 이로움을 이해하기 위해 반드시 불교 신자나 종교인이 될 필요는 없다. 본질적으로 역사 속 붓다 이야기는 과잉 보호된 아이, 그리고 그 아이를 보호하고 돌보고 안전하게 지킴으로써 그가 안정되고 예측 가능한 성인기에 접어들도록 막강한 권력을 동원해 양육에 지나친 에너지를 쏟아부었던 헬리콥터 부모(helicopter parents)의 이야기라고 할 수 있다. 훗날 아이는 청년이 되어 세상의 괴로움을 마주하고 그것을 끝내기 위한 평생의 탐구에 돌입했다. 그리고 마침내 지혜와 연민을 갈고 닦음으로써 괴로움을 끝낼 수 있음을 알게 되었다. 예수는 자신의 고통을 온 인류의 구원으로 바꾸었다. 유대교는 한 사람의 괴로움을 변형시켜 거기에서 의미를 찾고 상처 입은 세상을 치유하고자 한다. 다른 종교와 철학 역시 지상의 난제를 변형하고 초월하려 한다.

마음챙김에 관한 심리학 연구에 따르면, 마음챙김은 심리학자들이 말하는 번영감(floushing, 우울·회피·이탈의 반대 개념)을 크게 높여준다고 한다. 또한 정서 지능을 길러주고, 행복감을 높여주며, 호기심과 참여도를 증진시키고, 불안을 완화하고, 힘든 감정과 트라우마를 진정시키고, 아이와 어른의 집중·학습·더 나은 의사결정을 돕는다.

갖가지 요소로 주의를 분산시키는 요즘 세상에서 스트레스, 불쾌한 경험, 심지어 중립적인 경험에 대한 우리의 기본 반응은 '바깥 살피기'다. 내면의 느낌이 마음에 들지 않는가? 지금 이 순간에 머무는 게 지루하게 느껴지는가? 그렇다면 바깥에 있는 것을 확인해 보라. 영상을 보거나 게임을 하거나 트위터를 보거나 인스타그램을 훑어보는 것이다. 최근 한 연구에서 실험에 참여한 청년들은 아무런 자극 없이 머릿속으로 생각만 하면서 10분을 보내기보다 저자극 수준의 전기 충격을 받는 편을 선호했다.[1] 마약을 복용하고, 자기 몸을 해하고, 부적절한 행동으로 감정을 표출하는 일 역시 아이들이 눈앞의 경험을 외면하고 외부로 눈을 돌리는 방식이다. 어려서부터 이렇게 자신의 경험과 분리되는 법을 배운 아이들은 자연히 자기 감정과도 씨름하게 된다.

마음챙김과 연민을 기르는 연습은 이런 문화적 조건화와 근본적으로 다른 방향을 추구한다. 바깥을 확인하는 대신 내 감정, 나 자신, 나를 둘러싼 주변 세상을 돌아보는 일 같은 '내면 살피기'를 강조한다. 시간이 흐름에 따라 아이들은 편안하든 불편하든 자기 경험을 포용하는 법을 배운다. 그리고 유쾌하든 불쾌하든, 사랑스럽든 혐오스럽든, 결국 인간의 모든 경험은 지나가기 마련이라는 사실을 깨닫게 된다. 오랜 시간 마음챙김의 렌즈를 착용한 아이들은 점차 자신의 경험, 촉발 요인, 자동적인 반응에 호기심을 가지게 된다. 이렇게 아이들이 바깥을 살피기보다 내면을 살피도록 가르치면 그들의 경험이 정서 지능을 길러주어 더 행복한 아이와 가정을 만든다. 여기서 얻는 이로움이 공동체로 퍼져나가 교실, 학교, 병원, 정신 건강 클리닉도 더 행복한 공간으로 변하게 된다. 궁극적으로 인류가 더 행복해지고 연민 어린 미래를 만날 수 있다.

마음챙김에 관한 흥미로운 연구를 살펴보면, 이것이 단지 아이들에게만 유용한 게 아니라는 사실을 알 수 있다. 마음챙김을 실천하면 더 차분하고, 덜 지치고, 덜 반응적이고, 현재에 더 집중하며, 부모나 배우자나 전문가로서 더 효과적으로 행동할 수 있다. 이는 마음챙김이 가져다주는 가장 귀한 선물 중 하나다. 즉 우리가 개인적으로 또는 전문가로서 신체적, 정서적, 영적 측면에서 마음챙김을 연습하면 다른 사람에게도 도움이 된다는 말이다.

이 책에 관하여

지난 몇십 년간 아이들과 작업하면서 심각한 장애가 있는 어린아이부터 반항기의 청소년까지 모든 아이가 마음챙김을 배울 수 있음을 알게 되었다. 마음챙김을 아주 조금만 연습해도 다들 충분히 이로움을 누렸다. 그것이 이 책에 70여 가지 마음챙김 연습법을 빼곡히 담은 이유다. 당신과 아이들에게 적합한 연습법을 적어도 몇 개는 찾을 수 있을 것이다. 여기에 소개한 모든 연습법은 나를 비롯한 여러 부모, 치료사, 교사, 그리고 무엇보다 아이들이 실제로 체험해 본 것들이다. 전문가가 아니어도 실천할 수 있으며, 진정성 있고 열린 자세를 갖추면 누구든지 이 짧은 연습을 아이들에게 가르칠 수 있다.

이미 온갖 일로 분주한 가족 구성원과 교사들의 삶에 또 다른 일거리처럼 마음챙김을 얹어주고 싶은 마음은 추호도 없다. 그래서 11장에 1분 정도면 실천할 수 있는 수십 가지의 짧은 연습법을 실어두었다. 이밖에 식사, 걷기, 운동, 미술 활동, 디지털 기기 활용 등 당신과 아이들이 일상적으로 하는 일에 마음챙김을 접목하는 방법도 담았다.

이 책이 제시하는 건 커리큘럼이 아니다. 아이들의 마음 건강을 위해, 아이들의 속도에 맞게 마음챙김을 가르치는 데 필요한 일련의 요소와 지침을 선사한다. 나는 어릴 때 레고 장난감을 가지고 재미있게 놀았다. 레고 세트를 놓고 설명서대로 건물을 지을 수도 있고, 때로는 같은 블록을 활용해 내 생각대로 작품을 만들 수도 있었기 때문이다. 바라건대 당신도 이 책에 나오는 연습들을 재료 삼아 아이들과 함께 무언가를 만들어내길 바란다.

1부에서는 마음챙김의 기본 원리를 다루면서 이에 관한 이론, 연구, 과학적 내용을 이야기한다. 마음챙김을 처음 들어보았든 이미 많은 내용을 알고 있든, 아이나 다른 어른에게 마음챙김을 전하려면 그것이 중요한 이유에 관한 확실한 근거가 있어야 한다. 3장에서는 어른인 당신을 위한 연습을 다룬다. 마음챙김을 나누려면 자기 자신의 연습부터 가꿔야 하기 때문이다.

2부에서는 여러 가지 연습을 자세히 들여다본다. 동시에 세상에 존재하는 다양한 성향의 아이들과 그들이 머무는 장소, 이를테면 가정이나 학교나 그 밖의 공간에 맞게 각색한 연습들을 제시한다. 구체적으로 교실, 집단, 나이, 학습 방식에 맞게 각색한 것들이다.

3부에서는 공식적인 공간에서 마음챙김을 가르치고 아이들의 참여를 유도하는 법에 관해 이야기하면서 당신이 속한 공동체에 마음챙김 문화를 조성하는 법을 일러준다.

이 책에서 소개하는 기본적인 마음챙김 연습은 지난 수천 년 동안 발전해 온 것들이다. 최근까지 사람들은 명상을 거의 실천하지 않았다.

심지어 우리가 명상과 연관 짓곤 하는 곳에서조차 연습이 이루어지지 않았다. 이 책에 나오는 다수의 기법은 수잔 카이저 그린랜드, 에이미 샐츠만, 존 카밧진, 틱낫한 스님 등 마음챙김 교육의 대가들이 고안한 기존 연습을 각색한 것이다. 더러는 영적 전통에 기원을 둔 것도 있지만, 이 책에 등장하는 모든 연습은 종교와 무관하다. 내가 알고 있는 한도 내에서 최대한 연습의 출처를 밝히고자 노력했으나 구전으로 전해 내려온 것들은 아무래도 출처를 밝히기가 어려웠다.

이 책의 또 다른 의도는 마음챙김을 일방적으로 설명하는 게 아니라 함께 탐구해 보는 것이다. 당신과 당신 삶에 함께하는 아이들을 위해 마음챙김이 가져오는 변화의 힘을 직접 경험해 보길 바란다. 연습에 관한 지식을 충분히 익히고 심화하면서 자신에게 와닿는 내용을 아이들에게 전해주었으면 한다. 판단은 내려놓고 가슴과 마음을 활짝 열어라. 몇몇 활동에 관한 선입견과 편견을 내려놓고 책을 읽으면서 익힌 내용을 직접 시도해 보라. 이 책을 실험 설명서라 여기고 스스로 실험 대상이자 과학자가 되어 마음껏 탐구해 보길 바란다.

개중에는 잘 맞지 않는 연습도 있겠지만 되도록 모든 걸 실천해 보길 바란다. 어떤 것은 와닿고 어떤 것은 그렇지 않을 것이다. 나는 당신이 조금 더 용감하고 조금 더 취약한 상태가 되었으면 한다. 어른으로서 그동안 쌓아온 자의식을 내려놓으라는 말이다. 취약한 상태에서 위험을 무릅쓰는 건 우리가 아이들에게 꾸준히 요청하는 일이다. 저녁 식탁에서 처음 본 채소를 먹어보라고 하고, 교실에서 새로운 수학 개념을 가르치고, 치료실에서 마음속 깊은 곳에 있는 이야기를 꺼내놓으라고 권하기도 한다. 아이들과 진정성 있게 소통하려면 그들에게 요청하는 취약성을 우리가 먼저 경험하고 본보기를 보여야 한다. 아이들이 열린 자세로 새로운 경험을 마주하길 바란다면 우리도 그렇게 행동해야 공평하다. 색다른 방식으로 몸을 움직이면서 새로운 알아차림을 발견해 보자. 몇십 년간 크레용을 쥐어보지 않았다면 이번 기회에 다시 한번 색칠을 해보고, 자기 목소리가 듣기 싫어도 노래를 한번 불러보고, 아이와 공유할 만한 새로운 무언가를 만들어보자. 무엇보다 아이들과 재미있는 시간을 보내자.

책을 읽으면서 마음챙김을 연습할 때는 자신에게 와닿는 부분과 그렇지 않은 부분이 무엇인지 확인해 가며 진행하는 것이 좋다. 이 책에 나오는 모든 연습을 조금씩 시도해 보고 자신과 아이에게 잘 맞는 것을 고르길 바란다.

베트남 출신의 틱낫한 스님은 서양에 마음챙김을 전한 사람 중 가장 널리 알려진 인물이다. 스님은 아이들에게 마음챙김과 연민을 가르치는 일을 씨앗 심기에 비유해 말하곤 했다. 마음챙김이라는 작은 씨앗은 누구에게나 심을 수 있으며, 그 씨앗이 자라나 알아차림과 배려가 가득한 삶을 꽃피울 수 있다. 이 책은 씨앗을 심는 일뿐만 아니라 아이들이 신체적, 정서적, 지적, 영적으로 번성하고 만개할 수 있는 환경을 만드는 데도 도움이 될 것이다.

PART

1

마음챙김
이해하기

chapter 01

스트레스에 짓눌리는 아이들

인생은 아주 빠르게 흘러간다.
이따금 멈춰 서서 주위를 둘러보지 않으면 놓쳐버릴 수 있다.

—

페리스 뷸러, 영화 <페리스의 해방>

2014년 미국 심리학회는 미국인들이 살면서 겪는 스트레스를 연구했다. 조사 결과 미국에서 가장 큰 스트레스를 받는 집단은 10대 청소년으로 나타났다. 최근에 10대와 시간을 보낸 적이 있다면 그들이 당신에게 자신의 스트레스에 관해 이야기했을지 모른다. 어쩌면 그 전에 이미 말했을 수도 있다.

〈그림1〉은 온라인에서 떠돌고 있는 벤다이어그램이다. '학생의 역설'이라는 제목은 누가 봐도 우스꽝스럽지만 내용만큼은 대다수 10대가 충분히 공감할 만하다. 다만 이 그림에는 아픈 부모 돌보기, 감옥에 있는 형제 챙기기, 부모 집이 압류당하지 않도록 돈벌이를 해서 살림에 보탬이 되기 등 미국의 많은 10대가 겪고 있는 다른 스트레스 요인은 포함되지 않았다.

〈그림1〉학생의 역설: 공부, 사회생활, 잠 중에 두 가지를 고른다면?

스트레스에 짓눌리는 건 10대만이 아니다. 도심에 사는 어린이든 깔끔하게 정돈된 대학교 캠퍼스를 거니는 대학생이든, 나와 대화를 나누었던 아이들의 고민거리는 모두 같았다. 나이와 상관없이 모든 아이가 자기에게 미래가 있을지 걱정한다. 숱한 전쟁과 환경 파괴로 인해 지구가 망가지고 있기 때문이다. 경제, 폭력, 빈곤, 편견도 걱정거리다. 교외에 사는 가녀린 체격의 일곱 살짜리 여자아이가 뚱뚱한 외모 때문에 친구를 못 사귄다고 말하거나, 도시에 사는 열한 살 된 남자아이가 스무 살 넘게 살려면 감옥에 가는 길밖에 없다고 말하는 걸 들을 때면 너무도 마음이 아프다. 각자가 가진 배경과 상관없이 모든 아이가 고통과 두려움을 느낀다.

아이는 어른보다 더 많은 스트레스에 짓눌릴뿐더러 이에 대처하는 기술도 부족하다. 많은 부담을 안고 사는 부모와 교사는 어떻게 아이들을 도와야 할지 모른다. 학교에서는 중요한 시험을 챙긴다는 명목으로 삶의 기술을 가르치는 프로그램을 줄이고 있다. 그러나 10대에 스트레스 대처법을 배우지 못하면 나중에는 배울 기회가 훨씬 더 줄어든다. 스트레스에 대한 자동적인 반응은 이른 나이에 학습된 후 다양한 인생 경험 속에서 굳어진다. 스트레스와 아이들이 그에 반응하는 방식은 전염성이 있어서 해마다 유행하는 감기처럼 학교와 가정을 통해 아이들 사이에 쉽게 퍼져나가고, 신체적·정신적 건강과 학습에 장단기적으로 악영향을 미친다. 좋은 소식은 마음챙김과 연민 또한 전염성이 있다는 것이다.

스트레스에 반응하는 두 가지 해로운 방식

기본적으로 스트레스는 실제든 가상이든 공포에 대한 반응으로 나타난다. 인간은 단 몇 가지 방식으로만 공포에 반응하게 되어 있다. 오늘날 대학수학능력시험을 치르는 아이들은 우리 선조들이 날카로운 송곳니를 가진 호랑이와 마주쳤을 때와 거의 같은 방식으로 반응한다. 유감스럽게도 그동안 인류는 엄청난 진화를 이루지는 못한 듯하다. 아래 내용은 크리스토퍼 거머와 크리스틴 네프가 '마음챙김 자기연민'이라는 프로그램에서 가르치는 내용을 각색한 것으로 우리 몸에 내재한 두 가지 스트레스 반응 양식을 보여준다.

두 눈을 감은 상태에서 양손을 앞에 모으고 주먹을 꽉 쥔다. 이렇게 하면서 자신에게 다음과 같은 질문을 던진다.

- 몸과 마음에서 무엇을 알아차릴 수 있는가?
- 어떤 감정이 느껴지는가?
- 어떤 생각이 드는가?
- 하루 또는 일주일 중 어느 순간에 이런 감정을 느끼곤 하는가?
- 지금 호흡은 어떻게 느껴지는가?
- 얼마나 열려 있고 또는 닫혀 있는 기분이 드는가?
- 얼마나 활력이 넘치는가?
- 늘 이런 상태라면 어떨 것 같은가?

이제 주먹을 펴고 두 손을 내려놓는다. 몸을 기울여 깊게 수그리고 머리를 가슴 쪽으로 떨어뜨린다.

- 몸과 마음에서 무엇을 알아차릴 수 있는가?
- 어떤 감정이 느껴지는가?
- 어떤 생각이 드는가?
- 하루 또는 일주일 중 어느 순간에 이런 감정을 느끼곤 하는가?
- 지금 호흡은 어떻게 느껴지는가?
- 얼마나 열려 있고 또는 닫혀 있는 기분이 드는가?
- 얼마나 활력이 넘치는가?
- 늘 이런 상태라면 어떨 것 같은가?

주먹을 꽉 쥐는 첫 번째 자세는 '투쟁 혹은 도피'의 스트레스 반응을 일으켜 스트레스를 주는 대상에 맞서 싸우거나 그로부터 도망치게 한다. 교통 체증에 갇혔을 때, 새 긴급 메시지가 스무 통이나 와 있을 정도로 눈코 뜰 새 없이 바쁠 때, 휴대전화가 울리기 시작할 때, 아이가 바닥에 토하는 걸 보고 반려견이 짖을 때 우리는 이런 기분을 느끼곤 한다.

투쟁 혹은 도피 상태가 되면 호흡이 가빠진다. 호흡만이 아니라 몸 전체가 조여오면서 정신과 마음도 움츠러든다. 사소한 것 하나라도 나를 건드리면 금방 터져버릴 것 같다. 실제로 그렇다. 우리는 바짝 경계를 세우고 외부의 위험 신호 외에는 모든 것을 차단한다. 이런 상태가 되면 뇌 속의 편도체('파충류의 뇌', '동굴인의 뇌', '인크레더블 헐크의 뇌'로도 불린다)가 활성화되고, 최고의 사고 기능을 수행하는 전전두엽 피질이 작동을 멈춘다. 그 결과 자신만을 생각하고 다음 몇 초만을 생각한다. 큰 그림을 떠올리지 못하는 건 당연하고, 연민을 느끼거나 다른 사람의 입장을 고려하는 일 따위는 엄두도 낼 수 없다. 이런 상태에서는 오직 위험 신호만을 받아들이며 부모나 교사의 도움처럼 중립적이거나 안전한 자극마저 위협과 위험으로 해석한다. 이때 우리 몸에서는 스트레스 호르몬인 코르티솔이 분비되어 사랑과 연민을 비롯해 포근한 감정이 들게 하는 호르몬인 옥시토신 뇌 수용체를 차단한다. 교통 체증에 갇혀 있을 때 3초의 여유를 발휘해 다른 운전자가 끼어들게 허락하지 못하는 이유, 회사에서 힘든 하루를 보낸 날 집에 돌아와 배우자나 아이들에게 괜히 신경질을 부리는 이유를 투쟁 혹은 도피 상태가 연민의 감정을 차단한다는 사실로 설명할 수 있다. 스트레스가 높은 학교에서 괴롭힘과 폭력이 발생하는 것도 같은 방식으로 어느 정도 설명할 수 있다. 투쟁 혹은 도피 상태에서 몸과 뇌는 모든 것이 위험 요소라는 메시지를 보내기 때문에 우리에게는 연민과 이해를 발휘해 반응할 여력이 없다.

많은 아이가 깨어 있는 시간 대부분을 이런 상태로 지내는 탓에 그들의 몸은 주변에 위험이 없을 때조차 위험이 있는 것처럼 반응한다. 맞서 싸우거나 도망치는 자세도 나름의 효과가 있다고 말하는 사람이 있지만 그 힘은 지속적이지 않다. 투쟁이나 폭력적인 반응은 공격성을 드러내고 도주나 회피 반응은 불안을 나타낸다. 이렇게 오랜 기간 투쟁 혹은 도피 태세로 스트레스에 반응하다 보면 신체적·정신적 건강에 해로운 영향을 미친다. 명확한 사고력이나 기분은 물론이고 심혈관 건강, 면역 기능(눈앞의 생존에 집중하는 사람에게는 장기적인 면역력이 필요치 않다), 대사 기능(모든 스트레스는 비만 위기를 일으키는 원인이다), 나아가 인간관계까지 망가진다.

투쟁 혹은 도피 상태에 너무 오래 머물면 아이의 뇌가 무언가에 즉각 반응하도록 조정되어서 내면의 지혜를 길어 올리거나 명확히 생각하기가 어려워진다. 부모와 교사는 아이들이 몇 시간 동안 착실히 공부하면서 머릿속에 정보를 채우는 걸 볼 수 있고, 치료사는 아이들이 탄탄한 대처 기술을 기르도록 도와줄 수 있지만, 여전히 아이들은 시험을 망치거나 중요한 순간에 자제력을 잃어버릴 수 있다. 중요한 순간에 최상의 모습을 끌어낼 대역폭, 즉 전전두엽 피질을 제대로 활용할 수 없기 때문이다.

이제 두 번째 자세로부터 우리가 지닌 또 다른 스트레스 반응을 알아보자. 축 처진 모습의 이 자세는 스트레스나 위험에 대한 '얼어붙기-항복' 반응을 나타낸다. 이런 반응은 투쟁 혹은 도피보다 사람들의 관심을 덜 받는다. 현대 성인의 삶에 비유하면, 이 반응은 금요일 오후 네 시의 기분이라고 말할 수 있다. 야생동물이 종종 이런 방식으로 위협에 반응한다. 주변 환경에 녹아들어 포식자가 알아채지 못하게 가만히 있거나 죽은 척하면서 포식자를 속여 그냥 내버려 두고 떠나게 만든다. 행동과학자들은 이런 반응이 만연한 상태를 가리켜 학습된 무기력 또는 우울증이라고 부른다. 이는 만성 스트레스나 만성적인 트라우마에 대한 또 다른 반응 양상이다. 행동적으로 볼 때, 이런 반응은 모든 걸 포기하고 내면으로 들어가 세상과 완전히 단절함을 뜻한다. 이런 식의 반응은 어른에게도 나타나고, 모든 걸 포기한 듯 맨 뒷줄에 앉아 있는 아이들에게도 나타난다. 얼어붙기-항복 상태 역시 안전 신호를 무시하고 포기해야 할 이유만을 인식하는 까닭에 우울의 악순환을 강화한다.

얼어붙기-항복 반응도 나름의 이점이 있고 심지어 좋은 기분이 들기도 한다. 하지만 이 또한 투쟁 혹은 도피 반응처럼 지속 불가능하다. 예를 들어 남과 겨루는 운동 경기나 대학 면접에 임하는 사람이 포기하는 자세를 보일 수는 없다. 무엇보다 이런 태도가 오래 반복되면 더 깊은 우울과 기피로 빠져든다.

투쟁 혹은 도피 반응과 얼어붙기-항복 반응은 수렵과 채집 생활을 하던 선조들이 물리적인 위험에 더 잘 대처하도록 진화한 방식이다. 하지만 현대 생활에서 겪는 정서적 위험과 스트레스에는 그다지 효과적이지 않다. 그것은 생각보다 덜 위협적이기 때문이다. 왜 어떤 사람은 적대적인 행동으로 반응하고 어떤 사람은 불안이나 우울한 태도로 반응하는지 완벽히 이해할 수는 없다. 어쩌면 뇌의 신경 배치가 원인일 수 있다. 또는 유전, 문화적 조건, 생애 초기에 보호자와 맺은 애착 유형이 결합해 그런 반응을 만들어낼 수도 있다.

앞서 소개한 손을 이용한 자기연민 연습을 통해 스트레스에 반응하는 아이와 어른이 어떤 식으로 세상을 인식하고 세상과 소통하는지 가늠해 볼 수 있다. 성난 아이와 시간을 보낸 사람이라면 투쟁 반응이 익숙할 것이다. 불안해하는 아이는 도피 반응을 보이기 쉽고, 우울하거나 트라우마를 겪은 아이는 얼어붙을 가능성이 크다.

스트레스에 반응하는 두 가지 유익한 방식

다행히 투쟁 혹은 도피, 얼어붙기-항복 말고도 두려움과 스트레스에 반응하는 좋은 방법이 있다. 오늘날 생물학자들은 우리 몸과 마음에 내재한 또 다른 두 가지 반응을 연구한다. 대개는 우리 스스로 이런 반응을 추구하지 않기 때문에 경험하지 못하는 것들이다. 효과적인 설명을 위해 앞서 제시했던 연습으로 돌아가 보자.

앉거나 선 자세에서 몸을 너무 조이거나 느슨하게 하지 않는다. 양 손을 앞으로 뻗고 두 손바닥은 펴서 위로 향하게 한다.

- 몸과 마음에서 무엇을 알아차릴 수 있는가?
- 어떤 감정이 느껴지는가?
- 어떤 생각이 드는가?
- 하루 또는 일주일 중 어느 순간에 이런 감정을 느끼곤 하는가?
- 지금 호흡은 어떻게 느껴지는가?
- 얼마나 열려 있고 또는 닫혀 있는 기분이 드는가?
- 얼마나 활력이 넘치는가?
- 늘 이런 상태라면 어떨 것 같은가?

곧은 자세를 유지한 상태에서 한 손 또는 양손을 가슴에 얹고 손의 온기를 느낀다.

- 몸과 마음에서 무엇을 알아차릴 수 있는가?
- 어떤 감정이 느껴지는가?
- 어떤 생각이 드는가?
- 하루 또는 일주일 중 어느 순간에 이런 감정을 느끼곤 하는가?
- 지금 호흡은 어떻게 느껴지는가?
- 얼마나 열려 있고 또는 닫혀 있는 기분이 드는가?
- 얼마나 활력이 넘치는가?
- 늘 이런 상태라면 어떨 것 같은가?

양손을 펴서 위로 향한 자세는 '주의 기울이기'라고 부르는 스트레스 반응이다. 이는 투쟁 혹은 도피, 얼어붙기-항복과는 질적으로 다른 자세로 지금 여기에 실제로 존재하는 대상에 주의를 기울이는 태도다. 이 자세를 취할 때 우리는 개방적이고, 깨어 있고, 기민하되 차분한 기분을 느낄 수 있다. 안정되어 있으면서 뭉그적거리지 않는다. 회피하지 않고, 우리 앞에 있는 대상을 좋아하든 좋아하지 않든 직접 마주하며, 명확하고 수용적인 마음을 유지한다. 이렇게 집중된 몸과 뇌의 상태를 마음챙김이라 생각할 수 있다.

마음챙김을 하면서 주의를 기울여 반응하면 뇌를 골고루 활용해 풍부하고 창의적으로 생각할 수 있다. 원활하고 깊게 호흡할 수 있고 주변 세상과 자기 내면에 관한 정확한 정보를 얻을 수 있다. 뇌에서는 전전두엽이 다시 활성화되고, 내부 경보 체계인 편도체가 차분함을 유지해 스트레스 호르몬이 끓어오르지 않는다. 주의를 기울이는 방식으로 반응할 때 우리는 수동적인 대신 기민하고 깨어 있는 상태를 유지한다.

한 손이나 양손을 가슴에 얹는 마지막 자세는 '친구 되기' 반응이다. 이를 연민이나 자기연민이라고 생각할 수 있다. 이 순간에 우리는 자신에게 어떤 스트레스가 있는지, 무엇이 어렵게 느껴지는지 인식할 뿐 아니라 자신을 보다 적극적으로 보살피고 그 과정에서 마주치는 어려운 감정들과 친구 되는 법을 배운다. 우리는 모두 자신의 정서, 내면의 목소리로부터 배우고 그것을 적절히 보살필 수 있다. 이런 식으로 자기 자신을 돌보기 시작하면 뒤이어 주변 사람들을 똑같이 보살피게 된다.

잠시 생각해 보자. 새로운 통금 시간을 놓고 아이와 협상을 벌이거나, 시험장에 들어가거나, 그 밖에 스트레스를 받을 만한 상황에서 위 반응 가운데 자녀나 부모에게 가장 좋은 정신 상태는 어느 쪽일까? 두 말할 것 없이 집중하기와 친구 되기 반응이 투쟁 혹은 도피, 얼어붙기-항복 반응보다 더 건강하고 지속적이다. 이런 긍정적인 반응들이 우리 신경계에 내재해 있다. 유럽에서 학생들을 가르치던 2013년, 고향에서 열린 보스턴 마라톤 대회의 결승점 부근에서 폭탄이 터졌다는 소식을 들은 나는 본능적으로 가슴에 손을 얹었다. 무의식적이고 자동적으로 자기연민의 행동을 취한 것이다. 어떤 게 더 낫다는 말이 아니다. 적어도 특정 상황에서는 한 반응이 다른 반응보다 낫다는 뜻이다. 그렇다면 왜 우리는 투쟁 혹은 도피, 얼어붙기-항복 반응을 먼저 보일까? 그동안 우리의 본성인 주의 기울이기와 친구 되기 반응을 기르지 않았거나 그런 반응이 일어날 때마다 이를 굳건히 하지 못했기 때문이다.

이것이 마음챙김이 필요한 이유다. 마지막에 했듯이 자신을 활짝 열어주는 연습을 활용하면 색다른 알아차림 방법을 길러 주의 기울이기와 친구 되기의 방식으로 스트레스에 대응하도록 뇌를 재훈련할 수 있다. 그러면 스트레스와 맞닥뜨렸을 때 우리를 지치게 만드는 제한적인 반응인 투쟁 혹은 도피, 얼어붙기-항복의 방식에 자동으로 빠지지 않는다. 또한 이런 연습을 활용해 아이들이 자기 나름의 주의 기울이기와 친구 되기 반응 양식을 기르도록 도울 수 있다. 그러면 꼭 필요한 순간에 아이들 스스로 자기연민을 발휘해 개방적이고 차분하면서 기민한 느낌을 찾을 수 있다. 앞서 알려준 네 가지 자세 연습은 마음챙김을 소개하는 데 좋은 출발점이다. 아이나 어른에게 세 번째 자세를 안내하며 마음챙김을 경험하게 하면 말로 설명할 때보다 훨씬 더 강렬하게 마음챙김의 의미를 전할 수 있다.

내가 어린아이들과 이 연습을 할 때면 농담처럼 하는 말이 있다. 처음 두 자세를 취할 때 우리는 마치 로봇이나 봉제 인형처럼 움직이고, 뒤의 두 자세를 취할 때는 사람처럼 움직인다는 것이다. 어떤 친구는 이 자세들을 가리켜 호랑이 에너지, 나무늘보 에너지, 백조 에너지라고 표현했다. 당신과 당신 자녀도 농담하듯 스스로에게 이렇게 말할 수 있다. 투쟁 혹은 도피 자세일 때 "나는 지금 차분해", 축 처진 자세일 때 "나는 할 수 있어!", 집중하는 자세일 때 "지금 너무 스트레스받아", 친구 되기 자세일 때 "나는 완전히 실패자야"라고 말이다. 자신이 취한 자세에 비춰볼 때 이 단어들이 얼마나 얼토당토않은지 생각해 보면 정말이지 우습다.

스트레스가 꼭 나쁜 것만은 아니다. 다만 자신이 처한 상황에 더 잘 맞는 대응 양식이 필요할 뿐이다. 주의를 기울이고 친구가 되는 게 능사가 아니다. 때로 우리와 아이들은 실질적인 위험에 처한다. 살아남기 위해 싸우고 도망치고 얼어붙은 듯 멈춰 있어야 할 때도 있다. 또한 주의 기울이기와 친구 되기는 처음 우리에게 취약한 느낌을 안겨줄 수 있다. 그리고 어떤 아이들은 집이나 이웃 사이에서 이런 식으로 반응하는 게 신체적으로나 정서적으로 안전하지 않을 수 있다. 만약 내가 폭탄이 터진 보스턴 마라톤 대회 결승점에 서 있었다면, 당장은 나도 투쟁 혹은 도피의 자세를 취해 안전한 곳으로 이동한 다음 주의 기울이기와 친구 되기의 태도로 나와 다른 사람을 대했을 것이다. 어른인 우리는 아이들이 주의 기울이기와 친구 되기 반응을 연습할 만한 안전한 공간을 확보해 주고, 적절한 때 아이들이 그런 반응을 보일 수 있도록 이끌어주어야 한다.

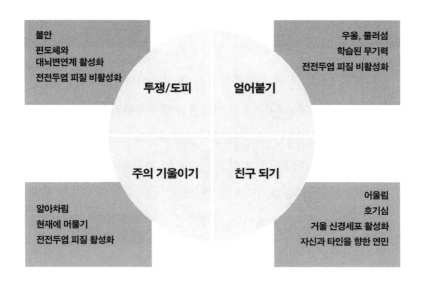

불안
편도체와
대뇌변연계 활성화
전전두엽 피질 비활성화

우울, 물러섬
학습된 무기력
전전두엽 피질 비활성화

투쟁/도피

얼어붙기

주의 기울이기

친구 되기

알아차림
현재에 머물기
전전두엽 피질 활성화

어울림
호기심
거울 신경세포 활성화
자신과 타인을 향한 연민

〈그림2〉 스트레스에 반응하는 방식

뇌를 자라게 하는 마음챙김의 힘

우리는 타고난 뇌가 10대 후반까지 성장하고 나면 평생 그대로 멈춰버린다고 생각했다. 하지만 최근 10년 사이에 이루어진 신경가소성(neuroplasticity, 뇌가 마치 근육처럼 행동과 생각에 따라 변하고 성장하는 능력)에 관한 연구는 다른 이야기를 들려준다.

뇌는 신체와 매우 비슷하다. 개인이 가지고 태어나는 일련의 물리적 변수가 있긴 하지만 대개는 잘 먹고 규칙적으로 운동하면서 스스로를 돌보면 근육과 유연성과 지구력을 기를 수 있다. 또한 뇌의 모양과 크기를 변화시켜 집중력과 유연성과 지능을 높일 수 있고, 특히 마음챙김 같은 연습을 통해 뇌를 운동하면 새로운 신경 회로와 그물망을 만들 수도 있다.

하버드 의과대학의 신경과학자인 내 친구이자 동료 사라 라자는 기능적 자기공명영상(fMRI)으로 마음챙김 명상가들의 뇌를 촬영해 많은 주목을 받았다. 그녀의 연구는 앞서 말한 내용을 고스란히 증명했다. 즉 신체 운동처럼, 마음챙김 명상을 하는 동안 활성화되는 뇌 영역도 연습에 따라 성장한다는 것이다.[1] 성장이 일어나는 주요 영역은 이마 바로 뒤에 있는 전전두엽 피질이다. 이 영역은 실행 기능을 담당하는 곳으로 분석적 사고가 일어나는 명령과 통제의 중추다. 우리는 이 영역을 활용해 미래를 내다보고, 행위의 결과를 파악하고, 가능성을 엿보고, 원하는 목표를 달성하기 위한 계획과 전략을 구상한다.

전전두엽 피질은 우리가 충동을 억누르고 매번 감정에 휩쓸려 행동하지 않게 도와준다. 주의력 조절 기능과 심리학자들이 '작업 기억'이라고 부르는 기능도 이 영역이 담당한다. 덕분에 우리는 주어진 일에 집중하고 인지의 데스크톱에 정보를 담아둘 수 있다. 감정과 생각 사이의 다양한 교류도 이곳에서 일어난다. 이를 바탕으로 우리는 감정이 보내는 신호를 이해한 뒤에 윤리적이고 합리적인 의사결정을 내린다. 주의력 결핍 과잉행동 장애, 약물 남용, 기타 문제 행동, 충동 조절 문제, 조현병, 주의 산만, 우울, 기분 장애 등의 심리적 문제는 전전두엽 피질의 낮은 활동성 및 작은 크기와 관련이 있다.

재미있는 건 인간의 뇌에서 이 영역이 가장 늦게 진화했다는 사실이다. 전전두엽 피질이야말로 우리를 인간답게 만들어준다고 해도 과언이 아니다. 또한 전전두엽 피질은 20대 중반쯤 발달의 정점에 이른 뒤에도 평생에 걸쳐 발달하는 최후의 영역이다. 지금까지의 연구에 따르면, 남성의 경우 전전두엽 피질이 20대 후반까지도 완전히 발달하지 않는다(부모, 교사, 그 외 20대에 데이트를 시도했던 사람들은 말할 것도 없고 보험사와 차량 대여 회사가 과학자들보다 훨씬 앞서 이 사실을 간파했다). 또 다른 연구는 마음챙김을 하면 지속 주의력(예: 수업 시간 내내 교사의 말 경청하기)과 선택 주의력(예: 스쳐 지나가는 종이 뭉치를 무시하기)을 향상할 수 있음을 밝혀냈는데, 이 두 가지 주의력은 모두 전전두엽 피질에서 일어난다.

전전두엽 피질보다 더 안쪽에 자리한 뇌섬엽도 명상할 때 활성화되고 규칙적인 연습을 통해 성장한다. 이 영역은 심박수, 호흡, 배고픔을 조절하는 등 내장 활동을 통제한다. 나아가 뇌섬엽은 감정 조절, 사고와 감정의 통합, 알아차림과 자기 인식에도 도움을 준다. 다른 사람의 입장에 서서 그들에게 연민을 느끼게 하는 거울 신경세포도 뇌섬엽에 있다. 양극성 장애나 조현병 등 중증 정신 질환이 있는 사람은 뇌섬엽의 크기가 작은 경우가 많은데, 잠깐의 명상만으로도 크기가 커지는 듯 보인다. 신체 운동을 하는 동안 근육이 활동하듯 이 영역도 정신 운동을 하는 동안 활성화되고 반복적으로 사용하면 크기가 커진다.

이 밖에도 마음챙김 명상을 통해 긍정적인 변화가 나타나는 뇌 영역이 몇 군데 더 있다. 측두두정접합 영역도 그중 하나다. 연구자들은 거시적으로 상황을 판단하고, 다른 사람의 관점을 헤아리고, 행동이 불러오는 더 큰 결과를 고려하는 능력을 비롯한 정서 지능의 많은 측면이 이곳과 연관된다고 믿는다. 해마는 교실에서 배운 내용과 과거 행동에서 얻은 교훈을 기억하고 학습하는 데 중요한 부위로 외상 후 스트레스 장애(PTSD)가 있는 환자와 사회적으로 어려움을 겪는 사람은 이 영역의 크기가 상대적으로 더 작다고 한다. 해마는 현명한 행동을 선택하게 도와주는 전전두엽 피질로부터 정보를 얻어 우리가 주어진 상황에 적절히 대응하게 만든다. 자기중심적 시각에서 벗어나 더 넓은 관점을 가질 수 있게 해주는 후대상 영역도 마음챙김 명상 연습을 통해 달라질 수 있다. 또 다른 연구에서는 마음챙김 명상이 장단기적으로 뇌파를 더 큰 행복감과 관련된 패턴으로 바꿔준다는 사실을 밝혀냈다.

명상을 하면 뇌의 일부분이 커지고 강해지고 활성화되지만 몇몇 부위는 오히려 더 차분해진다. 이 점에서 가장 눈에 띄는 변화가 일어나는 곳이 편도체다. 편도체는 우리가 스트레스 상황에서 투쟁 혹은 도피, 얼어붙기-항복 반응을 보이고 우울감을 느끼는 데 가장 크게 관여하는 뇌 영역이다. 편도체(원시인의 뇌)가 활성화되면 전전두엽 피질(문명인의 뇌)이 차단되고 반대의 경우도 마찬가지다. 앞서 말했듯 편도체가 활성화되면 사방에서 위험 요소를 포착하느라 제대로 사고하지 못한다. 반대로 편도체가 진정되면 위험에 대한 관점이 현실적으로 바뀌고 스트레스 수치가 떨어진다. 그래서 스트레스 상황에서 비합리적으로 반응하기보다 이성적으로 대응할 수 있게 된다.

현재 마음챙김에 관한 연구는 잘 정립되어 계속해서 발전하고 있다. 10년 전만 하더라도 한 해 평균 수십 건에 불과했던 연구가 최근 몇 년 사이에 매해 수천 건씩 진행될 만큼 활발해졌다. 〈그림3〉은 최근 연구가 밝혀낸 마음챙김의 대표적인 효과들이다.

마음챙김의 효과	신경적 측면	– 전전두엽 피질과 뇌섬엽의 회백질 증가 – 편도체 활성화 둔화 – 측두두정접합 영역과 해마 증가 – 행복감과 관련된 뇌파 패턴에 긍정적인 변화
	심리적 측면	– 기분, 자존감, 연민 향상 – 우울, 범불안, 강박장애(OCD), 　사회 불안, 외상 후 스트레스 장애, 　양극성 성격 장애 개선
	신체적 측면	– 면역 기능과 심혈관 건강 증진 – 수면 도움 – 식습관 향상 – 천식, 염증, 수술 후 회복에 유익 – (호르몬 수치로 측정되는) 스트레스 감소 – 만성 통증 완화
	학문적 측면	– 집중력, 선택·지속 주의력, 실행 기능, 　기억, 전반적인 인지 기능과 수행력 향상 – 시험 불안 감소 – 창의력, 학습 효율성, 노력, 교실 내 행동, 　과제 행동, 출석 향상
	행동적 측면	– 폭식, 자해, 약물 남용, 공격적 행동, 　각종 사고 감소

〈그림3〉 연구로 밝혀진 마음챙김의 긍정적인 효과[2]

아이들이 마음챙김을 해야 하는 이유

뇌는 언제라도 변할 수 있는 '가소성'이 있지만 아무래도 가소성이 가장 두드러진 시기는 아동기다. 아이들의 뇌는 여전히 발달하는 중이라서 어른의 뇌보다 빨리 배우고 적응하고 변화한다(걱정하지 마라. 연구에 따르면 나이와 상관없이 차분하고 집중되고 덜 반응적인 뇌로 변화시킬 수 있다. 나이 든 개에게도 새로운 재주를 가르칠 수 있지 않은가). 우리는 일찍부터 마음챙김 연습을 통해 아이들의 삶에 건강한 뇌 발달 과정을 만들어줄 수 있다.

자라면서 덜 행복했던 시절, 걸핏하면 나를 괴롭혔던 같은 반 친구, 상담실에서 들었던 질문 유형을 한번 떠올려보라. 내가 워크숍을 진행하면서 사람들에게 이런 질문을 던졌을 때 다음과 같은 반응이 반복적으로 나타났다. 울적함, 충동성, 불행, 공격성, 자기 중심성, 편협한 관점, 결과를 내다보지 못하는 어리석음, 의문스러운 판단, 감정 기복, 감정적 사고, 짧은 주의력, 허술한 계획, 반동성, 실행력 부족, 과민증. 이것들은 뇌가 발달하는 과정에서 보이는 전형적인 특징이다. 하지만 마음챙김 및 이와 관련된 연습을 하면 정서 균형·차분함·회복력에 핵심적인 역할을 하는 뇌 부위에 긍정적인 영향을 미친다는 훌륭한 증거가 있고, 앞서 말한 문제 행동을 보이는 아이들에게 마음챙김이 도움이 된다는 많은 연구 결과가 있다.

이렇게 생각하는 사람이 있을 수 있다. '다 좋은데요. 잠시도 가만히 안 있는 변덕쟁이 10대 아이를 어떻게 방석 위에 앉혀서 명상하게 만들 수 있을까요?' 답을 하자면, 꼭 그런 식으로 명상할 필요는 없다. 앞으로 이어질 여러 장에서 자리에 앉아 오랜 시간을 들이지 않더라도 정식 명상만큼 이로운 수십 가지 연습을 소개할 예정이다.

아이들이 명상을 하든 안 하든 어른인 우리가 먼저 마음챙김을 실천하면 우리가 누리는 차분함, 명확함, 연민이 아이들에게 전해진다 사실을 알아야 한다. 미운 두 살이든 무시무시한 10대든, 아이들이 까다로운 나이에 접어들 때 우리가 먼저 마음챙김을 실천함으로써 중심을 잡으면 아이도 우리도 그 시기를 순조롭게 보낼 수 있다.

마음의 속도 늦추기

죽음이나 세금처럼 스트레스도 인생에서 필연적이다. 안타깝게도 우리는 이러한 스트레스에 잘못 반응하여 신체 건강, 정신 건강, 사고력 등 많은 것을 망가뜨린다. 마음챙김은 우리 뇌를 재구성하

 tip

뇌 과학은 어른들의 전유물이 아니다

아이들도 자신의 뇌를 이해하면 자율성과 동기를 얻을 수 있다. 스탠퍼드대학교의 한 연구진은 학생들이 지능을 이해함에 따라 공부 습관이 어떻게 달라지는지 살펴보았다.[3] 연구진은 중학교 재학생을 두 그룹으로 나누어 간단한 학습 기술을 가르쳐주되, 한 그룹에만 신경 가소성에 관해 설명하면서 열심히 노력하면 뇌를 변화시켜 더 똑똑해질 수 있다고 말해주었다. 몇 달 뒤 이 그룹에 속한 아이들을 쉽게 찾아낼 수 있었다. 공부 습관과 성적이 눈에 띄게 나아졌기 때문이다.

나와 작업했던 학생 케빈은 스트레스 문제를 왜 해결해야 하는지 모르겠다면서 회의적인 태도를 보였다. 그는 과학 선이수제(Advanced Placement·AP, 고등학교에 다니면서 대학 수준의 수업을 받고 학점을 인정받는 과정 – 옮긴이) 시험에서 전 과목 최고점을 받은 학생이었는데, 진료실에 들어오면 과학적 증거를 제시하며 나를 다그치는 일 외에는 아무것도 하지 않으려 했다. 나는 그에게 마음챙김 연구를 설명해 주고 논문도 몇 편 보내주었다. 이제 케빈은 자신이 마음챙김하는 동안 전전두엽이 조금씩 커지고 있음을 즐겁게 상상한다.

나는 스스로 충동적이거나 형편없는 사람이라고 생각하는 많은 아이에게 그저 뇌에 유익한 운동을 연습하기만 하면 된다고 설명했다. 이 관점을 받아들인 아이들은 수치심과 자기 비난을 내려놓고 스스로를 더 긍정적으로 생각하기 시작했다.

고 더 나은 스트레스 대처 방법을 길러줄 뿐 아니라 바쁘게 돌아가는 세상에 균형을 가져다준다. 마음챙김은 속도를 늦추고, 서두름을 멈추고, 행동하기보다 존재하게 하고, 생각하는 대신 경험하라고 권한다. 이 느린 순간들이야말로 우리가 최상의 기분과 상태를 경험하는 순간일 때가 많다. 속도를 늦추고 조금 더 취약해지는 건 쉬운 일이 아닐뿐더러 이런 상태에 있으면 많은 아이가 불안전하다고 느낀다. 비록 세상이 무서운 곳처럼 느껴질 수 있지만, 그럼에도 우리는 아이들이 더 높은 주의력을 발휘하는 순간을 찾도록 도울 수 있다.

자신이 최고의 사고력을 발휘하거나 기막힌 아이디어를 떠올리는 때가 언제인지 생각해 보라. 아마 '샤워 중'이라고 답하는 사람이 많을 것이다. 왜일까? 샤워할 때는 느긋한 태도로 따뜻하고 편안한 상태를 즐기며 대체로 서두르지 않기 때문이다. 이렇듯 우리를 지금 이 순간에 머물게 하는 강력한 감각 자극이 있다. 소리, 냄새, 오감 같은 것들 말이다. 어쩌면 당신도 역사에 존재하는 위대한 사상가들처럼 공상하거나 슬며시 잠이 들 때 통찰을 얻을지 모른다. 심리학자들은 이런 인지 과정을 가리켜 '부화'라고 부른다. 불현듯 통찰을 얻는 이 경험은 무언가를 이뤄내려고 적극적으로 애쓸 때보다 느긋한 순간에 무의식에서 의식으로 터져 나올 가능성이 크다.

연구에 따르면, 뇌는 느긋한 상태일 때 큰 그림을 받아들이고 열린 태도로 새로운 아이디어를 탐색함으로써 중요한 새 연결고리를 만든다. "마음은 낙하산과 같아서 최상의 기능을 발휘하려면 활짝 펼쳐야 한다"라는 자동차 범퍼의 문구는 비단 정치에만 적용되는 게 아니다. 이 말은 배움, 인간관계, 삶의 여러 도전 과제를 해결하는 창의적인 접근법에도 적용된다. 마음챙김은 바로 이런 방식으로 마음을 열어준다. 다시 한번 주먹 쥐기 연습을 생각해 보자. 두 손을 눈앞에 펼쳐놓을 때와 비교할 때 생각이 얼마나 명확했는가?

아이들은 마음챙김할 때만이 아니라 자유롭게 노는 시간, 쉬는 시간, 방학, 낮잠 시간, 공상, 낙서, 그 외에 공부와 관련 없는 다양한 활동을 할 때도 뇌가 느긋한 상태를 유지한다. 안타깝게도 오늘날 이 모든 활동은 시험 중심의 학교생활과 성취 중심의 문화 속에서 뒷전으로 밀려나 있다. 계층과 관계없이 모든 청소년이 분주함의 덫에 빠져 있다. 빡빡한 일정 속에서 이런저런 일에 주의를 빼앗기는 탓에 속도를 늦추는 게 낯설고 불편한 일이 되어버렸다. 우리는 무언가를 더 많이 해야 한다는 생각에 아이들을 다그치고 쉬는 시간이나 노는 시간을 무시한다. 그렇게 경이로움과 자유를 만끽해야 할 낭만적인 유년기가 점차 사라져 간다.

물론 행동도 중요하다. 하지만 그 때문에 스트레스가 커지기도 한다. 어린 나이에 분주한 삶의 습관이 뇌에 각인될 수 있으므로 아이들은 어른이 되기 전에 반드시 속도를 늦추고 스트레스에 대한 자신의 반응을 조절하는 법을 배워야 한다. 청소년들 사이에 정신 질환이 급증하는 이유를 설명하는 이론이 많다. 정확한 답은 알 수 없고 분명한 이유가 있는지조차 알 수 없지만, 어쨌든 지금과 같은 행동 중심의 문화와 주의를 분산시키는 요소가 상황을 악화시키는 것만은 분명하다.

행동의 문화는 곳곳에 퍼져 있다. 집에서는 비디오 게임을 하고 밖에서는 불량배의 영향을 받으며 자라는 아이들로 가득한 도심부터, 헬리콥터 양육 문화 속에 대학 입시 경주를 벌이며 축구와 대학수학능력

시험 준비와 색소폰 수업을 받고 돌아와 숙제까지 해야 하는 아이들이 있는 교외 지역까지, 우리 사회 구석구석에 행동의 문화가 스며 있다. 놀이, 진정한 연결, 호기심 같은 것들은 적극적으로는 아니어도 어디서든 기피된다. 내가 만난 어떤 부모는 열여섯 살 된 자녀의 자유 시간을 15분씩 쪼개어 놓고는 어느 시간대에 마음챙김을 하면 좋을지 물어왔다. 또 다른 부모는 대학생 자녀들의 휴대전화에 GPS를 장착해 아이들이 새벽 3시에 어디에 있는지 확인하기도 했다. 최근 한 워크숍에서 만난 교사는 자신이 근무하는 학교에서 학생들의 점심시간을 20분에서 18분으로 줄일 예정이라고 했다. 전부 극단적인 예지만 아이들을 걱정하는 마음에 그렇게 한 것만은 매한가지다. 하지만 결과적으로 이런 행동은 아이들 스스로 경험하고 배울 기회를 막는 것이나 다름없다. 요즘 아이들은 인터넷을 하거나 공부하느라 자리에 앉아 자정을 넘기기 일쑤인데, 정작 자기 자신에게 무엇이 중요한지 호기심을 가지고 탐색할 시간은 없다.

오늘날 청소년들은 내면의 아름다운 세계를 탐험하는 일은 고사하고 느긋하게 주변 세상을 탐색하는 경험도 충분히 누리지 못한다. 불안과 우울을 앓는 젊은 성인 중에는 혼자만의 시간을 보낼 때가 하루 중 가장 힘겹다고 답하는 사람이 많다. 그러나 자기 내면의 일에 호기심을 가지면 각자가 지닌 본연의 가치가 드러나고 진정한 배움과 성장이 이루어진다. 아이들은 자신의 경험을 무시해야 한다거나, 자신이 보고 느끼고 행하는 일이 잘못되었다고 말하는 문화적 메시지를 들을 때면 정서 지능을 제대로 갖추지 못하고 어른이 될 준비를 하지 못한다. 이에 대해 MIT 사회학자 셰리 터클은 2012년 TED 강연에서 이렇게 우리를 일깨워 주었다. "아이들에게 혼자 있는 법을 가르치지 않으면 그들은 외로워지는 법만 알게 될 겁니다."[4]

나는 선(禪) 수행에서 말하는 초심자의 마음을 담고자 나의 첫 책 제목을 《어린이의 마음(Child's Mind)》이라고 지었다. 일본의 스즈키 순류 선사는 다음과 같이 말했다. "초심자의 마음에는 많은 가능성이 있지만 숙련자의 마음에는 거의 아무런 가능성이 없다."[5] 《어린이의 마음》이라는 제목은 곰곰이 생각하곤 했던 어린 시절의 자연스러운 상태, 판단하지 않고 매 순간 열린 자세로 세상을 알아차리고 받아들이고 성찰하던 그때로 돌아오라고 오늘날의 어른과 젊은이를 향해 외치는 호소였다. 곰곰이 생각하기, 호기심, 경이로움, 이것들이야말로 초심자의 마음에 들어 있는 진정한 가치다. 2장에서 살펴보겠지만, 마침내 판단을 내려놓고 대상의 본질을 경험하는 일이 바로 마음챙김이다.

마음챙김
정확히 무엇을 말하는 걸까?

방황하는 주의를 자발적으로 반복해서 돌아오게 하는 능력이
바로 판단력과 인격과 의지의 근본이다. 이런 능력을 갖고 있
지 않으면 누구든 자신을 소유하는 자가 되지 못한다. 이 능력을
향상시키는 교육이 훨씬 뛰어난 올바른 교육일 것이다.

—

윌리엄 제임스, 《심리학의 원리》

요즘에는 사방에 마음챙김이 존재한다. 어쩌면 당신도 회사 인사부, 병원이나 보건소 같은 의료 시설, 아이들이 다니는 학교에서 마음챙김을 논하는 걸 들었을지 모른다. 식료품점 계산대 옆에 놓인 잡지에도 마음챙김 기사가 실려 있고, 라디오에서도 마음챙김을 주제로 과학을 이야기한다. 수십 가지 정신 건강 치료법에 마음챙김이 활용되고 있으며 세계 곳곳에서 수백 곳의 학교가 수업에 마음챙김을 적용하고 있다. 그런데 정확히 마음챙김이란 무엇을 말하는 걸까? 이제부터 그 정의를 제시하고자 한다. 그 전에 한 가지 명심할 점이 있다. 많은 아이와 어른에게 말로 설명하기보다 그림, 은유, 이야기, 1장에서 다양한 스트레스 반응을 설명하며 활용했던 손동작과 자세 연습 같은 실제 경험으로 마음챙김을 알려주는 것이 더 효과적이다. 마음챙김에 관한 다양한 정의에 빠짐없이 등장하는 요소가 있는데, 그중 내가 좋아하는 마음챙김의 정의는 '판단하지 않고 받아들이며 지금 이 순간에 집중하는 것'이다. 이 정의에는 세 가지 중요한 요소가 들어 있다.

- 의도적으로 주의 기울이기
- 지금 이 순간과 접촉하기
- 판단하지 않고 받아들이기

산수와 대수학이 모여 계산법을 이루듯 이 세 가지 요소가 마음챙김을 구성한다. 이 책에도 이들 각 요소에 집중하는 연습 활동을 실어두었다. 이 세 가지 요소를 하나하나 자세히 살펴보자.

주의 기울이기

주의 기울이기에는 다른 뜻이 숨어 있을 때가 많다. 최근에 "주의해"라는 말을 들었던 때를 떠올려보라. 그 사람이 친절하고 따뜻한 말투로 이야기했는가? 어떻게 주의해야 할지 가르쳐주었는가? 반대로 최근에 당신이 아이에게 주의하라고 말했던 때를 떠올리며 위 질문을 다시 한번 생각해 보라. 주의력이나 정신 건강 문제를 안고 있든 그렇지 않든, 배운적이 없는 무언가를 해내라는 말을 들을 때 사람이 얼마나 위축될 수 있는지 잘 이해될 것이다. 우리는 아이들에게 주의를 기울이라는 말을 주기적으로 하지만 정작 '어떻게' 주의를 기울여야 할지 전혀 가르쳐주지 않는다. 마음챙김은 실제로 어떻게 주의를 기울이고 주의력을 향상할 수 있는지 가르쳐준다. 마치 아이들에게 근육을 사용하고 강화하는 법을 가르치듯 말이다. 그럼에도 '주의 기울이기'라는 말이 얼른 와닿지 않는다면 '알아차리기', '의식하기' 등의 표현으로 바꿔서 이해해도 좋다.

지금 이 순간과 접촉하기

마음챙김의 두 번째 요소가 지니는 가치에 관해서는 아이들을 포함해 많은 사람이 회의적인 태도를 보인다. 대체 지금 이 순간이 뭐가 그리 대단하단 말인가?

지금 이 순간에 머물 때 우리는 아직 일어나지 않은 최악의 시나리오를 염려하며 미래 속에 살지 않는다. 반대로 무서웠거나 당황스러웠던 경험을 떠올리며 과거에 머물지도 않는다. 나는 아이들에게 지금을 귀찮은 일이 아니라 휴식을 위한 기회로 여기라고 말한다. 그러면 몸서리칠 만큼 끔찍한 일이든 그저 학교 매점에서 어리석은 말을 꺼냈던 일이든 과거로 흘려보낼 수 있다. 미래나 과거가 아니라 현재를 살면서 열린 자세로 순간순간의 경험을 마주할 때 우리는 지금 이 순간이 괜찮고, 심지어 흥미로울 수 있다는 사실을 발견하게 된다. 도교의 아버지라 불리는 노자는 우울은 과거에 갇혀 있는 상태이고 불안은 미래에 사로잡혀 있는 상태라고 말했다. 오늘날에도 직관적으로 잘 이해되는 말이다.

대개 지금 이 순간은 그리 나쁘지 않다. 인간인 우리는 무슨 경험이든 한순간은 견뎌낼 수 있다. 가끔 내가 농담으로 말하듯 현재는 그리 길지 않다. 또 하나 반가운 소식은 현재에 머물면 행복해진다는 것이다. 최근 발표된 한 연구 결과에서 참가자들이 '무엇을 하느냐'는 그들이 지금 하고 있는 일에 '얼마나 집중하느냐'에 비하면 행복감을 느끼는 데 절반밖에 중요하지 않았다.[1] 같은 연구에서 우리 마음은 평균적으로 약 절반의 시간을 방황한다는 걸 밝혀냈다. 어디로 방황하는 걸까? 대개 과거나 미래를 헤맨다.

임상심리학자이자 작가인 내 친구 미치 애블렛은 타임머신(time machine)에 반대되는 개념으로 타임리스 머신(timeless machine)이라는 은유를 제시했다. 타임머신은 우리를 과거나 미래로 데려다주지만 타임리스 머신은 우리를 온전히 현재에 머물게 한다. 당신의 타임리스 머신 안에서 바라보는 세상은 어떤 모습인가?

판단하지 않고 받아들이기

지금 이 순간에 벌어지는 일과 함께 존재하며 이를 받아들이는 건 외면하거나 저항하지 않는다는 말이다. 그렇다고 지금 벌어지는 일을 좋아해야 한다는 뜻은 아니다. 정확히 말하면 지금 벌어지는 일을 받아들이면서 이에 맞서 싸우려는 마음을 내려놓을 때 더 큰 평화와 넓은 시야를 얻게 된다.

최근 서양 문화권에서는 마음챙김의 여러 가지 요소 가운데 이 점을 강조한다. 내가 인류학자는 아니지만 추측건대 이런 추세는 경쟁적인 개인주의 사회와 관련되는 듯하다. 우리 문화에서 개인은 늘 다른 사람과 자신을 비교하도록 요구받으니 말이다.

받아들임이란 '행동'보다 '존재'에 집중하는 것을 말한다. 행동이 중요하지 않다는 말이 아니다. 당연히 행동도 중요하다. 이 땅에 살아남아 위대한 문명을 창조하려면 반드시 무언가를 실행해야 한다. 하지만 자동 조종 장치에서 내려와 지금 자신이 하는 일을 인식하는 일도 그만큼 중요하다. 크든 작든 인간의 많은 고통은 마음을 기울이지 않는 행동에서 비롯되었다. 마음을 온전히 기울이면서 행동할 때 더 나은 결과가 나올 수 있다.

우리는 받아들임과 자기수용을 실천함으로써 판단하는 내면의 목소리를 잠재우는 법을 배울 수 있다. 이 비판적인 목소리는 간병인이나 퉁명스러운 교사의 울림일 수 있고 성별이나 성 정체성, 패션 감각, 음악 취향, 그 외에 정체성을 나타내는 지표를 근거로 내가 부적절하다거나 잘못됐다고 말하는 더 큰 문화의 목소리일 수도 있다. 나의 생각과 감정, 나의 몸을 받아들임으로써 자기연민을 키우면 자신과 다른 사람을 향한 연민이 자란다. 심리학자 칼 로저스가 말했듯 "자신을 있는 그대로 받아들이면 오히려 내가 변하는 흥미로운 역설이 일어난다."[2]

마음챙김을 가르치는 내 친구 피오나 젠슨은 어린아이들에게 '판단하지 않고 받아들이기'라는 말보다 '친절과 호기심'이라는 단어를 쓰라고 권한다.

선택과 자유에 관한 것

마음챙김 교사 에이미 샐츠만은 마음챙김의 정의 끄트머리에 '이로써 다음 할 일을 선택할 수 있다'라는 문구를 덧붙인다. 선택과 자유는 아이는 물론 우리 모두가 원하는 것이다. 마음챙김을 선택과 자유에 관한 것이라고 설명하면 아이들의 흥미를 자아낼 수 있다. 특히 10대는 모든 주제 가운데 자기 자신과 더 많은 자유에 지대한 관심이 있다. 최근에 내가 만난 한 교육자는 마음챙김을 '대응-능력', 즉 까다로운 상황에 즉각 반응하기보다 적절히 대응하는 능력을 길러주는 일이라고 말했다.

집중하기와 마음챙김의 차이

마음챙김이라는 단어를 듣고 사람들이 주로 떠올리는 건 동양의 명상법이다. 자리에 앉아 등을 곧게 편 채 오랜 시간을 고요히 머물며, 때로는 '옴(ॐ)'이라는 만트라를 외는 모습 말이다. 하지만 신체 운동에도 갖가지 유형이 있듯 마음챙김도 다양한 유형이 존재한다. 유도된 시각화, 몸을 중심으로 하는 이완법, 집중력과 연민을 높여주는 연습 등이 모두 여기에 포함된다. 이른바 관조(觀照) 수련이라고 할 수 있는 이 연습들은 앞서 말한 마음챙김의 세 가지 요소, 주의 기울이기·지금 이 순간에 머물기·판단하지 않고 받아들이기를 길러준다.

마음챙김이 어떻게 작용하는지 알 수 있도록, 우선 알아차림의 형태에 속하는 마음챙김과 집중의 차이점을 설명하고자 한다. 대다수 사람은 집중을 한 지점에 초점을 맞춘 알아차림 상태라고 여긴다. 무언가 하나에 줌 렌즈 또는 스포트라이트를 비추고 주의력을 좁히는 것이다. 마음을 기울이는 알아차림 혹은 마음챙김은 이와 정반대다. 마음챙김은 광각 렌즈 또는 투광 조명을 켜고 열린 자세로 모든 것을 아우르는 것이다. 두 가지 알아차림 유형 모두 일상생활에 유용하다. 집중 혹은 초점화된 알아차림은 화살을 쏘거나 골프채를 휘두르거나 숙제할 때 도움이 된다. 반면에 마음챙김 혹은 열린 알아차림은 운전, 축구, 브레인스토밍 같은 활동에서 중요한 역할을 한다.

집중력이나 마음챙김을 강화하는 모든 연습은 '닻'을 사용한다. 몸, 호흡, 동작, 감각, 이미지, 숫자, 단어나 문구 등 무언가에 주의를 둠으로써 자신을 지금 이 순간에 고정하라고 말한다. 우리 생각은 과거에 눌러앉거나 미래로 치달을지 모르지만 몸과 오감은 늘 현재에 머물러 있어서 훌륭한 닻이 되어준다. 10대를 위한 마음챙김 수련회에서는 주로 호흡, 몸의 감각, 소리에 닻을 내리라고 권한다. 요가, 태극권, 기공에서 사용하는 동작처럼 특정 동작이 닻이 되기도 한다. 또한 음악이나 노래,

종소리, 짧은 문구나 기도문, 시각적 이미지가 닻이 될 수도 있다.

어떤 닻을 사용하든 간에 우리 마음은 거기에서 벗어나 방황하는 본성이 있다. 마음을 무언가에 두려고 노력해 보라. 그러면 마음이 거기에서 벗어나 과거나 미래 혹은 전혀 다른 어디론가 방황하는 걸 금세 확인할 수 있다. 집중 연습의 목적은 방황하는 마음을 알아차리고 이를 계속해서 닻으로 다시 데려다 놓는 것이다. 이렇게 하면 역기를 반복해서 들어 올리는 연습으로 근육의 힘을 기르듯 집중하는 힘을 기를 수 있다. 이때 속으로 '호흡…호흡…마음이 방황하고 있어. 괜찮아. 다시 호흡에 집중하자…호흡…호흡…'이라고 되뇌기도 한다. 한 걸음 더 나아가 마음챙김의 목적은 마음이 방황하는 '시기'뿐만 아니라 마음이 '어디'로 가는지를 알아차리고 이를 다시 닻으로 불러들이는 것이다. 이때 속으로 '호흡…호흡…가족에 대한 걱정으로 마음이 방황하고 있어…가만히 마음을 다시 불러들여 호흡에 주의하자…호흡…호흡…'이라고 되뇌어도 좋다.

마음챙김 연습은 간단히 '4R'로 요약할 수 있다. 이는 밴쿠버에서 활동하는 마음챙김 강사 브라이언 캘러핸과 마거릿 존스 캘러핸에게 배운 것이다.

Rest	마음을 닻에 놓는다.
Recognize	마음이 언제 어디로 방황하는지 깨닫는다.
Return	가만히 마음을 닻으로 되돌린다.
Repeat	이를 반복한다.

어떻게 아이 마음을 내 마음처럼 자라게 할까

마음챙김과 집중 연습의 차이를 이해하는 또 다른 방법은 마음을 강아지로 생각해 보는 것이다.

집중 연습 :   강아지는 제멋대로 방황하기 마련이다. 우리는 필요할 때마다 그를 다시 데려온다.

마음챙김 :   강아지는 제멋대로 방황하기 마련이다. 우리는 그가 어디로 가버렸는지 알아차리고 애정 어린 태도로 가만히 그를 다시 데려온다.

기본 마음챙김 명상

지금 바로 잠시 시간을 내어 기본적인 마음챙김 명상을 실천해 보자. 시작하기에 앞서 편안하게 몇 분간 유지할 만한 자세를 취하고 타이머를 3분으로 맞춘다.

먼저 의식을 하나의 닻에 놓는다. 이 닻은 몸의 감각이나 동작일 수 있고, 호흡이나 주변에서 나는 소리·숫자 세기·다른 어떤 시각적인 요소일 수 있다. 무엇이든 주의를 집중할 닻으로 삼을 수 있다. 그저 내 마음을 초대해 그곳에 두면 된다. 이내 마음이 방황하기 시작함을 알아챌 것이다. 지극히 정상이다. 마음이 방황함을 알아차릴 때마다 그 마음이 어디로 가는지 확인하고 다시 가만히 자신의 의식을 닻으로 안내한다.

꽤 간단하지 않은가? 너무 간단한 탓에 별로 하는 일이 없는 것처럼 여겨질 수 있다. 하지만 속으면 안 된다. 이 연습의 모든 측면이 마음의 근육을 길러준다.

- 닻에 초점을 두거나 닻으로 되돌아올 때마다 집중력이 향상된다.
- 닻에 초점을 맞출 때마다 머릿속에서 일어나는 생각의 흐름에서 벗어난다. 이로써 현재에 머물며 내려놓음을 연습하고, 나아가 세상 속에 머물 때도 내려놓음을 실천할 수 있다.
- 마음이 방황하고 있음을 알아차리는 모든 순간은 실패의 순간이 아니라 그 자체로 마음챙김의 순간이다.
- 마음이 어디로 방황하는지 알아차릴 때마다 마음의 습관과 패턴을 파악할 수 있다. 이를 가리켜 지혜 또는 자기 이해라고 부른다.

이 연습을 실천하는 동안 일어나는 모든 정신 활동이 신경의 연결망을 탄탄하게 해준다. 연습을 통해 뇌의 연결고리를 재조정하고, 나중에는 스트레스가 일어날 때 자동으로 마음챙김과 연민을 실천하게 된다. "함께 점화하는 뉴런 사이에는 연결망이 형성된다"는 말이 있듯이 이 연습을 실천하면 집중 뉴런, 알아차림 뉴런, 연민과 자기연민 뉴런 사이의 연결망이 생긴다. 이렇게 우리는 더 많은 뉴런을 활용할 수 있다.

마음챙김을 꾸준히 실천하면 마음의 지도가 그려져서 자신의 습관적인 사고 패턴을 알아차리고 마음에 유익한 인내심과 연민을 기를 수 있다. 널리 알려진 티베트의 명상 스승 사콩 미팜은 이를 가리켜 '마음을 나의 동맹으로 바꾸기'라고 말했다.

온화함과
연민으로 대하기

tip

정신 운동을 위한 시간

인간은 신체 운동과 정신 운동이 모두 필요한 존재로 진화했다. 신체적인 면에서 우리 선조들은 유목민으로서 살 곳을 옮겨 다니거나, 동물을 뒤쫓거나, 농작물을 추수하면서 건강을 유지했다. 마찬가지로 최근에 마음챙김 스승 잰 초즌 베이가 지적했듯 정신적인 측면에서는 바다를 항해하며 밤하늘을 올려다보거나, 고기를 잡으며 흐르는 강물을 응시하는 등의 활동을 통해 정신 건강을 유지했다. 현재를 살아가는 우리도 신체적, 정신적 운동을 모두 실천하는 시간을 삶 속에 마련해야 한다.

마음이 방황하는 건 전혀 문제가 되지 않는다. 인간의 마음은 전체 시간의 47%를 그렇게 보낸다. 마음챙김에서 가장 중요한 순간은 주의가 흐트러진 이후다. 그 상황에서 어떻게 하는가? 자신의 마음을 어떻게 대하는가? 마음을 다시 닻으로 안내할 때 어떤 어조를 사용하는가? 마음이 한 일을 기록할 수 있는가? 어떤 판단도 내리지 않고 새롭게 시작할 수 있는가?

처음 마음챙김을 연습할 때 우리의 마음 상태는 당연히 미숙하다. 그렇다고 자기 마음을 가혹하게 판단할 이유는 없다. 형편없다거나 게으르다거나 나약하다고 판단하지 말고, 그저 가만히 웃으면서 미숙한 마음 그대로를 인정하면 된다. 마음챙김에 이끌린 많은 사람이 자신에게 엄격할 때가 많은데, 그러면 스트레스 상황에서 다른 사람에게도 엄격한 태도를 보일 수 있다. 마음챙김을 연습할 때는 온화하고 연민 어린 태도로 방황하는 마음을 다시 닻으로 데려와야 한다.

마음을 강아지에 비유했던 예를 다시금 생각해 보자. 강아지는 어떻게 훈련시키는가? 온화하면서 단호한 태도로 훈련한다. 가혹한 체벌로만 훈련하면 심술궂고 불안한 강아지를 만들게 된다. 그렇다고 훈련을 전혀 하지 않으면 다른 문제가 생긴다. 사방을 어지럽히고, 자기 꼬리를 물려고 뱅뱅 돌고, 별일 아닌 일에도 짖는다. 그런 강아지는 게으르고 버릇없어지거나, 아무 이유 없이 공격성을 보이거나, 주의를 사로잡는 대상을 하나도 빼놓지 않고 쫓아다닐 것이다. 비록 훈련은 힘든 일이지만 훈련되지 않은 강아지보다 잘 훈련된 강아지를 기르는 편이 훨씬 재미있다. 마찬가지로 잘 훈련된 마음은 삶을 더 수월하고 행복하게 만든다. 그러니 인내심을 가지고 명랑한 태도로 강아지를 대하듯 우리 마음도 그렇게 대하자.

자기 마음을 온화하고 연민 어린 태도로 대하면 자기연민의 습관이 생긴다. 그러면 실수를 저지르더라도 스스로를 꾸짖기보다 친절하게 대한다. 나아가 자기연민은 다른 사람에 대한 연민을 길러주고, 스트레스와 실망을 일으키는 상황에서 공격보다 친교의 태도로 접근하게 이끈다.

공식적인 연습과 비공식적인 연습

마음챙김은 공식적인 연습과 비공식적인 연습, 이렇게 두 가지 기본 유형으로 나눌 수 있다. 로널드 시겔, 수잔 폴락, 토마스 페둘라를 비롯한 마음챙김 지도자들은 신체 운동에 비유해 두 가지 연습의 차이를 설명한다.

공식적인 연습은 하루 또는 일주일 중 일정 시간을 할애해 집중적으로 마음챙김 명상을 연습하는 걸 말한다. 규칙적으로 헬스, 요가, 달리기 같은 운동을 하듯 정신 운동을 한다고 보면 된다. 집에서 혼자 명상하는 사람도 있고 명상센터를 찾는 사람도 있다. 집과 일상생활에서 벗어나 하루 이틀 정도 마음챙김 명상에 온전히 집중하는 것도 공식적인 연습에 포함된다. 마음챙김 명상 수련회에 참가하는 일은 일주일간 배낭여행을 떠나거나 철인 3종 경기에 출전하는 일에 비유할 수 있다.[3]

비공식적인 연습은 모든 일상생활에 마음챙김의 요소를 의식적으로 적용하는 걸 말한다. 엘리베이터 대신 계단으로 건물을 오르내리거나, 자전거를 타고 출퇴근하거나, 운동 삼아 구매한 식료품을 직접 들고 오는 일처럼 일상에서 정신 운동을 실천하는 것이다. 비공식적인 연습에서는 생활 자체가 마음챙김의 닻이 되며, 연습으로 얻은 통찰을 활용해 삶을 살아가는 법을 배운다. 이는 복잡할 필요가 없다. 시시때때로 잠시 멈추어 '지금 나는 무엇을 하고 있지? 그것을 어떻게 알 수 있지?'를 고민해 보면 된다.

서로를 보완하는 이 두 가지 연습을 골고루 실천하면 최상의 마음 상태를 유지할 수 있다. 하지만 바쁘게 살아가는 오늘날의 어른과 아이가 이 두 가지를 모두 챙기기란 현실적으로 쉽지 않다.

마음챙김에 관한 오해

여전히 많은 사람이 마음챙김을 잘못 이해하고 있다. 이를 고려하면 무엇이 마음챙김인가라는 질문만큼 무엇이 마음챙김이 아닌가라는 질문도 중요하다. 스스로 잘 이해하고 있는 것도 중요하지만, 또한 다른 아이나 어른과 마음챙김에 관해 이야기할 때 잘 전달할 수 있어야 하므로 중요하다.

하나 : "마음챙김은 아무것도 하지 않는 것이다."

진정한 의미의 마음챙김은 아무것도 하지 않을 때조차 무언가를 한다. 연구자들은 MRI를 활용해 마음챙김 명상가들의 뇌 지형을 그린 뒤 그들의 뇌를 다른 활동에 참여하는 뇌와 비교해 보았다. 마음챙김 명상을 실천하는 뇌는 멍하게 있거나, 잠을 자거나, 느긋하게 있거나, 생각하거나, 일하는 뇌와 달랐다.[4] 또한 연구진은 다양한 명상 유형에 따라 각기 다른 뇌 부위가 활성화된다는 사실도 밝혀냈다.

둘 : "마음챙김은 영적이거나 종교적이다."

마음챙김에 관한 크나큰 오해 중 하나는 이것이 본질적으로 종교적이거나 영적이라는 것이다. 다양한 문화와 역사에 존재해 온 명상법은 종교나 영성과 연관 지어 생각할 필요가 없다. 이 연습들은 전적으로 세속적인 마음 훈련법이라고 할 수 있다. 많은 명상가가 자신을 종교인이라고 생각지 않으며 무신론자가 많다. 그리스도교, 유대교, 이슬람교, 힌두교, 불교 등 종교를 가진 사람도 있지만 특정 종교에 국한되지 않는다.

서양에서 마음챙김이 주류로 떠오른 데 누구보다 크게 공헌한 존 카밧진은 자신이 개발한 '마음챙김에 근거한 스트레스 완화(mindfulness-based stress reduction, MBSR)' 프로그램의 교육 과정을 일부러 세속적으로 유지했다. 오늘날 세계 여러 지역에서 마음챙김이라는 단어는 영적인 의미보다 집중이라는 단어와 더 많이 연관된다. 물론 명상이라는 단어는 여전히 사람들의 의구심을 자아내며, 마음챙김 역시 개인이 살고 일하는 지역에 따라 다른 의미로 여겨질 수 있다.

마음챙김을 불교와 연관 짓는 사람도 많다. 그러나 붓다라는 역사적 인물이 마음챙김을 발명한 것은 아니다. 그 누구도 마음의 상태를 발명할 수는 없다. 그가 마음챙김을 발견한 것도 아니다. 적어도 그가 처음은 아니다. 모든 사람이 고요한 명상을 실천하고 지금 이 순간에 접촉하는 나름의 시간을 가져왔기 때문이다. 뉴턴이 중력을 발견하거나 발명한 건 아니지만 그전까지 존재하지 않던 방식으로 이를 연구하고 묘사했던 것과 같은 이치다.

셋 : "마음챙김은 불가사의하고 이국적이고 신비롭다."

나와 함께 공부한 대다수 명상 지도자는 명상과 마음챙김의 평범함을 주저 없이 인정한다. 하지만 대중문화에서 묘사하는 모습을 보고 마음챙김을 신비롭다거나 불가사의하다고 생각하는 사람이 많다. 정확성과 관계없이 마음챙김을 신비주의와 연관 지음으로써 일부 아이들과 10대의 흥미를 끌 수 있을지는 모르지만, 이를 문제 삼아 마음챙김을 조롱하는 사람도 생길 수 있다. 마음챙김을 조금이라도 경험해 보면 이것이 신비롭거나 초월적인 힘과는 관련이 없음을 금세 알아차리게 된다.

넷 : "마음챙김은 황홀감에 이르는 하나의 방법이다."

다수의 마음챙김 연습이 우리를 기분 좋게 하거나 즉시 행복에 넘치는 기분을 안겨준다. 그런데 과거에 마음챙김 명상은 대항문화와 연관된 탓에 일각에서 이를 황홀감과 연결 지어 생각했다. 안타깝게도 우리가 경험하는 모든 황홀감은 중요한 게 아닐뿐더러 이런 기분이 지속하는 경우는 매우 드물다. 오랜 기간의 마음챙김 연습은 오르락내리락하는 기분을 두루 경험하면서 흥미로운 내적 여정을 계속해서 이어나감을 의미한다. 그 과정에서 때로는 무서운 길에 들어서기도 하고, 가끔은 정신이 멍해질 정도로 지루한 길을 만나기도 한다. 그런 점에서 명상 연습은 우리 삶과 많이 닮았다.

다섯 : "마음챙김은 기분 전환 혹은 현실도피 기술이다."

누구나 마음챙김을 해보면 이것이 현실에서 도피하거나 단순히 기분을 전환하는 방법이 아님을 금방 알게 된다. 오히려 정반대다. 마음챙김은 고통, 지루함, 흥미진진함을 모두 담고 있는 현실을 있는 그대로 마주하게 한다. 과거나 미래에 쏠려 있는 주의를 분산시키고 지금 여기에서 실제로 벌어지는 일에 관심을 기울이게 한다.

내 친구는 마음챙김을 가리켜 '보편적 노출 치료'라고 표현했다. 노출 치료는 스스로를 공포의 대상에 서서히 노출함으로써 공포증을 극복한다는 발상이다. 마음챙김은 우리가 두려워하고 멀리 밀어내고 회피하려는 모든 내적·외적 사건에 우리를 노출한다. 자기 내면을 들여다보면 이상하고 놀라운 것들을 많이 만나게 된다. 때로는 왜 우리가 내면을 들여다보지 않으려 했는지를 상기시키는 무시무시한 것들을 발견하기도 한다. 이처럼 내면을 들여다볼 때 무엇을 만나게 될지 전혀 예측할 수 없기 때문에 처음 명상을 시작할 때는 숙련된 지도자에게 가르침과 지원을 받아야 한다.

유대교 격언 중에 "더 가벼운 짐이 아니라 무게를 감당할 더 큰 어깨를 달라고 기도하라"라는 말이 있다. 마음챙김의 작동 원리를 잘 포착한 말이다. 마음챙김은 몇 가지 기분 전환 방식, 행동 양식, 물질에 기대어 현실 인식을 무디게 하는 기술이 아니라 자신을 튼튼하게 만들어 인생의 역경 앞에 더 큰 사람으로 거듭나게 하는 작업이다. 이는 우리 문화가 일반적으로 아이들에게 가르치는 것, 곧 싸우거나 기분을 전환하거나 회피하라는 가르침과 근본적으로 다른 접근 방식이다. 만약 명상을 할 때 너무 자주 현실에서 벗어나는 듯한 느낌이 든다면 그 연습은 잘못된 것이다.

여섯 : "마음챙김은 생각을 멈추는 것이다."

마음챙김 연습의 핵심은 생각을 멈추는 게 아니라 자기 생각을 잘 알아차리고 그로부터 거리를 두는 것이다. 생각을 멈추는 건 마음을 챙기는 게 아니라 오히려 소홀히 하는 행동이다. 이 점을 잘 기억해야 한다. 많은 초심자가 생각을 멈출 수 없다며 연습을 그만두기 때문이다. 호흡을 멈출 수 없듯이 생각도 멈출 수 없고 멈춰서는 안 된다.

내가 들은 유용한 비유가 하나 있다. 췌장이 인슐린을 분비하듯 뇌는 생각을 분비한다는 것이다. 생각은 뇌가 하는 일이므로 우리가 통제할 수 없다. 하지만 뇌에 관해 배우고 뇌의 활동 패턴과 습관을 익혀 이를 조절하면 이전과는 다른 방식으로 생각에 반응할 수 있다(사실 방황하는 마음이 없으면 뇌의 활동 패턴과 습관을 익힐 기회도 없을 것이다). 명상은 단순히 우리 마음, 신체, 생각, 경험 안에서 일어나거나 일어나지 않는 일을 다루는 게 아니다. 지금 일어나는 일과 우리가 관계 맺는 방식에 관한 것이다. 자기 생각과 맺는 관계를 변화시키는 게 명상의 목표이다.

일곱 : "마음챙김과 명상은 빠른 해결책이다."

우리 문화는 신속한 해결책을 좋아한다. 물론 이런 연습을 하면, 특히 처음에는 기분이 좋아져서 연습을 이어가겠다는 의욕이 커진다. 몇몇 긍정적인 변화, 이를테면 필요하지 않거나 원하지 않을 때 투쟁 혹은 도피 반응을 차단하는 일 등은 실제로 신속히 해낼 수 있다. 하지만 대부분의 마음챙김은 급작스러운 혁명보다 내면의 느린 진전을 목표로 삼는다. 신체 운동처럼 마음챙김도 꾸준히 오래 할수록 더 큰 이로움이 따른다.

앞서 설명했듯 명상은 종종 이완 효과가 있고 이완 반응을 촉발할 수도 있지만, 그보다 훨씬 많은 것을 포함한다. 특정 유형의 최면 상태와 사촌지간이라고 할 만한 유도된 시각화를 실행하는 몇몇 마음챙김 연습이 있지만 근본적으로 명상은 황홀경이나 최면 상태와는 관계가 없다.

아홉 : "마음챙김은 방종이나 다름없다."

누군가 마음챙김을 방종이라고 말한다면, 나는 답변으로 다음의 간단한 질문을 던지고 싶다. 미국 청소년의 3대 사망 원인이 무엇인지 아는가? 암이나 약물 남용은 해당하지 않는다. 미국 질병통제예방센터에 따르면, 15세~24세에 해당하는 미국 청소년의 3대 사망 원인은 순서대로 사고(우발적 상해), 자살, 살인이다.[5] 이를 염두에 두고, 만약 우리 사회가 판단을 내려놓고 온화함, 연민, 자기연민의 태도로 지금 이 순간에 조금만 더 주의를 기울이고 집중한다면 어떨지 한번 생각해 보라. 아마 어른이 되기 전에 아이들이 목숨을 잃는 경우가 크게 줄어들 것이다. 말하자면 아이들과 청소년들에게 마음챙김을 권하는 건 공중보건을 위한 일이기도 하다(예전에 틱낫한 스님이 하버드대학교에서 상을 받았는데, 당시 수여 기관이 신학부·교육대학원·의과대학이 아닌 공중보건대학원이었다는 점을 주목할 필요가 있다).

　우리 문화는 자기 돌봄과 방종의 개념을 혼동해 둘을 하나로 합치려는 경향이 있다. 일부 사람이 자기 돌봄이라고 부르는 것 중에는 방종도 있고 반대도 마찬가지다. 마음챙김을 광범위한 청중에게 소개하는 일은 실로 공중보건을 고려한 개입이라고 할 수 있다. 스스로를 돌보는 법을 배울 때 비로소 다른 사람을 돌볼 수 있기 때문이다. 마음챙김하는 사람이 더 나은 식습관과 운동 습관을 지니고 있으며, 그 외에 여러 가지 건강한 의사결정을 내린다는 사실을 밝힌 연구 결과가 있다. 연민의 태도를 기르고 더 능숙하게 주변 세상을 돌보는 일을 방종이라 부르긴 어렵다.

열 : "마음챙김은 우리를 수동적이고 나약하게 만든다."

마음챙김을 한다고 해서 동네북이 되거나 위험에 무관심해지지 않는다. 실제로 연구를 살펴보면, 명상하는 사람도 스트레스를 받고 감정적으로 반응한다. 다만 명상을 하지 않는 사람보다 더 빨리 원상태로 돌아온다. 여전히 삶에서 폭풍우는 몰아치지만 그런 상황에서도 차분히 항해할 수 있게 된다는 뜻이다. 이것이 바로 우리가 아이들에게 길러주고 싶은 능력이다. 후퇴하거나 정체하는 대신 자기 감정의 날씨를 제대로 읽고 대응하며, 자연스러운 삶의 일부인 폭풍우 같은 감정적 시간을 다루는 능력 말이다. 그 시작은 현실에서 도피하거나 사태를 왜곡하지 않고 지금 이 순간에 머물러 상황을 있는 그대로 바라보는 것이다. 마음챙김은 우리를 수동적이고 냉담한 사람으로 만드는 게 아니라 더 단단한 자세로 삶에 적절히 대응하도록 돕는다. 과학도 이를 뒷받침한다. 연구 결과에 따르면, 마음챙김은 크고 작은 트라우마와 좌절에 맞서 더 큰 회복력을 발휘하게 한다.

마음챙김이 우리를 강하게 만들어준다는 사실은 요즘 아이들에게 충분히 반향을 일으킬 만한 내용이다. 마음챙김을 실천하는 청소년들의 이야기를 들어보면, 마음챙김 덕분에 태어나 처음으로 자기 몸과 마음과 삶에서 자율성을 느꼈다는 말을 많이 듣게 된다. 마음챙김은 부모, 교사, 괴롭히는 사람, 감옥 등 그 누구도 빼앗아갈 수 없는 나만의 것이기 때문이다. 마음챙김은 의사가 복용하라고 요구하는 알약도 아니고 부모나 교사나 경찰이 바로잡으라고 강요하는 문제도 아니다. 따라서 마음챙김을 실천하고 있음을 다른 누구에게 알릴 필요도 없다. 이 책에서 소개하는 대다수의 연습은 혼란한 교실, 소프트볼 경기장 외야, 학예회 무대 뒤편에서 조용히 실천할 수 있을 만큼 눈에 띄지 않는다. 누구나 자기 방에서, 줄 서서 차례를 기다리면서, 심지어 소년원에서도 할 수 있는 마음챙김 동작들이다. 아이들, 특히 10대들은 진정성·주인 의식·자율성을 갈구하는데 마음챙김이 이 모든 것을 선사한다. 바깥으로 눈을 돌리기보다 자기 안에서 답을 찾을 수 있는 도구를 마련해 주는 건 아이들에게 독립성이라는 평생의 선물을 제공하는 일이다.

기초 쌓기
나부터 실천하는 마음챙김

한 여인이 신성한 사당 입구에 앉아 사람들이 거지, 병자, 노인, 추방자 옆을 지나치며 그들에게 무언가를 주기는커녕 눈길조차 주지 않는 걸 지켜보았다. 여인은 하늘을 올려다보며 외쳤다. "사랑 넘치는 창조주여, 어째서 제가 보는 고통과 그 이상을 보고도 아무런 도움을 주지 않으십니까?" 잠시 침묵이 흐른 뒤에 한 목소리가 들려왔다. "나의 아이야, 나는 이미 무언가를 하였노라. 너를 창조하지 않았더냐."

—

수피교도 이야기

아이를 돌보는 부모와 전문가가 입을 모아 묻는 가장 흔한 질문 중 하나
는 이것이다. "지금 한창 무너져 내리고 있는 아이에게 어떤 연습이 가
장 적합할까요?" 이런 상황에서 내가 알려줄 수 있는 마법 같은 호흡법
도, 성질을 부리며 울화를 터뜨리는 아이를 잠재울 만한 마음챙김 연습
법도 없다. 스스로를 제어하지 못하고 무너져 내리는 아이를 위한 최선
의 방법은 '나의 연습'이다. 힘들어하는 아이에게는 요란한 반응 없이
그저 곁에 머물며 공식적·비공식적 연습에서 얻은 지혜와 연민을 베풀
어줄 존재가 절실히 필요하다. 이번 장에서는 자기 자신의 마음챙김을
확립하고 이를 유지하는 법을 알아보고자 한다. 이것이야말로 아이들
에게 마음챙김을 전하는 가장 중요하고 강력한 방법이다.

어른은 아이의 거울이다

마음챙김과 연민은 '나'로부터 시작된다. 모든 증거를 살펴보건대, 낡
은 경제 이론들과 달리 마음챙김과 연민은 실제로 어른인 나로부터 시
작해 나와 관계 맺는 아이들에게로 흘러든다. 아이들은 상대방의 감정
을 알아차리게 해주는 뇌 속 거울 뉴런을 통해 우리가 하는 마음챙김과
연민과 그로 인해 생기는 효과를 생생하게 관찰하며 이를 본보기로 삼
는다(거울 뉴런은 본 장 후반부의 '정서적 전염에 대처하는 법'에서 자세히 다룬다). 또
한 우리가 규칙적으로 마음챙김하는 와중에 근면하고 겸손한 자세로
여러 가지 도전 과제와 이로움을 배우는 모습을 지켜본다. 우리가 각자
자신만의 마음챙김에서 배운 교훈들은 아이들의 고집스러운 저항이나

큰 좌절을 포함해 양육자로서 우리가 직면하는 힘겨운 상황에 고스란히 적용할 수 있다.

확실한 연구 결과가 있다. 마음챙김을 실천하는 부모는 더 원활하게 소통하고 갈등을 줄임으로써 더 행복하고 건강한 가정을 만들 확률이 높다.[1] 교사가 자신의 스트레스를 적절히 관리하면, 그의 가르침을 받는 학생들은 배움과 태도 면에서 더 나은 모습을 보인다.[2] 의사가 연민과 마음챙김, 그리고 사람을 대하는 태도에 주의를 기울이면 환자들이 그의 결정을 믿고 조언을 따라주어 더 빨리 회복된다. 치료사가 마음챙김에 신경 쓰면 내담자에게 더 잘 집중하게 되고 내담자의 개선 속도도 빨라진다. 다수의 플라세보 연구가 이런 결과를 입증했다.[3]

연구에 따르면, 마음챙김은 번아웃과 공감 피로를 낮추고 공감과 효과적인 의사소통은 높여준다. 스트레스에 짓눌리고 불행한 아이를 만드는 최고의 방법은 그들을 스트레스에 짓눌리고 불행한 어른 곁에 두는 것이다. 반대 역시 마찬가지다. 차분하고 연민 어린 어른들은 아이들을 차분하고 연민 어린 사람으로 기르고, 그들이 마음껏 자신의 나래를 펼치도록 환경을 만들어준다. 그래서 아이들의 스트레스 수치를 예측하는 최고의 방법은 그들 삶에서 중요한 어른들이 느끼는 스트레스 수치를 살펴보는 것이다. 내 아들이 태어났을 때 소아과 의사가 우리 부부에게 이렇게 말했다. "부모가 불안하지 않아도 아이가 불안한 경우는 많이 봤습니다만, 불안한 부모 밑에서 불안하지 않게 자라는 아이는 거의 본 적이 없습니다."

마음챙김을 시작할 때 알아야 할 것들

여러 뛰어난 스승이 마음챙김 명상을 처음 시작하는 데 유용한 명확하고 보편적인 조언을 제시했다. 가능하면 스승이나 명상센터를 찾아가 연습을 시작하는 데 필요한 도움을 받기를 강력히 권한다. 이제부터 명상가이자 명상 지도자로서 내가 직접 경험하고 깨달은 몇 가지 실용적인 요령을 알려주고자 한다.

먼저 이렇게 물어보자. 하루 중 5~10분만이라도 할애할 시간이 있다면 언제인가? 이른 아침인가, 점심시간인가, 아이 낮잠을 재울 때인가, 아니면 잠들기 전 저녁 시간인가? 습관을 기르려면 일관성을 가져야 하므로 날마다 같은 시간에 몇 분 정도를 할애하는 게 좋다. 하지만 명상을 위해 따로 시간을 마련하기 어렵다고 해서 걱정할 필요는 없다. 이미 하고 있는 일을 더욱 분명히 알아차리면서 일상생활에 마음챙김을 통합할 방법이 많이 있다(소소한 일상의 순간을 활용해 연습하는 법에 관해서는 11장에서 자세히 알아본다).

이미 잘 형성돼 있어 그대로 활용해도 좋은 습관이 있는가? 나는 교사 시절에 일을 마치고 귀가하면 30분 정도 조깅을 한 다음 곧장 자리에 앉아 명상에 들어갔다. 꾸준히 신체 운동을 실천했던 습관 덕분에 손쉽게 정신 운동의 토대가 만들어졌고, 그 결과 고요하고 집중된 상태로 앉아 있을 수 있는 인지적 힘이 생겼다. 이렇듯 연습으로 삼을 수 있는 일상이 있는가? 몇몇 피트니스 강사는 그저 운동화를 신고 야외에 나가 걸으면서 무슨 일이든 눈앞의 상황을 지켜보라고 조언한다. 그러나 다수의 명상 지도자는 "잠시 방석 위에 앉아서 자신이 연습을 시작하는지 지켜보라"고 말한다.

일정이 빡빡하다면 일일 계획표에 명상 시간을 적거나 휴대전화에 알림을 설정해 두자. 너무 무리하는 것처럼 느껴질지 모르지만 "계획표에 없으면 존재하지 않는 것이다"라는 말에 많은 사람이 동의할 것이다.

신체 운동처럼 마음챙김도 친구들과 함께하거나 공동체에 속해 있을 때 더 수월하게 실천할 수 있다. 주기적으로 함께 명상할 만한 친구나 동료가 있는가? 당신이 속한 지역 사회에서 정기적으로 모이는 마음챙김 모임이 있는가? 정기적으로 휴대전화, 이메일, 문자, 소셜 미디어 등으로 소통하면서 서로 영감을 주고받는 친구가 있는가? 어쩌면 가족이 나를 일깨워 줄 좋은 동지가 되어 서로에게 영감을 줄 수 있다. 다른 누군가가 연습에 관해 대화할 만한 사람을 소개해 줄 수도 있다. 연습을 통해 얻는 이로움과 도전 과제에 관해 다른 누군가와 이야기 나누는 건 고무적인 일이다. 연구에 따르면, 앞으로 내가 할 일을 다른 사람에게 말해두면 이를 지킬 확률이 더 높다고 한다. 그러니 가까운 곳에서 마음챙김을 함께하거나 이에 관해 이야기 나눌 만한 사람을 찾아보자. 정 그럴 만한 사람이 없다면 자신의 경험을 매일 일기로 기록하는 것도 연습을 꾸준히 해나가는 데 도움이 된다.

처음 공식적인 연습을 시작하거나 혹은 재시작할 때는 유도 명상 CD, 오디오 파일, 애플리케이션을 활용하면 도움이 된다. 정기적으로 찾아가 명상할 수 있는 편안한 장소를 마련해 두는 것도 좋다. 번드르르한 장비를 구입하는 건 큰 도움이 되지 않으며 꼭 필요하지도 않다. 하지만 발에 맞는 신발을 신으면 운동이 더 잘 되듯이 명상을 위한 적절한 방석, 베개, 의자를 구매하거나 내게 맞는 자세를 찾으면 조금 더 편안하게 명상을 할 수 있다.

바르고 편안하고 지속 가능하면서 항상 깨어 있게 만드는 자세를 찾는 것이 무엇보다 중요하다. 상상력을 발휘해 보라. 어떤 사람은 정수리 끝에서 실 한 가닥이 나와 자기 몸을 들어 올린다고 상상하는 게 도움이 된다고 말한다. 존 카밧진은 왕좌에 앉은 왕이나 여왕처럼 고상한 자세로 앉으라고 권한다. 두 다리는 접거나 펴도 되지만 엉덩이와 발이 삼각대 모양을 이루는 자세가 바닥에 앉았을 때 가장 안정적이긴 하다. 두 손은 무릎이나 양옆에 자연스럽게 내려둔다. 앉지 않고 다른 자세를 취해도 좋다. 편안하게 몸과 마음을 유지할 수 있다면 서거나 누운 자세도 괜찮다.

끝으로 특정 결과를 고려한 목표는 없을지라도 명상하는 합리적인 목표를 설정하자. 만약 내일부터 매일 한 시간씩 연습하겠다고 결심한다면 1년 안에 꾸준히 명상을 실천할 가능성이 희박할 것이다. 차라리 평일에는 5분, 주말에는 10분씩 명상한다는 생각으로 천천히 습관을 만들어가는 게 현명하다. 간혹 명상을 못 했다고 해서 자신을 너무 다그쳐서는 안 된다. 마음챙김 명상을 하면서 마음의 방향을 바로잡아가듯이 정기적인 명상 수행을 놓쳤을 때는 온화하고 연민 어린 태도로 스스로를 명상 연습으로 다시금 이끌면 된다.

명상 수련회에 참가하는 것도 도움이 된다. 방해받지 않고 명상할 수 있을뿐더러 도로 경주를 앞두고 훈련하듯 적절한 마음 상태를 만들 기회도 얻을 수 있기 때문이다. 또한 수련회를 통해 집에서 해오던 명상 연습에 활력을 불어넣을 수도 있다. 적절한 명상 수련회를 찾아보라. 지리적으로나 직업적으로 나와 잘 맞아서 수련회가 끝난 뒤에도 소통하며 지낼 수 있는 사람들과 함께하는 게 가장 이상적이다.

결혼해서 아이를 낳고 자녀와 함께 생활하다 보면 어쩔 수 없이 주의를 빼앗는 요소들이 생겨난다. 방해받지 않고 고요히 머물 수 있는 시간과 장소가 점점 줄어든다. 그런 상황일지라도 규칙적이고 예측 가능한 명상 시간을 가지면 나와 아이 모두에게 도움이 된다. 나의 연습 시간을 지켜주는 게 얼마나 중요한 일인지 가족과 자녀에게 잘 설명하자. 그것이 당신을 더 행복하고 차분하고 참을성 있게 만들어준다. 그러면 어떤 이유에서든 소란해진 마음을 가라앉히거나 생각을 정돈할 수 있다. 작가 앤 라모트의 표현 중에 내가 늘 되새기는 말이 있다. "단 몇 분간만 플러그를 뽑아두면 거의 모든 게 다시 정상적으로 작동한다. 당신도 그렇다." 내가 먼저 지지를 요청하면 가족 구성원이 나와 함께하고 싶을 만큼 명상에 호기심을 품을지도 모른다.

비공식적인 마음챙김 연습의 힘

잠시 주의를 기울여 호흡할 시간을 낼 수 있는가? 자녀의 분주한 일정이나 이런저런 약속 사이에 잠시 자기 자신을 돌아볼 시간이 있는가? 주의를 기울여 점심을 먹을 수 있는가? 한 번에 한 가지 일만 처리하면서 하루 내내 자기가 하는 일을 충분히 알아차리고 있는가 아니면 자동 조종 장치가 돌아가듯 시간을 보내고 있는가? 다수의 비공식적인 연습은 한 번에 한 가지 일에만 집중하는 것의 힘(그리고 어려움)을 일깨워 준다. 또한 자기연민을 발휘해 내면에서 들려오는 자기 패배적인 비난을 잠재우고, 이미 가지고 있던 마음챙김과 자신을 다시 연결하고, 지혜와 안목을 길러 이 여정을 계속해서 이어나가도록 도와준다.

싱글태스킹

일상생활에 마음챙김을 적용하는 아주 간단한 방법은 멀티태스킹 (multitasking) 습관을 버리고 싱글태스킹(singletasking)을 습관화하는 것이다. 요즘은 너나 할 것 없이 모두가 멀티태스킹을 하려고 애쓰는데, 이것이야말로 우리를 스트레스에 짓눌리게 만드는 원인이다. 연구에 따르면 멀티태스킹은 일종의 미신이다. 우리가 멀티태스킹이라고 믿는 건 실은 아주 빠른 속도로 한 과제에서 다음 과제로 주의를 옮기는 일이다. 그런데 연구 결과, 이런 식으로 일하면 시간은 두 배로 걸리는데 정작 목표한 양의 절반밖에 일을 완료하지 못한다고 한다. 단지 바쁘게 지내면 활력이 느껴지고 기분도 좋아지기 때문에 (실제로 분주하게 지내면 도파민이 뿜어져 나온다) 멀티태스킹이 효율적이라는 환상이 굳어져서 끊기 어려운 습관이 되어버린 것뿐이다.

치료사이자 마음챙김 수련자인 내 친구 피터는 아내가 시외로 나가 있는 동안 저녁 식사를 준비하고, 회사의 급한 업무를 처리하고, 내집 마련에 따르는 스트레스와 온갖 일거리를 처리하느라 미친 듯이 바쁜 하루를 보내고 있었다. 그러다 마침내 숙제를 도와달라는 여덟 살짜리 아들의 말에 폭발하고 말았다. "여섯 가지 일을 동시에 처리할 수는 없어. 한 번에 한 가지만 할 수 있다고!" 아빠의 그런 모습을 처음 본 아들은 깜짝 놀라 피터를 올려다보며 호기심 가득한 얼굴로 아이답게 이렇게 말했다. "아빠, 그럼 한 번에 하나만 하면 되잖아요?"

한 번에 한 가지 일만 실행하는 싱글태스킹은 균형 잡힌 삶을 유지하는 데 중요하다. 아래의 간단한 연습은 속도를 늦추고 지금 이 순간에 존재하는 하나의 대상에 주의를 기울이는 싱글태스킹의 힘을 잘 보여준다.

두 눈을 뜨거나 감은 상태에서 손가락 하나를 지그시 이마 정중앙에 놓는다. 가만히 이마에 닿은 손가락을 느낀다. 그리고 손가락이 닿은 이마에서 전해지는 감각을 느낀다. 온도, 촉감, 습기, 어쩌면 맥박도 감지될 것이다. 이 알아차림을 조금 더 유지한다. 마음이 방황하기 시작하면 그저 온화하게 이마에 댄 손의 감각으로 마음을 다시 불러온다. 이제 눈을 뜨고 손을 내린 뒤에 어떤 느낌이 드는지 확인한다.

이 과정에서 자신의 경험을 정확히 알아차렸다면 마음챙김을 경험했다고 할 수 있다.

나에게 주는 휴식

우리 중 많은 사람이 완벽한 부모, 엄청난 영감을 불어넣는 교사, 카리스마 넘치는 조력자로서 모든 고통에서 아이들을 구해야 한다는 큰 압박감에 짓눌린다. 많은 사람의 내면에 지금 이대로는 부족하다고 다그치는 비판자가 존재한다. 이 내면의 비판자는 어린 시절로부터 들려오는 메아리일 수도 있고, 우리 사회에 존재하는 억압과 편견의 목소리일 수도 있다.

외부에 실재하는 압력도 있다. 이러쿵저러쿵하는 다른 부모의 말, 중요한 학업 시험, 미묘한 차이(nuance)보다 겉으로 보이는 숫자에 가치를 두는 학교와 조직이 대표적인 예다. 부족하다는 느낌과 걱정은 무의식에 고스란히 내면화되고, 우리는 무의식적으로 이를 아이들에게 물려준다. 다른 사람의 호감을 얻고 유능한 사람으로 인정받고 싶은 건 인간의 기본적인 욕망이지만, 이런 끝없는 비교는 더 큰 불안을 만들어낸다. 어디서 비롯되었든 내면의 비판자는 무시하기 어렵다. 그들은 삶에서 교묘하고 교활한 방식으로 나타나 우리가 아이들과 함께할 때 느끼는 기쁨, 슬픔, 스트레스 같은 온갖 감정을 더욱 크게 부풀린다.

부모는 어마어마한 압박을 받으면서 살아간다. 누군가를 돌보는 일에 종사하는 사람들 사이에는 번아웃, 약물 남용, 이직, 공감 피로가 매우 높은 비율로 나타난다. 이런 상황에서 마음챙김, 연민, 자기연민을 삶의 중요한 가치로 삼아 꾸준히 연습하면 우리 자신에게 유익함은 물론이거니와 우리를 둘러싼 주변 사람들에게도 좋은 본보기가 될 수 있다. 이것이야말로 진정한 자기 돌봄이다. 특정 활동에 마음챙김을 적용하는 것, 이를테면 주의를 기울여 초콜릿 먹기는 자기 돌봄과 자기 만족을 모두 느끼게 한다.

마음챙김의 순간 떠올리기

나는 어릴 적에 명상하는 법을 배우지 못했다. 부모님은 분명 영적인 분들이었지만 특별히 어떤 종교를 따르지는 않았다. 나에게 정식으로 마음챙김을 가르쳐준 적도 없다. 그러다 성년기에 접어들 무렵, 마음챙김에 관심이 생겼고 인생을 돌아보게 되었다. 돌이켜 생각해 보니 내가 가장 소중히 여기는 유년기의 추억은 마음챙김과 연민으로 넘쳐났다. 아버지와 함께 여름 하늘을 올려다보며 구름이 모양을 만들었다가 흩어지는 모습을 바라보았던 일, 자연 체험 활동에 참여했을 때 숲에서 나는 소리에 귀 기울이며 말없이 걷기에 몰입했던 일, 가장 크고 동그란 비눗방울을 만들려고 최대한 호흡에 집중했지만 결국 비눗방울을 터뜨려 버렸던 일, 이런 순간들은 마음챙김의 요소를 다분히 포함하고 있었다.

잠시 시간을 내어 자신의 어린 시절을 떠올려보라. 유년기나 다른 어떤 시기에 경험했던 일 가운데 마음챙김의 요소(주의 기울이기, 지금 이 순간에 머물기, 판단하지 않고 받아들이기)가 담긴 추억이 있는가? 같은 질문을 세계 곳곳의 사람들에게 던졌을 때 돌아온 답을 살펴보면 한 가지 공통분모가 있다. 대개 어떤 소리나 냄새, 맛 혹은 다른 어떤 감각이 추억의 일부를 차지한다는 점이다. 우리 마음이 과거나 미래로 치달을 때도 감각만은 늘 현재에 머문다. 그래서 기억할 만한 마음챙김 장면은 사람들이 따뜻함과 안전함을 느끼는 자연이나 자연과 가까운 곳에서 나타나는 경우가 많다.

굳이 멀리 유년기까지 돌아갈 필요도 없다. 현재 삶에서 마음챙김을 경험할 만한 일상의 순간을 떠올려보라. 정원 가꾸기, 걷기, 저녁 준비하기를 비롯해 다양한 일상 활동에 마음챙김을 통합하려면 어떻게 해야 할지 생각해 보자. 마음챙김이 생소한 사람은 친숙한 과거의 경험 중에서 마음챙김의 요소를 경험했던 순간을 곰곰이 떠올려보길 바란다. 요가나 태극권을 해봤을 수 있고, 시각화 명상을 하면서 즐거운 시간을 보냈을 수도 있다. 점진적 근육 이완법이나 최면을 시도했을지도 모른다. 이 모든 활동이 마음챙김의 사촌이다. 어쩌면 마음챙김은 애초에 생각했던 것보다 당신의 가치관, 관심사, 활동과 많은 공통점을 가졌을지 모른다.

정서적 전염에 대처하는 법

아이들과 시간을 보내다 보면 나의 바람이나 요구 사항이 아이들의 그것과 부딪혀 갈등을 빚곤 한다. 화를 내거나 감정적인 아이를 대할 때면 덩달아 화가 치미는 걸 참기 어렵다. 우리가 돌보는 사람들이 드러내는 감정, 특히 강렬한 감정은 전염성이 있다. 하지만 부정적인 감정이 전염되듯 차분하고 연민 어린 감정도 다른 사람에게 퍼질 수 있다.

1장에서 말했듯 뇌 속의 거울 뉴런은 주변 사람의 경험과 감정을 느낄 수 있게 해준다. 고전적인 예로, 누군가 바나나를 먹는 모습을 보면 나의 뇌 속에서 바나나 먹기와 연관된 뉴런들이 활성화된다. 또 누군가와 마주 보고 앉아서 슬픔이나 분노의 감정을 드러내면 상대방 뇌에서도 같은 감정을 일으키는 뉴런들이 발화될 가능성이 있다. 그 결과 상대방이 나의 감정을 감지할 뿐 아니라 나와 같은 감정을 느끼게 된다.

우리는 끊임없이 주변 사람의 감정을 흡수한다. 롤러코스터처럼 급변하는 감정을 드러내는 아이들이나 10대와 함께 있으면 몹시 지치는 이유가 여기에 있다. 마음과 정신이 감정에 휩싸여 있을 때는 당당히 나서 지혜로운 정신과 열린 마음으로 상황에 대응할 수 없다. 만약 폭풍우 같은 아이의 감정을 대하면서 차분함을 유지할 수 있다면 아주 희망적일 것이다. 혼란의 한복판에 서 있더라도 얼마든지 차분할 수 있다는 뜻이니 말이다.

부모가 자녀와 갈등하거나 아이들끼리 다투는 건 불가피한 일이다. 피하려고 노력할 수 있겠지만, 연구에 따르면 아이들이 갈등을 마주하는 게 반드시 문제라고는 할 수 없다. 중요한 건 갈등 상황에서 결정을 내릴 때 우리의 행동 방식, 즉 우리가 보이는 태도다. 다시 말해 어른으로서 우리는 갈등 상황 이후에 아이들, 다른 사람, 때로는 자기 자신과 재연결하는 일이 얼마든지 가능하다는 걸 몸소 보여주고 솔선수범해야 한다는 말이다. 아이가 차분함을 유지하도록 돕기 위해 어떤 기술을 사용했는가? 그때 나의 정서 상태는 어땠는가? 아이들 혹은 내가 가장 언짢을 때는 어땠는가? 그 순간 나의 정서 상태는 어땠는가? 이런 질문을 고민해 보면 자신의 경험을 바탕으로 더 나은 대응 방식의 기초를 쌓아갈 수 있다.

물론 아이가 한창 울고 있거나 10대 자녀가 짜증을 부릴 때 차분함을 유지하기란 말처럼 쉽지 않다. 이때 활용할 수 있는 몇 가지 접근법이 있다. 화내는 아이에게 마음챙김으로 마음을 가라앉히라고 말하기보다 자기 자신을 가라앉히는 편이 훨씬 성공하기 쉽다. 이를 실천하는 최고의 방법은 저항하거나 회피하지 말고 공식적·비공식적 마음챙김에 단단히 뿌리 내리는 것이다. 그러면 기분이 언짢은 아이에게 주의를 기울이며 따뜻하게 다가가도록 우리 뇌를 재조정할 수 있다. 화가 날 때는 위험 요소만 보일 뿐 큰 그림이 눈에 들어오지 않는다는 걸 기억하자.

그런 순간에는 차분하게 호흡해야 한다는 사실을 떠올리기가 어렵다. 이때는 다른 비공식적 마음챙김 연습이 도움이 된다. 우리는 몸을 바꿈으로써 마음을 바꿀 수 있다. 두 발에 주의를 기울이거나, 꽉 쥐었던 두 손을 쫙 펴거나, 자리에 앉거나 상체를 뒤로 젖히면서 몸의 감각을 느껴보라. 아니면 방 전체를 둘러보거나 잠시 창밖을 내다보면서 생각을 정리한 다음 주어진 상황에 다시 대응하자. 그럼에도 한번 놓친 평정심을 되찾지 못할 때가 있다. 그럴 때 최선의 대처법은 자기연민을 발휘해 스스로를 용서하고, 일어난 일을 되짚어 보고, 마음을 차분하게 가라앉힌 다음 되도록 빨리 아이들에게 자신의 행동을 설명하는 것이다. 자기 언행에 책임을 지는 행동은 어른이 아이들에게 책임감을 가르치는 최고의 방법이다.

어떻게 알 수 있을까?

내 친구이자 동료 치료사인 론 시겔의 말을 빌리면, 대개는 모든 사람이 그 자리에 '존재'할 때 상황이 가장 원활하게 해결된다. 현재에 머물며 순간순간의 경험에 닻을 내리는 가장 간단한 방법은 하루 종일 자신에게 이렇게 묻는 것이다. "내가 지금 이것을 하고 있다는 걸 어떻게 알 수 있을까?" 생각과 느낌을 비롯해 자신의 모든 감각을 동원해 확인해 보라. 내가 아이의 말을 귀 기울여 듣고 있다는 걸 어떻게 알 수 있을까? 잠자코 있다가 아이의 말이 끝나기도 전에 대답할 거리를 생각하는가, 아니면 열린 자세로 아이의 생각을 충분히 들어주는가? 내가 가르치고 있다는 걸 어떻게 알 수 있을까? 내 입에서 나오는 목소리가 들리고, 아이들이 어느 정도 내 말에 집중하는 모습이 보인다. 내가 운전하고 있다는 걸 어떻게 알 수 있을까? 차의 진동이 느껴지고, 요란한 엔진 소리가 들리고, 주변 경관이 스쳐 지나가는 걸 볼 수 있다.

마음챙김 지도자 샤론 샐즈버그는 양육이든 교육이든 치유 작업이든, 무언가 까다로운 작업을 오랫동안 해내려면 자신과 다른 사람 안에 깃든 긍정적인 회복력과 인류애를 확인하고 이것과의 연결을 의도적인 마음챙김 주제로 삼아야 한다고 말한다. 이를 염두에 두고 잠시 여유를 가지고 긍정적인 측면과 연결해 보자. 내 삶에 존재하는 아이나 어른 중에서 오늘 나에게 창의력이나 회복력을 보여줌으로써 영감을 불어넣은 사람이 누구인가? 과거 힘든 시절에 나를 버티게 해주었던 게 무엇인가 혹은 누구인가? 오늘, 이번 주, 올해 이룬 성과 중에서 내가 계속 유지할 만한 것은 무엇인가? 퀘이커 교사이자 작가인 아이린 맥헨리는 주기적으로 "잘된 일은 무엇일까?"라는 질문을 던져보라고 권한다. "잘못되지 않은 일은 무엇일까?"라고 물어도 좋다. 이것은 나를 위한 좋은 연습이며, 하루를 정리하거나 회의를 할 때 배우자나 동료와 함께해도 좋은 연습이다. 또한 아이들, 배우자, 동료에게 직접적으로든 이메일로든 감사와 인정의 말을 전하는 일도 잊지 말자.

긍정적인 측면과 연결할 때는 당시의 경험을 실제로 느끼고, 그것이 마음속 깊이 새겨지도록 충분한 시간을 가져야 한다. 연구에 따르면, 부정적인 인식은 순식간에 부호화되어 뇌 속에 저장되고 세상이 부정적인 곳이라는 증거를 마음속에 남긴다. 하지만 긍정적인 인식은 부호화되기까지 20~30초 정도 시간이 더 걸린다. 지금 잠시 30초 정도의 여유를 가지고 오늘 하루 내가 마주했던 긍정적인 경험을 곰곰이 생각하며 음미해 보자. 그때의 감정을 되새기고, 그것들이 내 중심을 관통하여 관점을 재조정하게 하자. 잘된 일을 기록으로 남겨 나중에 돌아볼 거리를 만들고, 이런 감사의 습관을 아이들과 주기적으로 공유하는 것도 긍정과의 연결을 강화하는 좋은 방법이다.

직관 따르기

아이들과 함께할 때 겪는 어려움 하나는 종종 꽉 막힌 상황에 부딪혀 어려운 결정을 내려야 하는데 무엇을 해야 할지 모른다는 것이다. 스탠퍼드대학교 심리학과 교수 켈리 맥고니걸은 요가 같은 연습을 통해 몸을 알아차리는 법을 가르친다. 그녀는 까다로운 의사결정을 내려야 할 때 유용한 간단한 연습을 제안했는데, 아래는 이를 다듬은 내용이다. 어떤 사람들은 이 연습을 가리켜 '복부뇌에 귀 기울이기'라고 부른다.

잠시 여유를 가지고 편안한 자세를 취한 다음 두 눈은 감거나 주의를 빼앗기지 않는 곳에 시선을 둔다. 결정해야 할 중요한 사안을 마음속에 떠올리고 자신에게 묻는다. '이 상황에서 내가 진정 원하는 것은 무엇일까?' 어느 한쪽으로 결정을 내렸다고 상상하면서 자신에게 말한다. '나는 ___ 하기로 마음먹었어. 그렇게 할 거야. 마음을 정했어.' 머릿속으로 상상하면서 최대한 생생하게 결정을 내린다. 이때 재빨리 자기 몸을 살피면서 어떻게 느껴지는지 알아차린다. 호흡에 주목하고 몸에서 일어나는 긴장을 파악한다. 특히 몸통에서 느껴지는 감각에 주의를 기울이면서 그것들이 보내오는 메시지를 알아차린다. 그 메시지를 가만히 자신에게 일러준다. 숨을 들이마시고 내쉬면서 앞서 결정한 내용을 마음속에서 내려놓는다. 심호흡을 몇 번 하면서 몸과 마음을 새롭게 한다. 이제 결정을 뒤집어본다. 자신에게 이렇게 말한다. '아니야. 그렇게 하지 않을 거야. 대신 ___ 하기로 마음먹었어. 꼭 그렇게 할 거야.' 다시 한번 결정한 내용을 머릿속에서 최대한 생생하게 그려본다. 몸을 살피고 호흡을 관찰한다. 몸통, 특히 가슴과 복부에서 느껴지는 감각에 주의를 기울이면서 몸이 하는 말을 듣는다. 이와 함께 몸과 마음에서 일어나는 다른 모든 현상을 가만히 자신에게 일러준다.

나는 중대한 의사결정을 내리기 전에 이 연습을 실천하고 환자들에게 공유하기도 한다. 최근에 만났던 15세 소녀는 남자친구와 헤어져야 할지를 놓고 몹시 괴로워하며 상담 시간 대부분을 보냈다. 소녀는 소파에 앉아 두 눈을 감은 상태에서 주의를 기울인 채 내가 이끄는 대로 위의 연습을 해보았다. 연습을 마쳤을 때 소녀는 번쩍 눈을 뜨더니 주저 없이 "제이미와 헤어져야겠어요!"라고 말했다. 내가 만났던 또 다른 학생은 입학 허가를 받은 두 명문 대학교 중 한 곳을 골라야 하는 어려운 선택 앞에서 이 연습을 활용했다.

나의 연습이 중요한 이유

치료사 훈련을 받던 시절, 나는 외과용 메스나 망치가 아니라 자기 자신을 도구로 사용해야 한다는 가르침을 받았다. 아이를 양육하거나 다른 방식으로 아이들과 함께할 때도 마찬가지다. 자신의 몸·정신·마음을 도구로 사용하려면 먼저 이것들을 잘 훈련하고, 유지하고, 날카롭게 갈고닦고, 특이사항을 파악해야 한다. 또한 이것들이 시간이 흐름에 따라 변한다는 사실을 이해하고, 무리하게 사용하면 어떤 일이 벌어지는지도 알아야 한다. 이를 실천하는 한 가지 방법이 마음챙김 연습이다.

자기 돌봄은 오랫동안 연결을 유지하고 공감 피로에 빠지지 않도록 도와주는 필수 요소다. 평소 자신을 돌보는 데 어느 정도의 시간을 할애하는가? 하루를 보내면서 싱글태스킹을 유지하는가? 때때로 여유를 가지고 자신의 호흡과 연결되고 지금 이 순간을 인식하는가? 다른 사람에게 하듯이 자신에게도 너그럽고 연민 어린 태도를 보이는가? 과거에 힘든 상황을 이겨낼 때 무엇을 원동력으로 삼았는지 기억하는가?

작가이자 교사이자 활동가인 파커 파머는 감동적인 책《가르칠 수 있는 용기》에서 우리가 "자신의 모습 그대로를 가르친다"라는 사실을 깨우쳐준다. 이 원칙은 모두에게 적용된다. 우리를 우러러보는 사람들을 가르치고 그들에게 본을 보일 때, 원하든 원하지 않든 매 순간 우리는 최선 혹은 최악의 모습으로 그들을 보살핀다. 우리 중 많은 사람이 집, 병원, 캠프, 학교 등 혼잡한 환경에 머문다. 아이들을 대하는 일은 저평가되고, 제값을 받지 못하며, 눈에 보이지 않을 때가 많다. 외적인 지원이나 내적인 힘이 없다면 아무리 아이를 사랑한다 해도 공감 피로와 번아웃에 빠질 수 있다.

스스로를 가치 있게 여기고 시간을 내어 자신을 돌보는 법을 배우는 건 아이에게 온전히 주의를 기울이고 적극적으로 소통하는 데 있어 매우 중요하다. 우리는 다른 사람을 위해 존재하기 전에 자기 자신을 위해 존재하는 법부터 배워야 한다. 그런 다음에야 평정심을 유지한 채 자신의 연습에서 얻은 통찰을 바탕으로 아이들과 연결될 수 있다. 내가 내담자를 비롯해 삶에서 만나는 여러 사람이 처한 실제 상황과 그들의 말 이면에서 벌어지는 일에 귀를 기울일 수 있는 것은 마음챙김을 연습했기 때문이다.

내가 도심에서 일할 때 분노에 찬 소년이 많이 찾아왔다. 그중 특별히 기억에 남는 내담자는 서부 아프리카의 섬나라 카보베르데에서 이주해 온 아드리아오라는 학생이었다. 그는 주립 보호시설을 드나들며 청소년기 초반을 보냈다. 정학을 당하거나 소년원에 수감되진 않았지만, 학교에서 복도를 활보하며 급우를 밀치거나 선생님에게 욕설을 내뱉을 만큼 통제 불능이었다. 그런데 어찌 된 영문인지 상담실에만 오면 자리에 앉아 조용히 액션 피규어를 가지고 놀았다. 나는 이 열두 살짜리 소년과의 연결고리를 찾느라 애를 먹었다. 그러다 여러 가지 이유로 그곳에서의 일을 그만두어야 했고, 그동안 만났던 아이들에게 그 사실을 알렸다. 나는 아드리아오가 크게 신경 쓰지 않고 개의치 않을 거라 생각했다.

"이렇게 가버리면 안 되죠, 윌라드 박사님. 갈 수 없어요! 새 직장에 가면 다시 여기로 끌고 올 거예요. 상담실까지 올라오면서 계단에다 박사님 머리를 찧어버릴 거라고요. 그런 다음 총을 쏴서 벽에다가 '윌라드 박사'라고 글씨를 새길 거예요! 안 돼요. 떠날 수 없어요!" 그는 이렇게 말하며 항의했다. 많은 사람이 화난 젊은 청소년은 위험하다는 말을 들어봤을 것이다. 아드리아오 역시 삶의 특정 시점에 만났다면 그런 존재였을지 모르지만, 적어도 그때 내가 들은 그의 본심은 "당신이 그리울 거예요"였다. 나는 나만의 언어로 그에게 "나도 네가 그리울 거야, 아드리아오"라고 답해주었다.

　마음챙김은 우리가 보고 듣는 진짜 내용을 분별해 더 깊이 보고 듣게 만든다. 이로써 주변 사람과 자신의 고통 이면에 존재하는 진실에 귀 기울이게 한다. 우리가 그렇게 할 때 아이들도 이를 알아차리고 마음을 열어 우리 말을 귀담아듣는다.

　마음챙김 연습은 자신과 편안한 관계를 맺도록 도와준다. 처음 치료사로서 일을 시작할 때, 내 곁에 나이 지긋한 현명한 치료사가 있었다. 나도 그처럼 되길 간절히 바랐다. 하지만 그건 진정한 내 모습이 아니었다. 그렇다고 몇몇 동료처럼 프리스타일 랩을 구사하거나 농구를 즐기는 치료사도 아니었다. 그런 내가 실망스러울 때가 있었다. 그러다 어느 순간, 나는 엉뚱한 중년 치료사로서 나만의 장점이 있으며 이를 잘 활용해야 한다는 걸 깨달았다. 지금은 부모로서 나의 장점이 무엇인지 알고 노력해야 할 부분에 대해 도움을 구할 줄도 안다. 우리가 자신을 편안하게 느끼면 그것만으로도 다른 사람에게 강력한 메시지를 전하게 된다. 아무리 자신을 괴짜나 시시한 사람으로 여긴다고 해도 스스로 자기 자신과 무난한 관계를 맺고 있음을 아이들에게 보여주면, 그 순간 우리는 아이들에게 그들 역시 어떤 모습이든 지금 그대로 괜찮다고 말해주는 것과 같다. 암묵적이든 명시적이든 받아들임과 자기수용의 메시지는 아이들에게 매우 중요하다. 마음챙김이 큰 역할을 할 수 있다.

　더불어 마음챙김을 연습하면 더 진솔한 사람이 될 수 있다. 진정성은 아이들, 특히 청소년들이 간절히 원하는 것이다. 그들은 아주 예리한 헛소리 탐지기를 가지고 있어서 대하기가 만만치 않을 때가 있다. 진정성에 대한 욕구는 부분적으로 청소년의 뇌와도 긴밀히 연결된다. 아이들에게는 진정한 의도, 숨겨진 문제, 진짜 동기를 알아내는 일이 생존의 문제와도 같다. 힘든 시절을 보낼 때는 더더욱 그렇다. 우리가 진실해질수록 아이들과의 관계는 진정성과 신뢰에 더 깊이 뿌리내릴 것이다.

자기 자신을 알고 받아들이면 아이들에게 최선의 모습을 보일 수 있다. 자신이 가진 장점이 무엇인지 알게 되고, 맹점이 아닌 장점으로 아이들과 관계 맺을 수 있다. 마음챙김 명상은 지혜와 연민이라는 두 가지 특성을 강화한다고 말했다. 아이들과 함께하는 시간을 위해 길러야 할 품성 가운데 이보다 더 가치 있는 게 있을까?

tip

마음챙김하며 운전하기

한 명상 지도자는 일주일에 한 번은 출퇴근길에 라디오를 듣거나, 전화 통화를 하거나, 커피를 마시지 말고 운전해 보라고 제안한다. 처음에는 대수롭지 않게 생각했다. 하지만 실제로 해보니 차의 진동을 느낄 수 있었고, 엔진 소리에 귀 기울이며 기어를 바꾸기도 했다. 나는 이 활동을 규칙적으로 실천하면서 주의를 흩트리는 한두 가지 요소를 제거할 때 일어나는 생각과 감정을 더 잘 알아차리게 되었다. 날마다 출퇴근길에 이런 방식으로 운전하는 건 아니지만, 집에서 가장 가까운 신호등을 시작으로 운전을 시작하고 끝낼 때 몇 분 정도는 주의를 분산시키는 것들을 제쳐놓는다. 이렇게 운전 시작과 끝부분에 마음챙김을 적용하면 다음 공간으로 더 수월하게 전환할 수 있고, 목적지에 도착했을 때 온전히 그 순간에 머물 수 있다. 자동차로 출퇴근하지 않는다면, 지하철이나 버스를 타고 첫 정류장을 지날 때 또는 마지막 정류장에 도착할 때 이 연습을 실천할 수 있다.

PART
2

어린이와
10대를 위한
마음챙김 연습

chapter 04

아이들에게
마음챙김 소개하기

문제가 일어나기 전에 예방하라.
혼란하지 않을 때 질서를 세워라.
—

바이런 케이티·스티븐 미첼,
《기쁨의 천 가지 이름》 중 노자의 말

아이들에게 마음챙김을 알려줄 때 가장 먼저 드는 고민은 '어떻게 하면 아이들의 관심을 끌 수 있을까?'이다. 어떻게 하면 어린아이들이 마음챙김을 쉽고 재미있게 접하고, 더 큰 아이들에게도 유용하게 만들 수 있을까? 아이들이 회의적인 시선을 보내지 않는다고 해도 완전히 마음을 놓을 수 없다. 저마다 자라온 배경과 주의가 지속되는 시간, 학습 방식, 관심사가 다르기 때문이다.

관계 형성하기

아이들에게 마음챙김을 소개하는 첫 번째 단계는 아이들과 좋은 관계를 맺는 것이다. 이는 자신의 마음챙김, 연민 연습에서 비롯된다. 우리는 자신의 연습을 자양분 삼아 아이들과의 연결고리를 유지하고 연민 어린 태도로 아이들을 대할 수 있다. 보통의 날들과 특정한 어느 순간에도 아이들이 나를 신뢰하고 나와 연결된다면 그들도 마음챙김을 시도할 가능성이 커진다. 만약 아이가 눈에 띄게 거부 반응을 보이면 속도를 늦추고 다른 방식으로 관계를 단단히 하는 데 시간을 들여야 한다. 마음챙김보다 중요한 건 아이와의 관계다. 어긋난 관계에서는 마음챙김이 자라나기 어렵다. 아이가 마음챙김 외에 다른 무언가에도 저항하고 있어서 두 사람 사이의 관계가 틀어졌다면, 코치나 지도자 또는 치료사같이 아이가 우러러보는 다른 어른의 도움을 구해보는 것도 방법이다.

숨은 의도 파악하기

두 번째 단계는 자신의 의도를 설정하고 파악하는 것이다. 이런저런 의도가 뒤섞여 있어서 분간하기 어렵더라도 반드시 해야 하는 작업이다. 저 아래 다른 문제가 깔려 있을지 모르기 때문이다. 대개 아이들에게 마음챙김을 가르치려는 이유는 나 혹은 아이를 염려하는 학교 관계자나 전문가가 바꾸고 싶어 하는 아이의 행동이 있어서다. 하지만 변화를 목표로 마음챙김을 제안하면 아이들은 자신이 어딘가 잘못된 점이 있어서 고칠 필요가 있는 존재라는 메시지를 받을 수 있다. 아이들은 삶의 다른 영역에서도 이런 메시지를 받을 수 있는데, 이것이 그들을 방어적으로 만든다.

　아이가 어떻게 변했으면 좋겠다고 생각하는 대신에 내가 만들 수 있는 변화에 대해 고민해 보자. 아이를 바꿀 수 없거니와 아이가 나의 교육 방식에 맞춰주기를 기대할 수도 없다. 내가 할 수 있는 건 아이와 관계 맺는 방식을 바꾸고, 아이의 환경에 변화를 꾀하거나 교육 방식을 바꾸는 일이 전부다. 궁극적으로 내가 해야 할 모든 일은 변화가 일어나기에 가장 좋은 환경을 조성하는 것이다.

관심사 파악하기

세 번째 단계는 아이의 관심사와 성격에 관해 생각해 보는 것이다. 아이가 자연스럽게 관심을 두는 일은 무엇인가? 운동을 좋아하는 아이라면 동작이나 신체 활동을 중심으로 한 마음챙김 연습을 배우는 데 관심을 가질 것이다. 미술을 좋아하는 아이라면 그림이나 조각, 관찰 활동을 통해 마음챙김을 배울 수 있다. 자연을 사랑하는 아이는 자연 세계와 깊이 연결되는 활동을 소개해 주면 자연스럽게 마음챙김에 끌릴 것이다.

아이의 관심사	시도해 볼 만한 연습
운동	모든 감각으로 호흡하기, 아이의 눈, 줌 렌즈와 광각 렌즈, 감각 알아차리면서 걷기, 동전을 활용한 걷기, 나무 연습, 잘된 일은 무엇일까?, 인간 거울, 인간 만화경
창작 (예: 그림 그리기, 디자인, 사진, 영화 제작)	구름 걷어내기, 다른 눈으로 바라보기, 줌 렌즈와 광각 렌즈, 감각 알아차리면서 걷기, 초록빛 찾기, 색깔 탐정
자연, 야외 활동	기본 걷기 명상, 감각 알아차리면서 걷기, 감사하며 걷기, 소리 풍경 넘나들기, 색깔 탐정, 초록빛 찾기, 예술가의 눈, 사무라이의 눈, 고요함 찾기, 하늘에 떠 있는 구름, 줌 렌즈와 광각 렌즈
소셜 미디어	소셜 미디어 마음챙김, 79번째 장기, 말하기 전에 생각하기
좋은 친구 되기, 새 친구 만들기	직관 따르기, 미소 명상, 호흡 전달하기, 인간 거울, 자애 호흡, 나비 포옹, 개인 공간 연습, 잘된 일은 무엇일까?, 말하기 전에 생각하기
학업, 일반	스톱(STOP), 7-11 호흡, 모든 감각으로 호흡하기, 3-2-1 접촉, 그저 존재하기×3, 구름 걷어내기, 호숫가의 조약돌
글쓰기	나만의 호흡 명상 기록하기, 지금 이 순간의 경험 살피기
음악	소리 찾기, 좋아하는 노래 듣기, 소리 풍경 넘나들기
표현 예술 (예: 연기, 연극, 노래, 악기 연주, 시 읊기)	7-11 호흡, 스톱(STOP), 고요함 찾기, 자애 연습, 자애 호흡

어떻게 아이 마음을 내 마음처럼 자라게 할까

또 하나의 방법은 이 책에서 소개하는 연습을 두루 시도해 보고, 어떤 게 왜 나에게 잘 맞는지 살펴본 다음 이를 아이들에게 소개하는 것이다. 예를 들어 일을 마치고 찻물이 끓을 때까지 7-11 호흡을 몇 번 실천하면 머리를 비울 수 있어서 좋다고 아이에게 말해준다. 또는 차에서 내려 사무실로 가는 동안 마음챙김하며 걸으면서 아름다운 무언가를 발견한다거나, 식사할 때 주의를 기울여 첫 한 숟가락을 음미한다거나, 아침에 자리에서 일어나기 전에 다섯 가지 소리에 귀 기울이는 일을 좋아한다고 말해준다.

아이가 배움에 어려움을 느끼거나 주의력 결핍 과잉행동 장애, 우울증 같은 심리적 문제를 안고 있다면 부록을 참고하길 바란다. 부록의 내용을 바탕으로 아이의 필요에 맞는 연습을 본문에서 찾을 수 있을 것이다. 아이가 치료사를 만나 상담을 받는 중이라면 진행 중인 치료나 가족생활에 마음챙김을 적용하는 게 합리적일지 치료사에게 물어보라. 어쩌면 치료사가 당신보다 더 성공적으로 아이들을 마음챙김의 길로 이끌지 모른다.

다행스럽게도 아이들 사이의 괴롭힘 문제는 최근 들어 적절한 관심을 받고 있다. 아이들은 나무 연습, 호숫가의 조약돌 등의 유도된 시각화를 연습함으로써 까다로운 상황에서 더 자신감 있게 대처할 수 있다. 11장에서 소개하는 짧은 호흡 연습을 비롯한 다수의 연습은 아이들이 두려움을 느끼거나 주눅이 들 때 차분함을 유지할 수 있게 도와준다.

흥미와 참여 끌어내기

아이가 마음챙김을 매력적이고 활기 넘치는 활동이라 여겨 공식적이든 비공식적이든 연습을 해보게끔 만들려면, 먼저 아이 고유의 특성에 맞는 접근법을 고르는 게 중요하다. 무엇이 아이의 관심을 끌지는 오직 당신만이 알 수 있겠지만, 다음의 몇 가지 아이디어를 활용하면 올바른 접근법을 찾는 데 도움이 될 것이다.

• **아이의 바람 이용하기** : 사람들과 어울리기, 학교생활, 운동, 성과 등 아이의 의욕을 높여줄 모든 일에 마음챙김이 도움이 된다는 얘길 들었다고 아이들에게 말해준다. 내면의 경험과 주변 세계에 주의를 기울이지 않으면 얼마나 많은 걸 놓치게 되는지 아이들과 함께 토론할 수도 있다[청소년들은 자주 포모 증후군(FOMO, 무언가를 놓칠까 봐 두려워하는 마음)]에 관해 이야기한다. 바이올린 거장 조쉬 벨이 지하철 역사에서 연주하는 유튜브 영상, '보이지 않는 고릴라'가 등장하는 악명높은 선택적 주의 실험 영상 등을 찾아 보여줌으로써 이 개념을 잘 이해시킬 수 있다. 우리 어른들은 아이들이 삶에서 또는 교실에서 무언가를 놓치고 있다고 말하길 좋아한다. 하지만 아이들은 주의를 기울이지 않으면 잘생긴 소년의 미소, 외야에 뜬공, 우정을 쌓을 기회를 놓칠지 모른다는 이야기에 더 관심이 있다.

• **롤모델 찾기** : 몇 년 전에 한 동료가 이런 농담을 던졌다. "시호크스(Seahawks)가 슈퍼볼에서 이기다니 정말 다행이지 뭐야. 그 팀 선수들은

명상가거든. 이제야 아이들에게 뭔가 얘기해 줄 거리가 생겼어!" 인터넷을 검색하면 '명상가○○○'을 쉽게 찾아볼 수 있다. 음악가, 배우, 운동선수, 과학자, 정치가, 기업의 CEO까지 아이가 우러러보는 인물 중에서 명상하는 사람을 찾을 수 있다. 팝스타나 운동선수가 마음챙김을 연습한다는 이야기를 언제든지 능청스럽게 대화에 끼워 넣을 수 있다.

• **호기심 자극하기** : 내가 일곱 살쯤 되었을 때 아버지가 마음챙김을 알려주며 이렇게 말했다. "아들, 아빠가 마술 묘기 하나 보여줄까?" 그러더니 숨 쉴 때마다 구름이 움직이고 사라지는 모습을 보여주었다.

• **스트레스에 관해 토론하기** : 나는 전문가로서 아이들과 대화를 나눌 때 1장에서 소개한 4단계 실습부터 시작한다. 이 연습은 몸과 마음이 함께 작용해 생각과 느낌에 영향을 준다는 걸 잘 보여주기 때문이다. 그러면 고등학생쯤 되는 아이들은 스트레스가 자신의 학업과 사회생활에 어떤 악영향을 미치는지 금세 알아차린다. 스트레스 관리는 일종의 동기 부여제로서 상반된 효과를 낸다. 어른들은 물론 아이들도 스트레스를 염려하고 이에 대해 불평하지만 때로는 이것이 명예의 훈장이 되기도 한다. 최근에 나는 명망 있는 학교에서 마음챙김을 지도하면서 교내에 두 가지 홍보물을 게시했다. 하나는 마음챙김 모임을 홍보하는 내용이었고, 다른 하나는 스트레스 해소 모임을 홍보하는 내용이었다. 그 결과 스트레스 해소 모임에 관한 문의보다 마음챙김 모임에 대한 문의가 열 배쯤 많았다. 이것이 1장에서 소개한 4단계 실습이 유익한 이유다. 이는 스트레스의 부정적인 영향을 잘 보여준다.

- **다른 아이들의 도움 얻기** : 나이가 더 많은 다른 아이들의 경험담을 듣는 것도 유용하다. 부모는 마음챙김을 연습하는 친구 가족의 아이들, 특히 학업·운동·창의력 면에서 우수한 성과를 거두는 아이들의 도움을 얻을 수 있다. 학교에서는 마음챙김 모임에 참여했던 졸업생을 초대해 마음챙김이 삶에 미친 영향을 들려주게 하면 기대보다 훨씬 큰 감동을 전할 수 있다.

- **자유를 강조하기** : 10대들은 특히 마음챙김 연습에서 오는 자유를 높이 평가한다. 아이들은 자신이 선택권을 가지고 있고, 스스로 삶을 주도할 힘이 있으며, 마음챙김을 통해 이를 발견할 수 있음에 감사한다. 마음챙김이 삶의 외적 조건을 바꿀 수는 없어도 내면의 반응은 바꿀 수 있다는 메시지 역시 고상하면서 호소력 있다. 마음챙김은 무엇도 없애지 않는다. 다만 대상을 전체적으로 바라보고, 힘든 상황에서 무너지거나 휘둘리지 않고 문제를 적절히 다루는 능력을 길러준다. 최근에 누군가 이렇게 말하는 걸 들었다. "기분이 나아지길 바란다면 더 나은 방식으로 느끼는 법을 깨우쳐야 한다." 마음챙김은 바로 이 점을 가르쳐준다. 아이들이 자기 생각과 감정을 분명하게 볼 수 있으면 부정적인 행동이 줄어들 것이다. 내 동료 샘 히멜스타인은 법을 어겨 문제를 일으킨 아이들에게 이렇게 묻는다. "무엇이 여러분을 감옥에 가게 했는지, 혹은 문제 상황으로 이끌었는지 얼마나 생각해 봤나요? 그때 이후로 이 문제에 관해 생각한 시간이 얼마나 되나요?" 이 질문은 행동하기에 앞서 잠시 멈추는 것이 우리의 자유에 얼마나 큰 영향을 미치는지를 보여주는 극명한 예로서 활동 중지, 외출 금지, 구금 명령을 받은 적 있는 아이들에

게 충분히 적용할 만하다.

• **연습을 도와달라고 아이들에게 요청하기** : 특별한 책임을 부여받은 아이는 주어진 상황에 맞게 자기 능력을 발휘하면서 자신이 더 나이 들고 성숙한 사람으로 인정받았다는 느낌을 받는다. 마음챙김을 연습할 때 시간을 알려주거나 종을 울리는 역할을 아이에게 맡기면 아이도 동참하고픈 마음이 들 수 있다. 한참 읽기를 배우는 중인 아이라면 짧은 유도 명상을 연습할 때 도움을 요청할 수 있다. 더 큰 아이라면 번갈아 가며 서로에게 명상 안내문을 읽어줄 수도 있다. 아니면 스트레스받는 것처럼 보이거나 그렇게 행동할 때 호흡하기 또는 한 번에 하나만 하기 등을 상기시켜 달라고 아이에게 부탁해 보자. 그러면 입장이 바뀌었을 때 장난스럽게 같은 방식으로 상기시키면 아이들이 훨씬 더 수월하게 마음챙김을 받아들일 것이다.

• **아이들과 함께 비공식적인 연습하기** : 가장 이상적인 건 아이들과 함께 마음챙김을 연습하는 것이다. 아이들은 우리와 함께 좋은 시간을 보내고 싶어 하고 우리도 마찬가지다. 마음챙김으로 그런 시간을 가져보면 어떨까? 반드시 명상 방석에 앉아서 할 필요는 없다. 휴대전화 없이 산책하기, 식사를 준비하고 먹기, 음악 듣기, 게임하기, 그 외에 가족과 함께하는 모든 활동에 마음챙김을 적용할 수 있다. 활동과 가족에게 온전히 주의를 기울이기만 하면 된다. 많은 가족이 저녁 식탁에 둘러앉아 기도하거나 감사의 말을 주고받는다. 이처럼 식사 전에 짧은 비공식적 마음챙김을 연습하는 작은 의식을 만들 수 있다. 수프 호흡(11장), 소리

풍경 넘나들기(8장), 식사의 첫 한두 입에 주의를 기울이기(6장 '마음챙김 먹기') 같은 연습이 유용할 것이다. 나아가 어린아이들이나 쉽게 잠들지 못하는 아이들을 위해 취침 전 의식처럼 마음챙김하는 시간을 가져봐도 좋다. 이때는 호숫가의 조약돌(5장), 구름 걷어내기(9장), 잘된 일은 무엇일까?(3장), 자애 호흡(11장) 등이 도움이 될 것이다. 11장에서 짧은 비공식적 마음챙김 연습을 일상생활에 적용하는 여러 가지 아이디어를 제공한다.

• **솔직하고 현실적인 태도 갖추기** : 어떻게 대화를 시작하든 분명하게 뜻을 전달하되 설교하듯 말해서는 안 된다. 아이들은 우리가 얼마나 솔직한 사람인지 알아챈다. 마음챙김이 만병통치약이 될 거라고 약속하기보다 "도움이 될 수 있어" 또는 "너와 같은 많은 아이가 재미있어하고 도움을 얻었대"라고 말해주는 편이 낫다. 마음챙김이 해줄 수 없는 걸 약속하지 말자. 나는 아이들에게 이렇게 말한다. "어쩌면 약간 바보 같아 보일 수 있어. 조금 어색하게 느껴질 수도 있고. 그래도 한번 해봐. 너무 이상하면 해보고 나서 한번 웃어주면 되지 뭐."

결과보다 과정에 충실하기

아이들에게 마음챙김을 전할 때 어려운 점 가운데 하나는 자신의 기대를 다루는 일이다. 언젠가 한 친구가 내게 "기대란 장차 일어나길 기다리고 있는 실망거리야"라는 지혜로운 말을 들려주었다. 기대가 실망이 되어 돌아오는 건 특정 결과에 마음을 쏟고 있다가 전혀 다른 현실을 마주해서 괴로움이 생기기 때문이다. 기대하는 마음은 일이 원하는 대로 풀리지 않으면 번아웃으로, 일이 잘 풀리면 자만심으로 이어질 수 있다. 따라서 아이들에게 마음챙김을 전할 때 지나친 기대나 목표를 품는 것은 위험하다.

내 삶에 존재하는 모든 아이가 행복하게 명상을 실천하고 마음챙김의 이로움을 누리게 될 거라는 기대 속에 이 책을 읽고 있다면 틀림없이 실망할 것이다. 어쩌면 글쓴이인 나에게 분노의 이메일을 보낼지도 모른다. 나는 당신이 높은 기대나 세세한 목표를 세우기보다 어떤 결과가 나오든 아이와 마음챙김을 공유하려는 자신의 의도를 잘 파악하길 바란다. 반대로 이 책을 통해 마음챙김의 이로움이 내 삶에 존재하는 아이들에게 어떻게든 흘러들고, 아이들과 함께할 수 있는 몇 가지 연습을 배우고, 때로는 아이들 스스로 마음챙김을 연습하길 원한다면 뜻하는 바를 이룰 것이다.

목표나 기대가 아닌 의도를 정해두면 통제하지 못하는 결과보다 충분히 영향을 미칠 수 있는 과정에 집중하게 된다. 의도는 우리의 현주소를 보여줌으로써 목적지보다 여정 자체에 집중하게 한다. 훌륭한 계획도 세우고 대안도 마련해야겠지만, 때로 예기치 않는 방향으로 접어들더라도 감사하는 마음으로 그 여정에서 발견하는 것에서 배움을 얻길 바란다.

곧장 아이들 스스로 마음챙김을 연습하길 기대하기보다 마음챙김의 경험을 자연스럽게 제시하겠다고 정한다면, 결과에 대한 집착을 내려놓고 현재 진행하는 과정에 주의를 기울이면서 모두가 느긋하게 머물 수 있다. 단지 마음챙김의 긍정적인 경험을 공유하려는 게 의도라면 결과와 상관없이 모두가 평화를 누리게 된다.

우리가 품을 수 있는 최선의 의도는 우리 삶에 존재하는 아이들과의 연결고리를 만드는 동시에 그들에게 몇 가지 알아차림을 가르쳐주는 것이다. 이를 진정한 의도로 삼을수록 아이들에게 유익할뿐더러 아이들과의 관계, 나아가 자신의 온전한 정신을 지키는 데도 도움이 된다. 결국 그 어떤 마음챙김 연습보다 진정한 의미의 인간적인 연결이 삶에서 더 중요하다.

의도 성찰하기

의도는 마음을 위한 형광펜이다. 의도를 곰곰이 생각하면
빠르게 지나가는 삶에서 자신의 우선순위를 지킬 수 있다.

_ 이선 닉턴, 작가이자 불교 스승

아이들을 대하는 대다수 일은 자기 자신과 자신의 의도를 파악하는 내면의 작업으로부터 시작된다. 마음챙김이 나에게 어떤 의미인지 한번 생각해 보라. 아이들에게 마음챙김을 전해주고 싶은 이유가 무엇인가? 무엇을 바라는가? 나의 의도는 무엇이며, 그 의도는 마음챙김 연습의 핵심 요소를 담고 있는가? 수많은 부모가 아이들에게 마음챙김을 가르치는 나 같은 치료사를 찾아오는 이유가 있다. 그들은 자녀가 학업에서, 축구장에서, 바이올린 솔로 연주에서 남들보다 우위를 점하길 바라지

만 다른 한편으로는 느긋하고 진실한 태도로 마음챙김의 근본 의도를 존중한다. 자신의 의도를 분명히 알고 이해하기 위해 5~10분가량 시간을 내어 아래의 성찰 연습을 실천해 보자.

현재에 머무는 것부터 시작한다. 현재와 접촉하면서 지나간 날이나 다가올 날은 가만히 내려놓는다. 마음속에 남은 게 있는지 주의 깊게 살핀 다음 있다면 전부 털어낸다. 모든 불안이나 스트레스는 이 연습을 마치고 나서 얼마든지 다시 생각할 수 있으니 잠시 내려놓는다. 이 책에서 얻고 싶은 게 무엇인지 잠시 생각해 본다. 그런 다음 아이들과 마음챙김을 나눈다는 생각을 품게 해준 사람이나 계기를 돌아본다. 좀 더 깊이 숙고하면서, 이런 방식으로 마음챙김을 나누고자 했던 소망이 어디에서 비롯되었는지 진지하게 생각해 본다. 처음 나를 마음챙김 명상으로 이끈 게 무엇이었는지 생각해 본다. 많은 경우 괴로움이 계기가 된다. 자신의 괴로움일 수도 있고, 세상에 존재하는 괴로움을 목격했을 수도 있고, 사랑하는 누군가가 깊은 괴로움에 빠진 걸 보았을 수도 있다. 상실이나 그에 가까운 일(죽음, 질병, 노화, 정신 질환, 중독)을 겪었을지도 모른다. 이제 마음챙김 연습이 정말로 도움이 되었던 순간을 떠올린다. 더불어 내 삶에 함께하는 아이들과 마음챙김을 나누고 싶다는 동기가 어디에서 비롯되었는지 생각해 본다. 어린 시절에 겪은 괴로움이나 다른 아이가 괴로워하는 모습을 보았던 게 계기가 되었을 수 있다. 가정이나 어릴 적 경험에서 뭔가 다른 일이 있었을지도 모른다. 정의를 추구하는 마음, 누군가에게 도움이 되고 싶다는 개인적·문화적 가치관, 세상을 치유하려는 열망, 혹은 이런저런 방식으로 기쁨을 나누고 싶다는 소망이 계기가 되었을 수도 있다. 언제 어디서 그런 소명을 느꼈는가? 이제 이 책에서 무엇을 배우고 싶은지 생각해 본다. 나아가 이 책을 읽은 뒤에 다른 사람에게 무엇을 나눠주고 싶은지도 생각해 본다.

마음챙김이 자라날 환경 만들기

나의 멘토 중 한 분인 심리학자 에드 예이츠는 최근 치료와 양육에 관해 이렇게 말했다. "둘 다 두려운 일이지요. 내가 가진 힘이 기대에 훨씬 못 미친다고 생각하는데, 사실은 내가 아는 것보다 훨씬 많은 힘과 영향력을 발휘하거든요."

어떤 아이들은 부모가 전해주려고 선택한 마음챙김 연습을 기꺼이 받아들이고 금세 싹을 틔워 꽃을 피운다. 반면 어떤 아이들은 부모가 알려준 연습이나 부모의 노력을 고맙게 여기지 않을 수 있다. 그렇다고 씨앗을 심지 못한 것은 아니다.

몇 년 전 심한 중독 상태에서 무장 강도 사건을 일으켰다가 구속되었던 남성과 작업한 적이 있다. 그는 막 형기를 마치고 나온 참이었는데, 재활 시설에서 내가 제공했던 마음챙김 모임 활동에 큰 관심을 보였다. "지난 8년간 교도소에서 하루도 빠짐없이 요가와 명상을 했습니다!" 그의 말에 나는 몹시 흥분해서 이렇게 말했다. "와, 교도소에서 요가를 가르치는 줄은 몰랐네요." 그는 얼른 말을 바로잡았다. "아, 그렇진 않습니다. 8년 전에 요가 강사가 방문해서 몇 가지 자세와 호흡법을 가르쳐줬거든요. 그때 이후로 꾸준히 해온 거죠.”

전문가의 지도를 받지 않았으니 그의 요가는 점점 자유로운 동작들로 변해갔을 테지만, 꾸준한 연습과 이를 통해 얻은 혜택은 굳건히 유지되었다. 마찬가지로 우리는 자기도 모르는 사이에 씨앗을 뿌리고 있다. 마음챙김을 가르쳐주려고 할 때마다 아이들이 요란하게 저항하거나 가만히 눈을 치켜뜨며 언짢은 내색을 할지라도 말이다.

이 책에서 익힌 마음챙김 연습을 알려준 뒤에 아이가 스스로 명상을 실천하지 않는다고 해도 당신의 노력이 실패한 것은 아니다. 마음챙김을 알려주려고 할 때마다 매번 아이가 딴짓을 한다고 해도 당신과 아이가 시간을 낭비했다고 볼 수 없다. 그 과정에서 어떤 교훈을 얻을 수 있는지 돌아보길 바란다. 내가 마음챙김 연습을 가르칠 때 전혀 주의를 기울이지 않는 듯했던 수많은 아이가 몇 달 뒤나 몇 년 뒤에 다시 나를 찾아와 살면서 필요한 순간에 전에 배웠던 연습이 정말 많은 도움이 되었다고 말했다. 또한 부모들은 자녀에게 가르치려 했던 그 어떤 것보다 자기 자신의 마음챙김 연습이 가족을 위해 훨씬 더 중요했음을 알게 되었다고 말했다.

양육이란 가르침의 순간, 즉 아이가 성장하고 통찰력을 얻을 기회를 알아차리고 만들어내는 일이다. 모든 가르침은 배움을 얻을 만한 환경을 조성하는 일이라는 점에서 우리가 해야 할 일은 그런 순간을 찾고 만들고 활용하는 것이다.

말이 아닌 행동으로 보여주기

복음을 전하라. 필요하다면 말을 사용하라.

_ 아시시의 성 프란체스코

나는 항상 어떤 신앙이든 실천이 중요하며, 개인의 신앙을 전하는 데 말보다 행동이 더 강력한 힘을 발휘한다는 뜻으로 이 말을 이해하고 인용했다. 앞서 언급한 내용을 다시 한번 말하건대, 자녀에게 마음챙김을 전하는 최고의 방법은 부모 스스로 마음챙김을 연습하는 것이다.

무언가를 나누려면 남에게 전해줄 만큼 충분히 가지고 있어야 한다. 마음챙김도 마찬가지다. 자기 자신의 연습에서 비롯된 것이라야 진정성 있고 훌륭하게 전달된다. 드라마 〈SOS 해상 구조대〉를 보고 구조 방법을 익힌 인명 구조 요원에게 아이를 맡기거나, 《킬리만자로의 눈》은 읽었지만 별 아래서 밤을 보낸 적은 없는 가이드와 산을 오를 사람은 없을 것이다. 누군가를 내면의 여정으로 안내하려면 우리가 어디로 가고 있고 무엇을 마주칠 수 있는지 잘 알아야 한다. 내가 먼저 마음챙김을 실천하면 자신의 경험을 공유하면서 그로부터 깨달은 바를 다른 사람에게 가르쳐줄 수 있다. 또한 꾸준한 연습을 통해 가르침을 늘 신선하게 유지하고 매번 새로운 영감을 얻을 수 있다.

우리는 자신의 마음챙김 연습에서 마주치는 도전 과제를 해결하고 연습의 보람을 누리면서 은연중에 아이들을 가르치고 본보기가 된다. 마음챙김 덕분에 창의력과 차분함과 집중력과 연민이 늘었다고 아이들에게 말해주는 게 고무적일까 아니면 우리의 현명한 행동과 연민 어린 상호작용을 직접 보여주는 게 나을까? 명상 CD를 틀어주고 얼른 돌아서서 내 볼일을 챙기는 게 좋을까 아니면 아이와 함께 앉아 연습에 관해 이야기하는 게 좋을까? 어떻게 할 때 아이들이 더 잘 참여할까?

마음챙김을 심화하면 자신감이 상승할 뿐 아니라 마음챙김을 공유하는 데 필요한 새로운 통찰과 독창적인 아이디어가 샘솟는다. 까다로운 상황에 대처하는 데 유용한 지혜가 떠오른다. 나아가 새로운 연습을 개발하거나 상황에 맞게 연습을 각색해 적용하는 법도 자연스럽게 알게 된다.

시각화하기
상상력을 활용한 연습

상상력이 없는 사람은 땅을 딛고 서 있다.
그는 날개가 없어서 날 수 없다.

—

빅터 복크리스, 《무하마드 알리(Muhammad Ali: In Fighter's Heaven)》

마음챙김 연습을 놀이, 게임, 이야기, 미술, 시각화, 동작 등 아이들이 세상을 배우고 탐색하는 자연스러운 방식에 통합함으로써 아이 친화적이고 재미있는 활동으로 만들 수 있다. 놀이의 중요성을 다룬 연구도 점점 늘고 있다. 실제로 아이들에게 마음챙김을 가르치는 한 지도자는 최근에 "놀이가 새로운 마음챙김인가요?"라는 질문을 받았다고 한다. 시각화는 상상력을 활용하는 놀이로서 아이와 어른 모두에게 큰 자산이되는 활동이다.

교육 연구가 엘레나 보드로바와 데보라 리옹은 아동 발달과 놀이 분야의 전문가인 레프 비고츠키가 정립한 이론에서 영감을 얻어 '마음의 도구'라는 놀라운 프로그램을 연구했다.[1] 비고츠키는 간단한 실험에서 4세 아이들에게 최대한 오래 서 있으라고 지시했다. 결과는 상상대로다. 몇 분이 지나자 대다수 아이는 서 있기를 포기하고 다른 데 관심을 보였다. 하지만 실험 초반에 아이들에게 공장의 경비라고 상상해 보라고 요청하자, 그냥 서 있으라고 했을 때보다 평균 네 배나 오래 가만히 서 있었다. 비고츠키는 놀이를 하거나 특정 장면을 연기하는 아이는 단순히 할 일을 지시받을 때보다 훨씬 더 효과적으로 충동을 조절하고, 주의력을 유지하며, 과제에 집중할 수 있다는 사실을 밝혀냈다.

우리 모두 추상적으로는 상상력의 힘을 알고 있다. 하지만 상상력이 주의 지속 시간을 네 배나 높이고 충동을 억제한다는 걸 생각해 보라. 이를 고려해 내 삶에 함께하는 아이들이 상상력을 활용하도록 도우려면 어떻게 해야 할까? 구소련 시대의 공장 경비원처럼 흥미롭지 않은 역할 대신 성을 지키는 기사라든가 새 옷을 차려입고 자세를 취하는 모델이 되어보게 하는 건 어떨까? 자세에 관해 말할 때는 왕이나 여왕처럼 곧고 위엄 있게 앉아보라고 요청하거나 보이지 않는 실이 정수리 끝에 연결되어 있다고 상상해 보라고 말해줄 수 있다. 비고츠키 이론을 기반으로 한 시각화와 유도된 심상 연습은 마음이 편히 쉴 곳을 제공하고, 나아가 은유의 힘을 활용한다.

은유로 표현하기

마음챙김은 추상적인 개념이라서 마음챙김 지도자들은 수 세기 동안 은유를 사용해 왔다. 존 카밧진은 산처럼 단단히 앉아 있거나 대상을 그대로 비추는 잔잔한 호수처럼 누워 있는 이미지를 마음챙김 연습에 활용한다. 요가와 동작 연습은 심상과 은유로 넘쳐난다. 이를테면 힘센 동물의 형상대로 몸을 이리저리 늘이는 식이다. 한 친구는 시처럼 작용하는 은유를 가리켜 '변연계 언어'라고 말했다. 신경과학 연구는 은유가 뇌에서 언어를 담당하는 부위가 아니라 감각을 담당하는 부위를 활성화한다는 걸 보여준다. 은유를 통해 추상적 개념을 감각적으로 느낄 수 있다는 뜻이다.[2]

내가 좋아하는 마음챙김 이미지 중 하나는 강물이나 계곡물을 따라 떠내려가는 나뭇잎이다. 생각을 바라보되 흐름에 휩쓸리지 않는다는 발상이다. 만약 생각의 흐름에 휩쓸릴 것 같으면 자신을 밖으로 끌어내면 된다. 요즘에는 계곡물을 직접 보지 못하는 아이들도 많으니 아이의 관심사, 배경, 경험에 맞춰 다른 적당한 비유를 활용하는 게 더 적합할 수도 있다.

아래는 여러 치료사와 마음챙김 지도자로부터 수집한 다양한 은유를 간단한 목록으로 정리한 것이다. 이처럼 다채로운 생각을 마음에 그려볼 수 있다.

- 잎사귀를 타고 부드럽게 하류로 떠내려가는 것, 일부는 빠른 속도로 흘러가고 일부는 제자리에서 소용돌이친다.
- 컨베이어 벨트 위에 놓여 운반되는 물건.
- 퍼레이드 차량에 표시된 단어나 그림, 또는 행진하는 사람이 들고가는 표지판.
- 나무에서 떨어져 텅 빈 의식의 담요 위에 살며시 내려앉는 단풍잎.
- 노래방 영상에 차례로 색이 입혀지는 가사처럼 하나씩 차례로 강조되는 것.
- 공기 중에 떠다니는 비눗방울.
- 모였다 흩어지기를 반복하며 파란 하늘 위를 떠가는 구름.
- 기차 창밖으로 지나가는 풍경.
- 동물들, 이를테면 어항 속을 헤엄치는 행복한 물고기와 슬픈 물고기, 하늘을 나는 화난 새와 평화로운 새.
- 높은 곳에서 내려다본 교통 상황. 어떤 생각은 멈출 수 없는 대형 버스 같고, 어떤 생각은 차선을 넘나들며 질주하는 오토바이 같고, 어떤 생각은 꼼짝없이 길가에 서 있는 자동차 같다.
- 영화 속 장면과 등장인물.
- 바람에 날려 내 앞으로 불어온 나뭇잎.
- 와이퍼로 닦아내기 전 자동차 앞 유리에 부딪히는 빗방울.

- 한 줄기 빛 속에 떠다니는 먼지들.

아래는 난관에 부딪혔을 때 현재에 머물며 그 순간을 알아차리기 위한 은유다.

- 빙글빙글 돌아가는 놀이기구나 롤러코스터가 위아래로 움직이고 이리저리 비틀리면서 지나가는 걸 보지만 그 위에 올라타지는 않는다.
- 연못에 돌을 던져 수면에 물결이 퍼져지는 걸 바라보지만 물결의 영향을 받아 튕겨 나가지는 않는다.
- 꽃들 사이를 분주히 옮겨 다니는 벌이 되어 세상에서 얻은 달콤하고 신선한 통찰을 가지고 벌집으로 돌아온다.

어떤 은유가 제일 눈에 띄고 마음에 와닿는가? 아이에게는 어떤 은유가 가장 효과적일까? 이밖에 활용할 수 있거나 사용해 본 은유가 있는가? 명상, 예술, 글쓰기 활동을 하면서 아이들과 함께 이런 이미지를 탐험할 방법을 떠올릴 수 있는가?

시각화 연습의 요령

이번 장의 모든 연습은 주의를 유지하는 닻으로 심상을 이용한다. 각 문장은 앞서 제시한 예시를 바탕으로 아이의 특성에 맞게 각색할 수 있다

(각색에 관해서는 12장을 참고하라). 위 문장을 큰 소리로 읽어주거나, 즉흥적으로 지어내거나, 아이들이 디지털 기기로 들을 수 있게 미리 녹음할 수도 있다. 아이들에게 일러주기 전에 먼저 각 문장을 한두 번 읽어보길 바란다.

다음은 아이들과 함께 시각화를 연습하는 데 유용한 요령들이다.

- 불안이나 완벽주의 성향이 있는 아이들은 이미지를 떠올려보라고 요청받았을 때 '올바른' 호수, 나무, 기타 이미지를 떠올려야 한다고 걱정하거나 하나의 이미지에 정착하는 걸 어려워할 수 있다. 이런 아이들에게는 힌트가 될 만한 짧은 영상이나 사진을 보여주는 게 좋다. 아니면 시각화를 하기 전에 이미지를 그려보는 걸 좋아할 수도 있다.
- 어떤 아이들은 떠올려보라고 요청받은 이미지를 긍정적으로 여기지 않을 수 있고, 특정 이미지는 아예 떠올리지 못할 수 있다. 이런 아이들에게는 자기 나름의 이미지를 선택하도록 허락하는 게 좋다.
- 하나의 이미지에 정착하는 데 비교적 오랜 시간이 걸리는 아이들이 있다. 재촉하지 마라. 대신 아이에게 자기만의 이미지를 정했다면 손가락을 드는 등 특정한 표시로 알려달라고 부탁하자.
- 마음이 방황할 때의 대처 요령을 활동 시작과 중간중간에 일러주면 아이들은 마음이 방황하는 게 잘못된 일이 아님을 자연스럽게 인식하게 된다.
- 아이가 우물쭈물하거나 주의가 흐트러진 모습을 보이면 이렇게

얘기해 준다. "마음이 흐트러진 것 같으면 다시 호흡을 따라 이미지로 돌아오거나 호흡 사이의 고요한 순간에 집중해 보렴."

- 연습을 마무리하면서 이 경험을 언제든지 다시 이어갈 수 있다고 말해주면 좋다. 이는 아이들이 시각화 연습을 자기 삶에 통합하도록 돕는다.

나무 연습

오랫동안 굳건하고 유연한 모습을 지켜온 나무는 변화나 도전적인 상황에서 자신감과 인내심을 상징하는 완벽한 은유다. 나는 쉽게 자신감을 갖지 못하거나 자신을 괴롭히는 상대 앞에서 굳건히 자기 입장을 지키길 두려워하는 아이들과 함께할 때 이 연습을 활용한다. 나무 연습은 약 5분 정도 소요되는데 아이의 요구와 주의 지속 시간에 따라 시간을 조절할 수 있다. 이 연습은 존 카밧진의 호수 명상에서 영감을 얻었다.

두 팔은 가만히 옆으로 늘어뜨리고 다리는 엉덩이 너비로 벌리고 선 자세로 시작합니다. 몇 차례 심호흡하면서 어깨의 긴장을 풀고 두 눈은 살며시 감으세요. 그런 다음 두 발을 알아차립니다. 발바닥에서 뿌리가 자라나 땅속 깊이 뻗어가고, 발등 위로 아름답고 듬직한 나무가 자라나 가지를 뻗는 모습을 상상합니다. 숨 쉴 때마다 뿌리는 더욱 단단히 땅속에 자리 잡고 줄기와 가지는 우람하고 높이 자라납니다. 이제 나무 하나를 떠올립니다. 직접 본 것이든 상상한 것이든 책이나 영화에서 본 것이든 상관없어요. 무엇이든 원하는 나무를 고르되 계절 따라 모습이 변하는 나무가 좋습니다. 이 나무도 여러분처럼 어딘가에 뿌리를 내리고 큰 키를 자랑하며 서 있어요. 나무는 하루하루가 지나가는 걸 지켜보면서, 낮에는 파란 하늘에 밝게 빛나는 태양을 향해 자라고 밤에는 달빛으로 물듭니다. 주변 세상이 달라져도 나무는 늘 그 자리에 굳건히 서 있어요. 날씨가 바뀌기도 합니다. 비바람이 몰아칠 때면 나무가 흠뻑 젖어 뿌리까지 영양분이 공급됩니다. 채찍 같은 바람에 가지들이 휘어지지만 절대로 부러지지 않습니다. 다른 날에는 뜨거운 태양 볕이 나뭇잎과 가지에 에너지를 공급합니다. 어떤 상황에서도 나무는 자신 있게 위를 향해 뻗어가며 곧게 서 있습니다. 여름이 가을로 바뀌면서 낮이 점점 짧아집니다. 기온이 떨어져도 나무는 그대로 서 있어요. 나뭇잎들은 물기가 마르면서 밝은 초록에서 노랑, 주황, 빨강으로 옷을 갈아입습니다. 하지만 뿌리는 아래로 깊이 내려가고 가지들은 여전히 높은 곳을 향해 뻗어 있습니다. 거칠고 찬 바람이 불어와 나무가 흔들리고 바람에 나뭇잎이 날아가도 나무는 든든하게 서 있습니다. 깊은 속은 여전히 고요하고 차분합니다. 마침내 나무와 나뭇잎은 서로를 놓아줍니다. 나뭇잎이 바람에 날아가 버리고 겨울이 나무를 둘러쌉니다. 단조로운 풍경과 회색빛 하늘에도 나무는 움직이지 않아요. 겨울 폭풍이 눈과 얼음으로 나무를 세차게 때리고, 바람결에 나뭇가지가 바스락대지만 결코 부러지지 않습니다. 점점 겨울이 멀어집니다. 낮이 길어지면서 다시 파란 하늘이 펼쳐지고 가지마다 초록색 새순이 올라옵니다. 봄바람이 불자 가지들이 하늘을 배경으로 살랑거리지만 뿌리는 여전히 굳건해요. 나무가 하늘 높이

어떻게 아이 마음을 내 마음처럼 자라게 할까

뻗어 오르면서 햇볕을 받은 가지마다 나뭇잎들이 다시 모습을 보입니다. 이 나무처럼, 여러분도 어떤 일을 겪든 단단히 뿌리내리고 굳건히 서 있을 수 있어요. 암울하고 잿빛 같은 날도 있을 것이고 폭풍우처럼 위압적인 날도 있을 거예요. 하지만 저 나무처럼 여러분의 중심은 고요함을 지킬 수 있습니다. 휘어지되 부러지지 않고 하루하루 지날수록 더 깊이 뿌리내리고 더 높이 뻗어나갈 수 있습니다. 자신의 뿌리를 향해 몇 차례 더 숨을 내려보내면서 자신감이 자라는 걸 느껴봅니다. 천천히 두 눈을 뜨면서 다시 알아차림을 방안으로 불러들입니다.

하늘에 떠 있는 구름

이 연습은 리자베스 로머와 수잔 M. 오실로가《불안을 치유하는 마음챙김 명상법》이라는 책에서 언급한 연습에서 영감을 얻었다.[3] 몇 가지 지침을 반복하고 간격을 두어 안내문을 천천히 따라가면서 더 길게 진행할 수 있다.

잠시 시간을 가지고 편안한 자세를 찾습니다. 서거나 앉거나 누워도 좋아요. 편안한 자세를 찾았다고 느껴지면 두 눈을 감으세요. 그런 다음 아름다운 장소에 와 있다고 상상합니다. 해변이나 드넓게 펼쳐진 야외, 산속 어딘가일 수 있어요. 여러분이 아는 장소여도 좋고, 책이나 영화나 상상 속에 존재하는 곳이어도 좋습니다. 고개를 들어 위를 올려다보니 끝없이 펼쳐진 파란 하늘에 뭉게구름이 유유히 떠다닙니다. 이제 마음을 스쳐 지나가는 생각들에 주의를 기울입니다. 하나하나에 주의를 기울일 때 그 생각들이 작게 쪼그라드는 모습을 그리면서 그것들을 떠가는 구름에 실어 보냅니다. 어떤 구름은 멈춰 있거나 느리게 움직이고, 다른 구름은 기류에 따라 더 빨리 흘러가고, 몇몇 구름은 모양과 크기가 변합니다. 하지만 결국 구름들은 하늘 저편으로 흘러가 흩어져 버립니다. 멈춰 있는 구름이 있으면 '후' 하고 숨을 불어 밀어낼 수 있어요. 잠시 여유를 가지고 자신의 생각과 감정에 주의를 기울인 다음 그것들을 구름에 실어 호흡과 함께 날려 보냅니다. 때로는 둥둥 떠다니는 생각들과 함께 구름 안에 갇혀 있다고 느껴질지 몰라요. 그럴 때는 어떤 생각이 나를 끌어당겼는지 알아차리고, 풍경 좋은 아름다운 장소로 자신을 데려온 다음 호흡으로 구름을 날려 버립니다. 그리고 다시 관찰하는 상태로 돌아옵니다. 차분히 자신의 생각과 감정을 지켜보세요. 크고 작은 생각, 기쁘고 슬픈 생각이 마침내 구름 위에 실려 저 멀리 떠가는 걸 바라봅니다. 이처럼 결국 모든 생각과 감정은 지나가 버린다는 걸 기억하면서 연습을 마무리합니다. 천천히 두 눈을 뜨세요.

위의 안내문에 나오는 이미지를 자유롭게 바꿔서 연습할 수 있다. 둥둥 떠다니는 생각을 흐르는 강, 고가도로에서 바라보는 교통 상황, 세렝게티를 가로질러 이동하는 동물에 비유해도 좋다. 시간이 지나면서 아이들에게 잘 맞고 일상 언어에 녹아드는 은유들이 생겨날 것이다. 어느 날 아이가 "내 생각들이 강가의 우울 소용돌이에 갇혀 있어요" 혹은 "수학 걱정을 구름 위에 올려놓고 떠내려가게 했어요"라고 말할지도 모른다.

호숫가의 조약돌

내 환자였던 줄리는 어렸을 때 병을 앓았던 탓에 자기 몸에 다가가길 어려워했다. 이 연습은 그녀가 장시간 신체 기반 연습을 위해 주의를 기울이는 일 없이 몸 안의 고요한 곳에 닻을 내리도록 도와주었다. 이 연습은 중심이나 균형을 찾기 어려워하는 아이들에게 매우 효과적이다. 내 사무실 한쪽에는 해변이나 산을 여행할 때 주워온 매끄러운 돌이 여러 개 있다. 줄리는 주머니에 넣고 다니면서 이따금 만지작거리며 이 연습을 떠올리겠다며 그중 하나를 가져갔다. 이 연습은 존 카밧진과 에이미 샐츠만이 제시한 비슷한 심상에서 영감을 얻었다.

앉거나 누워서 편안하고 오래 유지할 수 있는 자세를 취하세요. 그런 다음 호흡에 주의를 기울이면서 들숨과 날숨 사이 고요한 지점을 찾습니다. 두세 번 더 호흡하면서 똑같이 반복합니다. 이어질 안내를 따르는 동안 마음이 방황하면 다시 호흡 사이의 고요한 지점에 주의를 기울이면서 차분하게 호흡합니다. 이제 아름다운 호수를 상상해 보세요. 사계절의 변화가 뚜렷한 곳일수록 좋습니다. 예전에 가보았을 때 마음에 들었던 곳일 수도 있고, 사진이나 영화나 책에서 보았던 곳일 수도 있어요. 어쩌면 상상 속에 존재하는 곳일 수도 있고요(여기서 잠시 멈추어 참가자에게 자신만의 이미지를 찾았다면 손들기, 고개 끄덕이기 등 조용한 신호로 알려달라고 요청한다). 다음 숨을 들이마실 때 누군가 호수 중앙에 조약돌을 던졌다고 상상합니다. 숨을 따라 아래쪽으로 내려가면서 수면을 지나 바닥으로 가라앉는 돌을 따라

갑니다. 돌이 호수의 부드러운 바닥에 닿을 때까지 계속해서 따라 내려갑니다. 바닥에 내려앉은 돌은 호수의 물이나 주변 세상의 방해를 받지 않고 고요히 머물 수 있어요. 호수는 수면에 주변 세상을 비춥니다. 여름이면 파란 하늘과 밝은 초록빛 나무들을 비추며 생명의 소리가 메아리칩니다. 주변 세상과 수면에 비친 모습은 시시각각 달라집니다. 해 질 녘에는 밝은 노을빛이 호수를 물들이고, 밤이 되면 하늘의 달과 별이 그 자리를 차지합니다. 이 모든 변화 속에서도 호수 바닥에 가라앉은 돌은 차분하고 고요하고 방해받지 않은 채로 놓여 있어요. 하루하루가 지나갑니다. 화창한 날도 있고, 구름 낀 날도 있고, 폭풍이 치는 날도 있어요. 억수 같은 비가 쏟아질 때면 수면 여기저기에 물결이 치고 세찬 바람이 불면 한껏 솟아오르기도 합니다. 그래도 수면 아래는 고요합니다. 여름이 지나고 가을이 오면서 낮이 점점 짧아집니다. 하나둘 나뭇잎들이 옷을 갈아입기 시작하고 수면은 노란색, 주황색, 진홍색으로 물듭니다. 공기가 차가워집니다. 그래도 저 아래 돌은 고요하게 놓여 있어요. 이따금 낙엽이 호수 바닥까지 잠겨서 돌 옆에 놓이기도 하지만 그때도 돌은 꼼짝하지 않습니다. 겨울이 되면서 나무들이 옷을 벗고 하늘은 하얗게 변합니다. 얼음이 얼고 눈이 내립니다. 얼어붙은 수면이 눈으로 덮입니다. 안개가 자욱한 날이나 눈보라가 몰아치는 날에는 호수를 제대로 볼 수 없습니다. 그래도 바닥에 놓인 돌은 제자리를 지키며 가만히 놓여 있습니다. 겨울이 지나가고 눈과 얼음이 녹아내립니다. 차가운 물이 바닥의 돌까지 스며들지만 돌의 안식을 방해하지는 않습니다. 나무에 새순이 돋아나고 새들이 돌아옵니다. 봄기운과 함께 생명의 표시들과 생기 있는 빛깔들이 돌아옵니다. 이 모든 변화 속에서도 돌은 고요히 놓여 있습니다. 우리는 호수와 같아요. 주변의 세상이 변하고 우리 겉모습이 달라져도, 호수 바닥의 돌처럼 우리 안에는 늘 고요함이 놓여 있어요. 차가운 물과 낙엽이 돌에 닿듯이 세상이 와닿아도 절대로 움직일 수 없지요. 우리는 언제든지 그 고요함과 연결될 수 있습니다. 들숨과 날숨 사이 고요한 지점에 맞닿음으로써, 두 발이 땅에 연결되어 있음을 느낌으로써, 주머니 속에 있는 돌을 만짐으로써, 다시 고요함을 알아차릴 수 있습니다. 지금 존재하는 주변 세상으로 알아차림을 되돌릴 때, 내 안에 존재하는 고요함과의 연결 상태를 유지할 수 있습니다. 언제든지 그곳으로 돌아갈 수 있어요.

여기서도 호수 대신 다른 이미지를 사용해도 좋다. 수잔 폴락, 토머스 페둘라, 로널드 시겔은 《함께 앉기》라는 책에서 바닷속에 닻을 내려 물 위에서 표류하고 요동치는 배를 단단히 잡아주는 이미지를 제안했다.[4] 하늘을 떠다니는 열기구를 줄로 땅에 매달아 놓은 이미지를 상상할 수도 있다. 당신과 아이의 상상과 경험을 활용해 즐거운 시간을 만들어보라.

글리터 자

어린이, 특히 어려움을 겪고 있는 아이들은 자기 문제를 말로 하기보다 행동으로 표출하곤 한다. 어른인 우리도 크게 다르지 않다. 말로 꺼내놓기 어려울 때는 다른 방법을 동원해 생각, 감정, 행동 사이의 연결고리를 보여주는 게 도움이 된다.

이런 연결고리를 보여주는 효과적인 시각적 은유로 스노우 글로브(snow glove, 동그란 모양의 유리 속에 장식을 넣고 투명한 액체를 채워서 흔들면 마치 눈이 내리는 것처럼 보이게 만든 물건–옮긴이)나 글리터 자(glitter jar, 투명한 병 안에 물이나 풀과 함께 반짝거리는 입자를 채워 넣은 것–옮긴이)를 활용할 수 있다. 이것들은 마음챙김이 우리에게 어떻게 작용하는지를 보여준다. 연습을 위해 실제로 글리터 자를 만들어 볼 수도 있다. 나는 처음에 이 연습을 어린이들에게만 활용했는데 나중에 보니 10대 청소년들도 이 활동을 아주 즐거워했다.

글리터 자는 밀폐유리병, 양념통, 플라스틱 물병을 활용해서 만들수 있다. 단 글리터(반짝이는 입자)는 쉽게 뜨는 것보다 아래로 가라앉는걸 사용해야 한다. 참고로 글리터가 천천히 가라앉게 하려면 물과 글리세린을 섞어서 사용하면 된다.

병 입구까지 물을 채운 다음 아이들에게 세 가지 글리터 색을 고르게 한다. 하나는 생각, 하나는 감정, 하나는 행동(또는 행동하고픈 충동)을 나타낸다. 아이들의 마음을 나타내는 글리터를 색깔별로 몇 줌씩 물속에 떨어뜨리고 식용 색소도 몇 방울 떨어뜨린다. 뚜껑이나 접착테이프로 병 입구를 막는다.

아이에게 무엇이 병 속의 글리터를 소용돌이치게 만드는지 물어본다. 속상한 일(동생과의 다툼·시합에서의 패배), 기분 좋은 일(좋은 성적·새 친구를 사귐), 가까이에서 벌어지는 일(형제자매의 아픔), 멀리서 벌어지는 일(뉴스에 나오는 무서운 이야기)을 반영하는 답을 유도한다. 아이가 답을 하나할 때마다 병을 흔들어서 우리의 생각, 감정, 욕구를 정확히 구별하고 명확히 보기가 얼마나 힘든지를 보여준다.

아래와 같이 안내문을 구성할 수 있다.

이 병은 우리 마음과 같아. 반짝이 색깔은 우리 마음속에 있는 각기 다른 것들을 말해준단다. 생각은 빨간 반짝이, 감정은 금색 반짝이, 행동하려는 마음은 은색 반짝이라고 생각하고 병에 담아볼까(순서대로 하나씩 말하면서 글리터를 병에 조금씩 붓는다). 이제 병을 닫을 거야(병을 뚜껑으로 단단히 막는다). 아침에 일어났을 때는 모든 것이 차분하지. 그래서 또렷하게 볼 수 있어(병 바닥에 가라앉아 있는 글리터를 보여준다). 그런데 조금만 지나면 여러 가지 일이 소용돌이치기 시작해. 예정보다 늦을 수도 있어(병을 흔든다). 아침을 먹는데 언니가 하나 남은 팬케이크를 먹어버려서 싸움이 벌어지기도 해(병을 흔든다). 차를 타고 학교에 가는데 라디오 뉴스에서 무서운 이야기가 나와(병을 흔든다). 학교에 갔더니 시험에서 1등했다는 소식을 들었어(병을 흔든다). 어때? 등교한 지 몇 분밖에 되지 않았는데 병 속의 반짝이를 또렷이 볼 수가 없어. 온갖 생각과 감정과 욕구가 뒤섞여서 방해를 일으켜서 그래. 반짝이를 가라앉혀서 또렷이 볼 수 있으려면 어떻게 해야 할까? 가만히 있기. 그렇지! 우리가 가만히 있으면 어떤 일이 일어날까? 그래 맞아, 다시 또렷이 볼 수 있어. 그렇다고 가만히 있는 걸 재촉할 순 없어. 억지로 반짝이를 전부 바닥에 가라앉힐 순 없으니까. 그냥 지켜보면서 기다려야 해. 아무리 애써도 더 빨리 가라앉게 만들진 못해. 상황이 분명해지면, 다음에 해야 할 지혜로운 일이 무엇인지 알게 돼. 상황을 있는 그대로 바라보고 어떻게 행동해야 할지를 선택하는 게 바로 지혜란다. 가만히 기다리다 보면 반짝이들이 사라질까? 그렇지 않아. 반짝이들은 바닥에 놓여 있어. 우리의 생각, 감정, 욕구도 우리 마음속에 그대로 있어. 더 이상 시야를 가릴 만큼 방해가 되지 않을 뿐이야.

이 연습은 무엇을 강조하느냐에 따라 다양하게 변형할 수 있다. 종종 아이들 모임과 함께하는 내 동료 잰 무니는 참여하는 모든 아이가 글리터를 담을 수 있도록 큰 항아리를 활용한다. 각각의 글리터 색깔은 아이들이 지닌 다양한 감정을 나타낸다. 행동을 나타내는 의미로 물에 뜨는 플라스틱 구슬을 사용해 행동이 생각이나 감정과 분리될 때까지 바라보는 것도 한 가지 방법이다. 아니면 아이들이 병 속에 담긴 글리터 중 한 가지 색, 글리터 한 조각에 초점을 맞춰 가라앉는 모습을 지켜보게 할 수도 있다.

완성한 글리터 자는 호흡 연습 등 다른 연습에 시각적인 타이머로 활용할 수 있다. 이를테면 병을 한번 흔들고 나서 "반짝이가 가라앉을 때까지 마음챙김 호흡을 몇 번 해보자"라고 말하는 것이다. 어떤 가족은 이것을 마음이 가라앉기까지 걸리는 시간을 재는 '진정의 병'으로 활용하기도 한다. 갈등이 일어났을 때 온 가족이 진정의 병을 활용할 수 있다면 더 없이 이상적일 것이다. 예를 들어 이렇게 말할 수 있다. "온갖 생각과 감정 때문에 지금 우리 모두가 언짢은 상태야. 그러니 진정의 병에 들어 있는 반짝이가 가라앉을 때까지 잠시 쉬었다가 다시 이야기를 시작해 보자." 요즘에는 스마트폰 앱으로도 쉽게 글리터 자와 스노우 글로브를 찾아볼 수 있다. 내가 만나는 한 아이는 이것을 아주 좋아한다.

내가 만났던 아이 중에서 유난히 똑똑했던 한 학생은 그냥 필터로 병을 깨끗하게 만들면 되지 않냐고 지적했다. 그 말도 일리가 있었다. 그날 나는 차를 타고 집에 돌아와서야 비로소 답을 떠올렸다. "생각과 감정과 욕구를 다 없앨 필요는 없어. 단지 우리가 명확히 보는 걸 가로막지 않도록 길을 비켜주길 바랄 뿐이지."

몸과 마음 진정하기

가끔은 아이들뿐만 아니라 우리도 마음과 몸을 진정시켜야 할 때가 있다. 마음을 진정시키려면 몸부터 진정시켜야 한다. 이 연습은 마음챙김 지도자 타라 브랙이 제시한 '접점(touchpoints)' 연습에서 영감을 얻었다.

자리에 앉아 편안하고 곧은 자세를 취합니다. 가슴과 머리는 들어 올리고, 두 다리와 발로는 무게 중심을 아래로 내린다는 느낌으로 앉습니다. 두 눈은 감아도 좋고, 앞쪽 바닥에 시선을 두는 게 더 편안하게 느껴지면 그렇게 해도 좋아요. 이제 진정을 위한 감각에 주의를 기울여 봅니다. 먼저 호흡이 자연스러운 리듬을 찾아 진정됨을 알아차립니다. 그리고 머리카락들이 머리 꼭대기에서 시작해 머리 위 또는 목과 어깨 위에 가만히 놓이는 감각을 느껴봅니다. 이어서 눈꺼풀에도 주의를 기울여 보세요. 차분하고 느긋하게 윗눈꺼풀을 아랫눈꺼풀에 내려놓습니다. 다음에는 윗입술 일부 또는 전부를 아랫입술에 놓습니다. 이런 접촉 지점들과 진정의 동작 하나하나를 알아차리면서 자연스러운 중력에 몸을 내맡깁니다. 머리와 두

개골이 척추 위에 놓여 있음을 느낍니다. 장기들이 진정하고 휴식하되 든든히 몸의 지지를 받고 있음을 느낍니다. 이제 두 팔과 양손에 주의를 기울이면서 팔이 몸의 옆쪽이나 다리에 놓여 있는 감각을 느낍니다. 앉아 있을 때 의자와 맞닿는 허벅지의 감각을 알아차리고, 허벅지가 의자 표면을 부드럽게 밀어내는 걸 느껴보세요. 중력에 몸을 맡긴 채 안정되고 차분한 자세를 유지합니다. 신발 속이나 땅바닥에 닿은 두 발의 감각에도 주의를 기울여 봅니다. 온몸이 진정되었으니 이제 머릿속 생각들을 진정시켜 볼까요. 원한다면 잠시 몸을 살피면서 가장 눈에 띄게 진정된 곳을 찾습니다. 하루 중 언제든 의자나 바닥에 앉아 있는 상태에서 이 지점으로 돌아올 수 있음을 기억하세요. 진정된 감정을 계속해서 알아차리면서 천천히 눈을 뜹니다. 세상을 더 명확하게 볼 수 있나요?

다양한 이미지를 닻으로 활용할 수 있다. 시각화 연습을 통해 아이를 마음챙김으로 안내할 때는 아이가 무엇을 알고 있는지, 무엇을 좋아하는지, 무엇에 더 공감하는지를 세심하게 고려해야 한다.

몸 알아차리기
신체에 기반한 연습

최고의 지혜보다 더 훌륭한
현명함이 몸에 담겨 있다.

—

프리드리히 니체,《차라투스트라는 이렇게 말했다》

전통적인 텍스트들은 마음챙김의 토대로 네 가지를 제시한다. 그 첫 번째가 몸의 마음챙김이다. 몸을 출발점으로 삼는 데는 합당한 이유가 있다. 우선 몸은 생각, 정신적인 일, 감정, 심지어 호흡보다 주의를 기울이기 쉽다. 몸은 우리를 현재에 머물게 하는 오감의 자리이며 우리가 느끼는 감정의 출처다. 동양 심리학에서는 몸에서 여러 감정이 일어난 뒤에 마음에 도달하며, 여기서 생겨나는 고통과 불편함이 괴로움을 일으킨다고 말한다[흥미롭게도 다수의 아시아계 언어, 심지어 티베트 같은 불교 문화권에도 감정(emotion)을 일컫는 단어가 없다. 대신 그들은 사고 감각(thought sensations)이라는 표현을 사용한다]. 서양 과학도 마침내 이런 분위기를 따라잡고 있다. 한 핀란드 연구팀은 세계 곳곳에 사는 7백여 명에게 감정이 느껴지는 신체 부위를 지목해 보라고 물었다.[1] 조사 결과 전 문화권에 걸쳐 사람들이 감정을 경험하는 부위라고 답한 곳은 대체로 같았다. 같은 신체 부위에서 유사한 감각을 경험하며, 특정 감정에 대한 반응은 주로 몸통에서 느낀다고 답했다. 따라서 몸에 주의를 기울이면 자신의 감정 상태에 관한 정보를 얻을 수 있다.

　　몸은 스트레스 상태를 알려주는 초기 경보 체계로 아이들이 자기 몸을 주의해서 파악하면 스트레스에 압도되기 전에 자신을 돌보는 법을 배울 수 있다. 그러면 잠재적으로 자기 자신과 주변의 모든 사람이 괴로움을 겪지 않도록 예방할 수 있다. 대개 아이들은 아직 말로 잘 표현하지 못하는 마음속 감정 세계보다 몸의 경험을 더 쉽게 식별하고 묘사한다. 마음챙김에 근거한 인지치료(Mindfulness Based Cognitive Therapy, MBCT)의 창시자들은 우리가 자연스럽게 몸에서 일어나는 감정을 묘사한다고 지적한다.[2] 다음의 흔한 영어 관용 표현들을 생각해 보라. "윗

옷 옷깃 아래가 뜨겁다(I feel hot under the collar=열불 난다).”, “뱃속에 나비들이 있다(There are butterflies in my stomach=안절부절못하겠다).”, “방 건너편에 있는 그녀를 보자 내 심장이 사랑으로 부풀었다.” 이들은 전부 정서적 경험(분노, 불안, 사랑)을 신체 감각으로 표현하고 있다. 몸에 세심한 주의를 기울일 때 감정 경험과 반응을 더 깊고 정확히 이해할 수 있음은 당연한 이치다. 마음속 생각들은 과거에 갇혀 있거나 미래로 치달을지 몰라도 몸과 오감은 늘 현재에 닻을 내리고 있기 때문이다.

그러나 우리가 살아가는 문화는 몸과의 연결을 끊고 건강한 심신 통합을 차단하는 쪽을 장려한다. 이러한 분리는 모든 연령대에 걸쳐 학습, 건강, 정신 건강의 문제를 악화시킨다. 다수의 신체적·정신적 질병과 학습 장애들은 마음과 몸의 통합이 부족한 결과라고 이해할 수 있다. 서구 사회는 17세기 이후로 마음과 몸이 분리되었다는 가정 아래 움직였다. 당시 르네 데카르트는 마음과 몸이 하나라는 현실을 인정하지 않는 심신 이원론을 주장했다. 오늘날 우리는 인지의 힘을 숭배하는 강력한 문화적 메시지를 들으면서 자란다. 정치인들은 '두뇌가 주도하는 10년'을 운운하고 사회과학자들은 모든 행동을 뇌의 화학적 불균형의 결과로 설명하려 한다.

건강한 심신 통합을 방해하는 요인은 여러 가지다. 먼저 과거나 최근에 겪은 질병, 사고, 학대, 방임으로 인한 트라우마를 수치라고 여기는 분위기 때문에 많은 아이가 자신의 신체 경험을 무시한다. 이들에게 자기 몸 전체나 일부를 인식하는 건 두려운 일이다. 게다가 신체 이미지에 관해 미디어가 전달하는 메시지는 문제를 더 복잡하게 만든다. 주로 소녀와 여성 들이 영향을 받지만 날이 갈수록 소년과 남성 들도 많은 영향을 받고 있다. 앞서 1장에서 살펴보았듯이 불안 행동은 도피 반응으로 나타나는 장애다(분노 문제는 투쟁 반응, 우울은 얼어붙기-항복 반응). 즉 몸에서 벗어나거나 몸을 피하고 외면하는 태도는 자연스러운 방어 행위다. 한편 약물 남용은 중독 수준에 이르지 않더라도 몸과 마음의 연결을 끊고 둘 모두를 학대한다. 몸에 칼을 대는 등의 자해도 같은 결과를 초래한다. 심지어 지금 먹는 음식에 주의를 기울이지 않고 식사 중에 책을 읽는다거나 TV를 본다든가 하는 무의식적 행동은 우리 몸이 정말로 필요로 하는 게 무엇인지에 관해 몸이 들려주는 지혜로운 메시지에 귀 기울이지 못하게 한다.

이러한 심신 분리는 중대한 결과를 초래한다. 몸과의 연결이 끊어지면 정서적·인지적으로 원활히 기능하는 데 필요한 정보를 얻지 못한다. 몸에 대한 알아차림이 부족하면 감정 상태를 파악하기가 어려워진다. 그러면 많은 아이가 몸에서 먼저 일어나는 강렬한 감정이나 욕구에 어떻게 대처해야 할지 몰라 난감해한다. 이들을 정확히 인식하지 못하기 때문에 자기가 느끼는 감정을 말로 표현하거나 다른 적절한 방식으로 표출하는 데 애를 먹는다. 감정을 제대로 표현하지 못하는 아이들은 부적절한 방식으로 행동하고 시간이 흐름에 따라 그런 태도가 습관으로 굳어진다. 나아가 강렬한 감정에 대한 반응을 조절하는 능력이 부족하면 더 심한 회피 반응이 나타나기도 한다. 가정, 교실, 치료실, 때로는 세상에서 벌어지는 일에 대한 반응으로 점점 더 강렬한 감정이 생겨나고 반대로 감정을 처리하는 아이의 역량은 점점 더 부족해져서, 결국 교실에서 제대로 배우거나 다른 사람과 의미 있는 대화를 나눌 수 없게 된다. 이런 아이는 순간순간 자기 자신과 마주하지 못하는 까닭에 다른 사람과의 관계에도 진지하게 임할 수 없다. 또래와 우정을 쌓거나, 양육자와 안정된 애착 관계를 형성하거나, 그 외에 교사나 치료사나 다른 전문가와 효율적인 관계를 맺을 수 없다. 다른 사람과 함께하는 능력이 없으면 더 심하게 고립되어 버린다.

샤론 샐즈버그는 특정 감정에 휘말리거나 이에 저항하면 감정을 제대로 다룰 수 없다고 말한다. 그러니 우선 감정을 파악하는 법을 배워야 한다. 가장 쉬운 방법은 몸을 살피는 것이다. 정서 알아차림과 정서 지능을 가르치려면 마음챙김으로 몸의 신호를 파악하는 법을 가르치면 된다. 아이들이 어려서부터 마음챙김 연습을 통해 자기 몸에서 느껴지는 감정을 깨닫게 되면, 그 감정들은 뇌에 대한 장악력을 잃어버린다.

심리치료사 유진 젠들린과 칼 로저스는 몸에서 느껴지는 감정을 잘 식별하는 사람이 치료를 시작한 지 1년 뒤에 가장 큰 개선을 보였음을 연구로 밝혀냈다.[3] 선 전통과 쿵후에는 답을 찾고 의미를 만드는 데 몸 전체가 관여한다는 개념이 있다. 몸 전체에 대한 경험은 시간이 지나면서 세상과 주변 사람과의 관계를 변화시키고 뒤이어 긍정적인 변화를 강화한다. 마음을 나의 동맹으로 바꿀 수 있듯이 몸도 나의 동맹으로 만들 수 있다. 즉 삶의 정서적 내용을 더 섬세하게 알아차리고 그 감정들을 포용하는 것이다. 이로써 오랫동안 잃어버렸던 자연스러운 심신의 연결을 회복하고 통합하게 된다. 그러면 각 요소가 다른 요소로부터 배우고 서로 협력하면서 나를 구성하는 전체 체계를 조절하고 치유할 수 있다.

몸을 기반으로 하는 마음챙김 연습은 심신 체계를 재통합하고 재조정해서 최적의 상태로 회복해 준다. 아이들은 몸을 다루는 마음챙김 연습을 통해 편안하고 불편한 신체 감각이 일어나고 사라지는 걸 두루 배

tip

이름을 붙이고 길들이기

심리치료 분야의 오래된 명언 중에 "이름을 붙이고 길들여라"라는 말이 있다. 제대로 파악한 감정은 전보다 덜 위압적이라는 뜻이다. 한 연구에서 실험 참가자들을 fMRI에 연결하고 제시된 얼굴이 드러내는 감정을 말해보라고 요청했다. 감정에 이름을 붙일 때, 그들의 편도체(뇌의 경보 체계)가 차분히 가라앉고 전전두엽 피질(더 고등한 사고와 연관된 부위)이 활성화되었다. 마음챙김 연습에서 종종 실천하듯이 감정에 이름을 붙이는 행위만으로도 감정에 즉각 반응하기보다 잠시 멈추어 신중하게 생각하면서 대응할 수 있었다. 이러한 차이는 마음챙김 척도에서 높은 순위를 차지한 참가자들에게서 더 분명하게 나타났다.[4]

운다. 더불어 정서적 내용 역시 우리가 그것에 일일이 반응하지 않아도 시간이 지나면서 자연스럽게 일어나고 사라진다는 사실을 깨우친다.

마음, 몸, 가자!

몸에서 일어나는 감각과 이와 연관된 생각을 재빨리 파악하기 위해 수잔 카이저 그린랜드는 '마음, 몸, 가자!'라는 게임을 추천한다. 이 게임은 이름만큼이나 명확하다. 하나의 모임을 만든 뒤에 구성원들이 돌아가면서 몸에서 일어나는 감정과 마음에서 일어나는 감정을 하나씩 말한다. 생각하지 말고 빠르게 말해야 한다. 이를테면 "몸은 조이는 느낌이 들고 마음은 스트레스를 받는다" 또는 "몸은 피곤하고 마음에는 슬픈 감정이 든다"라는 식으로 말하면 된다. 둥글게 둘러앉은 상태에서 한 사람씩 돌아가며 답해도 좋고 팝콘이 터지듯이 무작위로 이야기해도 좋다.

손안의 얼음

이 재미있는 활동은 각얼음을 활용해 우리의 신체적·정신적 불편함이 영원하지 않고, 이에 대한 우리의 정서적 반응도 일시적이라는 사실을 탐구한다.

모든 참가자에게 각얼음이 담긴 컵과 종이 수건을 나눠준다. 얼음을 나눠주는 동안 참가자들에게 기다림과 호기심이 불러일으키는 신체적·정서적 변화를 알아차리라고 권한다. 모든 사람이 각얼음을 가졌으면, 이제 1분간 얼음을 손에 들고 있을 거라고 설명한다. 그런 다음 앞으로 실행할 일을 듣고 제일 먼저 어떤 반응이 일어났는지 묻는다. 흥미진진함, 두려움, 웃음 등이 나올 수 있다. 모두에게 한 손으로 각얼음을 들라고 지시한다. 단순히 얼음을 들고 있는 데서 느껴지는 감각을 알아차리라고 말한다. "감각에 초점을 맞출 때 손에서 물리적으로 무엇이 느껴지나요?", "마음이 어디로 가려고 하죠?", "어떤 감정이 느껴지나요?", "어떤 충동이 있나요?", "무엇을 하고 싶고 어떤 방식으로 그 충동에 대처하고 있나요?" 1분 후 또는 얼음이 다 녹고 나면 끝났다는 신호를 주고 손을 닦게 한다. 활동에 대한 소감을 나눈다.

연습이 끝나면 목적에 따라 여러 가지 질문을 던지며 토론하면서 다양한 통찰을 끌어낼 수 있다. 아래의 질문들은 불쾌함과 싫음에 대한 반응을 탐색하게 한다.

- 어떤 느낌이 들었나요? 좌절했나요? 무서웠나요? 흥분되었나요?(더운 날이었다면 그랬을 것이다) 짜증이 났나요? 뭔가 다른 기분이 들었나요? 감각 혹은 다른 무언가에 초점을 맞췄더니 어떤 일이 벌어졌나요?
- 어떤 충동이 들었나요? 과시하거나, 웃거나, 얼음을 떨어뜨리거나, 스스로 주의를 딴 곳으로 돌리고 싶었나요?
- 불쾌한 기분에 어떻게 대처했나요? 그냥 외면했나요 아니면 어딘가 다른 곳에 집중했나요?
- 불쾌하거나 싫은 것에 대처하는 자신의 방식에 관해 무엇을 알게 되었나요?
- 혼자였다면, 다른 사람들과 함께 있었다면, 방의 온도가 달랐다면, 다르게 느끼거나 다르게 행동했을까요?
- 딱 1분만 얼음을 들고 있으면 된다는 이야기를 들었을 때 얼음을 들고 있기가 더 어려웠나요 아니면 더 쉬웠나요? 만약 얼음을 최대한 오래 들고 있어야 한다고 말해주었다면 기분이 어떻게 달라졌을까요?

이 연습에서 얻는 핵심 교훈은 자신의 감정과 충동을 파악하고 감내하며, 이러한 감정과 충동이 일시적임을 깨닫고 불쾌함에 대한 자신의 반응을 발견하는 것이다. 또한 이 연습은 우리가 하는 일이 무엇이든, 언젠가 그 얼음은 녹아내릴 것이라는 비영구성에 대한 교훈을 준다.

정말 몸 안에 '지혜로운 마음'이 살고 있을까?

아이들에게 몸에 대한 마음챙김을 가르침으로써 장기적으로 그들에게 유익한 직관적 정서 알아차리기를 가르칠 수 있다. 내수용 감각이란 내면으로부터 감지하는 것을 의미하는데, 특히 몸을 정보의 원천으로 삼는 것을 말한다. 우리는 뇌에서 보내는 강렬한 감정 신호에 의존하는 대신 인식 기관(외부 감각)으로 들어오는 외부 정보와 내적으로 감지되는 정보를 활용해 의사결정을 내릴 수 있다.

우리는 몸 전체에 신경계가 퍼져 있음을 잘 알고 있다. 실제로 우리가 지닌 핵심 가치의 저장소와 연결되어 있다고 여겨지는 중요하고 직관적인 신경망의 일부는 심장과 내장 근처에 자리해 있다. "심장의 소리에 귀 기울여라" 또는 "직감(gut)을 따르라" 같은 말이 단순한 은유가 아님을 과학적 연구 결과가 뒷받침한다. 우리는 이러한 신체 부위로부터 충분히 귀 기울일 만한 가치가 있는 신호를 얻는다.

심리학자 마샤 리네한이 개발한 변증법적 행동치료(Dialectical Behavioral Therapy, DBT)는 참가자들에게 자기만의 '지혜로운 마음'을 찾도록 장려한다. 이는 때로 지나치게 논리적인 '이성적 마음'과 잠재적으로 충동적일 수 있는 '감정적 마음' 사이의 균형을 의미한다. 감정적 마음은 원시적인 변연계를 대표하고 이성적 마음은 정교한 전전두엽을 대표한다. 하지만 새로운 연구는 우리의 몸, 즉 심장과 내장에 내면의 나침반이라고 할 만한 지혜로운 마음이 있을 수 있다고 시사한다. 우리는 몸을 알아차림으로써 뇌와 감정이 제공할 수 있는 것 이상의 지혜에 접근할 수 있다. 몸은 복잡한 문제에 대한 나름의 해답을 가지고 있다. "문제를 만들어낼 때 사용했던 것과 똑같은 사고로는 문제를 풀 수 없다." 알베르트 아인슈타인이 말했다고 알려진 유명한 격언이다. 내가 보기에 이 말은 3장에서 소개한 의사결정 연습(직관 따르기)처럼 뇌뿐만이 아니라 몸도 함께 활용하라는 뜻인 것 같다.

개인 공간 연습

나의 친구이자 동료인 임상심리학자 조안 클락스브룬은 아이들이 안락함과 불쾌함, 경계, 개인적 공간에 대한 몸의 선천적 지혜를 깨닫는 데 도움이 되는 연습을 제안한다. 이 연습은 우리 몸이 지닌 직관적 지혜와 불쾌함를 탐지하는 능력을 보여주는데, 우리는 이 능력을 항상 알아차리지는 못하며 특히 주의가 산만할 때는 더욱 그렇다.

두 아이를 5미터 정도 떨어진 지점에 서게 한 다음 각자 몸의 감각에 초점을 맞추라고 지시한다. 이제 둘 중 한 아이에게 상대방 쪽으로 천천히 걸어가라고 요청한다. 서 있는 아이에게 몸 안에서 느껴지는 감각에 초점을 맞추면서 상대가 너무 가까이 왔다고 느껴지는 때가 언제인지 알아차리라고 요청한다. 두 아이가 세심한 주의를 기울인다면 몸에서 보내는 신호를 알아차릴 것이다. 대개는 장기가 긴장되는 느낌이 든다. 그 순간 멈추라는 신호로 손을 들면 된다.

이 연습은 다음 장에서 이야기할 걷기 명상에 통합할 수 있다. 그리고 이 연습을 토대로 경계, 개인 공간, 자기 몸에 귀 기울이기 등에 관해 의견을

tip

몸 언어의 중요성

몸 알아차리기는 아이들에게도 중요하지만 그들과 함께하는 우리에게도 역시 중요하다. 어른인 우리가 자기 신체와 감정에 대한 경험과 분리될수록 부모나 양육자로서 아이들과 탄탄한 애착 관계를 형성하기 어렵다. 오히려 불신의 씨앗을 심고 아이들의 성장과 배움에 친화적이지 않은 환경을 만들 가능성이 크다. 자신의 몸 언어를 얼마나 잘 알아차리느냐는 자기 자신은 물론 세상과 소통하는 데 중요한 차이를 만들 수 있다. 연구에 따르면, 몸 언어를 읽으면 의사가 고소당하는 빈도나 연인이 헤어질 확률까지 예측할 수 있다고 한다.[5]

나눌 수 있다. 편안한 거리에 대한 생각은 개인과 문화에 따라 다를 것이다(대체로 미국인은 다른 나라 사람보다 개인 공간을 더 많이 원한다).

각색한 바디 스캔

바디 스캔(body scan)은 존 카밧진이 MBSR 프로그램에서 활용한 비교적 긴 활동으로 몸 알아차리기를 가르치는 훌륭한 연습이다. 아이가 바디 스캔을 즐거워한다고 말한 부모가 많았는데, 특히 점진적 근육 이완법과 결합했을 때 더 좋은 반응을 보였다고 한다. 바디 스캔의 기본 구조는 다양한 신체 부위에서 느껴지는 감각과 이와 관련된 감정을 파악하면서 몸 전체를 알아차리는 것이다. 몸 바깥에서 느껴지는 감각에서부터 시작해 점점 몸 안쪽으로 들어올 수도 있다. 바디 스캔 활동에서 사용하는 안내문은 나의 전작《어린

이의 마음》이나 존 카밧진의 《마음챙김 명상과 자기치유》에서 확인할 수 있다.[6]

　　MBSR에 포함된 바디 스캔은 긴 시간이 필요한 연습이므로 특정 상황이나 일부 아이들에게 부적절할 수 있다. 나는 대개 아이들과 일대일로 작업하는데, 이 연습을 하는 동안 가만히 소파에 누워 두 눈을 감고 있는 상황을 불편해하는 아이도 있었다. 그래서 나는 아이들과 내 감각 경험에 이름을 붙이고 서로 번갈아 가며 이야기하는 식으로 연습법에 변화를 주었다. 더 큰 모임을 대상으로 할 때는 참가자가 돌아가면서 큰 소리로 자신의 감각을 이야기하게 하거나 경험한 내용을 글이나 그림으로 표현하게 할 수도 있다.

　　먼저 몸의 맨 아래쪽부터 시작해 서서히 위로 올라가면서 온몸을 살핀다. 하체를 먼저 스캔하고 그다음 몸통과 상체를 순서대로 살핀다. 참가자들은 돌아가면서 몸의 각 부분이 어떻게 느껴지는지, 이로써 무엇을 알 수 있고 자신이 무엇을 할 수 있는지 궁금해할 수 있다. 예를 들어 이렇게 말할 수 있다. "다리에서 경련이 느껴져요. 긴장하거나 흥분할 때처럼요. 지금 제가 초조한가 봐요. 발바닥에 호흡을 집중하면서 마음이 차분해지는지 지켜보려 합니다." 이를 시작으로 우리가 자신의 감정과 호불호를 어떻게 대하는지, 무엇이 적절한 대응인지 함께 이야기 나눌 수 있다. 어떻게 대응하기로 선택했는가를 이야기할 때 우리는 명상 지도자 조셉 골드스타인이 말하는 '직전의 순간', 즉 충동적으로 반응하기 직전의 순간을 다룬다. 정서 알아차리기는 바로 이 순간을 알아보는 데서부터 시작한다. 특히 나이가 어린 아이일수록 이 능력이 중요하다.

　　바디 스캔을 진행하는 동안 아이가 아무것도 느끼지 못할 수 있다.

충분히 있을 수 있는 일이다. 그럴 때는 뜨거움과 차가움, 축축함과 건조함, 아픔과 편안함, 몸 안에서 느껴지는 감각과 표면에서 일어나는 감각의 차이를 구별하게 함으로써 아이에게 지나친 부담을 주지 않고 더 많은 알아차림을 불러일으킬 수 있다.

마음챙김 먹기

식사를 잘하지 못하면 생각을 잘할 수 없고
사랑도 잘할 수 없으며 잠도 잘 오지 않는다.
_ 버지니아 울프, 《자기만의 방》

살아 있는 존재인 우리는 먹어야 한다. 우리 문화권에서 먹기는 대다수 사람이 생각이나 주의를 거의 기울이지 않는 무심한 일이거나, 반대로 미디어를 통해 음식과 몸에 관한 잡다한 이야기를 끊임없이 접함으로써 지나치게 신경을 쓰는 일이 되어버렸다. 하지만 먹기는 지금 이 순간, 우리의 경험, 다른 사람, 나아가 지구와 연결될 기회를 제공한다. 우리는 먹는 행위에 마음챙김을 적용함으로써 방종이라고 느껴질 만한 무언가에 자기 돌봄을 기울일 수 있다.

우리 문화에서는 종종 자기 돌봄과 방종을 혼동하고 이를 고스란히 아이들에게 물려준다. 사람들은 식사를 즐기고, 명상을 하고, 사랑하는 사람과 좋은 시간을 보낼 여유가 없다고 불평하면서도 때로는 이런 활동을 쓸데없는 방종이라 치부하면서 건강한 자기 돌봄을 부인한다.

동시에 미디어로부터 쇼핑, 먹기, 음주, 스마트폰 보기나 다른 오락거리에 주의 빼앗기는 일이 자기 돌봄이라는 메시지를 받는다.

대학을 갓 졸업한 나는 그룹홈(group home, 어려운 환경에 처한 사람이 자립할 때까지 가족 같은 분위기에서 공동체 생활을 할 수 있도록 만든 시설)에서 근무했다. 당시 내 상사들은 이렇게 스트레스가 심한 일을 하려면 반드시 자기 돌봄이 필요하다고 수시로 이야기했다. 하지만 직원들은 교대 근무를 마치고 바에서 즐기는 맥주 한잔이 자기 돌봄이라며 농담처럼 말했다. 방종과 자기 돌봄 사이에 명백한 혼란이 일어나고 있었다. 정신적·정서적·육체적으로 힘든 일에 종사하는 대다수 사람은 고단한 일과를 마치고 건전한 습관을 유지하기 어려워하고, 장기적으로 건강한 해법이 아니라는 걸 잘 알면서도 쉽게 방종의 늪에 빠진다.

대학생은 물론이고 나이가 더 어린 아이들과 함께할 때면 그들 안에 자기 돌봄과 방종이 어지럽게 뒤섞여 있음을 분명히 보게 된다. 자기 돌봄은 무심코 약물에 손을 대거나 아무 생각 없이 비디오 게임에 몰두하는 게 아니다. 물론 많은 사람이 스트레스를 해소하는 건전한 생활 습관을 지니고 있지만, 스트레스를 받을 때 그들이 찾는 손쉬운 자기 돌봄이란 대개 건강한 행동의 실천과는 무관하다. 단지 아이스크림을 실컷 먹거나, 침대에서 몇 시간 동안 뒹굴거나, 몇 시간이고 텔레비전을 시청하는 일에 불과하다. 물론 방종이 늘 나쁜 것만은 아니다. 주의를 기울이면서 감각적인 즐거움을 충족하는 일도 훌륭한 자기 돌봄이라고 할 수 있다. 문제는 우리 자신과 아이들을 위해 자기 돌봄과 방종을 혼동하지 않으면서 둘 사이의 균형점을 찾기가 어렵다는 점이다.

다행히 자기 돌봄과 방종을 결합하는 건강한 방법이 있다. 나는 이를 음식에 적용하길 좋아한다. 신선한 과일, 초콜릿, 아이스크림, 다른 간식거리를 먹을 때 주의를 기울이며 마음챙김하는 것은 지금 이 순간에 접근하는 일이자 비영구성, 욕망, 충동, 몸 알아차리기, 나아가 삶의 복잡성과 미묘한 차이에 관한 귀중한 교훈을 얻는 훌륭한 방법이다.

마음챙김하는 삶의 목표는 숨쉬기, 움직이기, 놀기, 먹기에 이르기까지 일상의 모든 측면에 알아차림을 불어넣는 것이다. 숨쉬기와 움직이기처럼 먹기 역시 우리가 별다른 주의를 기울이지 않고 자동적으로 하는 일상 활동이다. 하지만 음식을 준비해서 먹는 동안에도 모든 감각에 의도적으로 주의를 기울일 수 있다. 속도를 늦추고 내 몸과 내가 섭취하는 음식에 주의를 기울이면 음식의 이로움과 필요성을 깨닫게 된다. 더불어 다른 사람, 문화, 선조들의 역사, 계절, 지구 돌보기, 궁극적으로 우주의 모든 존재와 연결될 수 있다. 자신이 모든 존재와 긴밀히 상호연결되어 있음을 깨달을 때 우리 안에 지혜와 연민이 함께 자라난다.

틱낫한 스님은 만물과 우리가 서로 연결되어 있음을 가리켜 '상호 존재함(interbeing)'이라고 불렀다. 비록 스님은 음식 대신 종이를 예로 들지만, 상호존재에 관한 그의 설명은 우리의 상호연결이 얼마나 거대하고 고차원적인지를 잘 보여준다.

만약 당신이 시인이라면, 이 종이 한 장을 바라볼 때 그 속에 둥둥 떠있는 구름 한 점을 분명히 볼 겁니다. 구름 없이는 비가 내릴 수 없고, 비가 내리지 않으면 나무가 자랄 수 없으며, 나무 없이는 종이를 만들지 못하니까요. 종이가 존재하려면 반드시 구름이 필요합니다. 구름이 여기 없으면 종이 한 장도 이곳에 있을 수 없지요. 따라서 우리는 구름과 종이가 상호존재한다고 말할 수 있습니다. 상호존재는 아직 사전에 오른 용어가 아니지만 '상호'라는 접두어와 '존재하다'라는 동사를 결합하면 '상호존재하다'라는 새 동사를 만들어낼 수 있습니다. 그러니까 구름과 이 종이 한 장은 상호존재한다고 말할 수 있지요. 이 종이 한 장을 더 깊이 들여다보면, 그 속에 깃든 햇빛도 볼 수 있습니다. 햇빛이 없다면 숲이 자랄 수 없겠지요. 사실 아무것도 자라지 못합니다. 심지어 우리도 햇빛 없이는 자랄 수 없습니다. 그러므로 햇빛도 이 종이 한 장에 존재한다는 걸 알 수 있습니다. 종이와 햇빛은 상호존재합니다. 이렇게 계속 들여다보면, 나무를 잘라 제지소로 운반했던 벌목공도 보입니다. 더불어 밀도 보이지요. 날마다 먹는 빵이 없다면 벌목공은 존재할 수 없을 겁니다. 따라서 그의 빵이 된 밀도 이 종이 한 장 속에 존재합니다. 벌목공의 어머니와 아버지도 마찬가지죠. 이런 식으로 바라보면, 이 모든 것 없이는 여기 종이 한 장이 존재할 수 없음을 알게 됩니다. 좀 더 깊이 들여다보면 우리도 그 안에 존재한다는 걸 알 수 있습니다. 어렵지 않게 볼 수 있습니다. 종이 한 장을 바라볼 때 그것이 우리 인식의 일부를 이루니까요. 당신의 마음도 여기 있고 제 마음도 여기 있습니다. 따라서 모든 것이 이 종이 한 장에 함께 존재한다고 말할 수 있습니다. 여기에 없는 무언가를 집어낼 수 없습니다. 시간, 공간, 지구, 비, 토양 속의 광물, 햇빛, 구름, 강, 열기 등 모든 것이 이 종이 한 장과 공존합니다. 그래서 저는 '상호존재하다'라는 단어가 사전에 등재되어야 한다고 생각합니다. '존재한다'는 건 곧 상호존재한다는 의미니까요. 당신은 홀로 당신을 이루지는 못합니다. 다른 모든 것과 상

호존재해야만 하지요. 이 종이 한 장은 다른 모든 것이 존재하기에 이렇게 존재합니다.[7]

마음챙김 먹기 연습

아이들에게 마음챙김 먹기 연습을 소개할 때는 재미있는 음식으로 시작하는 게 좋다. 쌉쌀하고 달콤해서 생각보다 훨씬 다양한 맛을 내는 초콜릿이 대표적이다. 밀크 초콜릿이든 다크 초콜릿이든 어떤 것이라도 좋다. 아니면 박하향 사탕, 신맛 나는 레몬 사탕, 계피향 사탕 등 맛과 향이 강해서 강렬한 감정을 일으키는 음식을 먹으면서 감정이 일어나고 잦아드는 걸 지켜보고 불쾌함을 견디는 것에 관해 이야기 나눔으로써 교훈을 얻을 수 있다. 딱딱한 사탕이나 막대 사탕을 녹여 먹으면서 인내심과 충동을 알아차리는 법을 가르쳐줄 수도 있다. 달콤한 과육과 쓴맛이 나는 씨를 가진 딸기류를 이용하는 사람도 있다. 또는 불쾌한 음식을 먹을 때 어떤 반응이 일어나는지 주의를 기울이게 한 다음 혐오와 싫음의 개념을 함께 탐색할 수도 있다. 교사인 내 친구 수잔 모르디카이는 한 주는 건포도를, 그다음 주에는 포도를 활용해 아이들과 마음챙김 먹기를 실천했다. 많은 아이가 세심한 주의를 기울여 포도를 맛보기 전까지 두 가지가 같은 과일임을 알지 못했다고 한다. 아이들이 좋아할 만한 다른 말린 과일, 다양한 건과일을 혼합한 식품이나 건과일과 견과를 섞은 식품을 사용하면 건포도보다 큰 흥미를 자아낼 수 있다. 이와 달리 귤처럼 껍질을 벗기는 데 시간이 걸리고 그 과정에서 다양한 감각 요소를 경험할 만한 과일을 고르는 것도 좋다.

아래의 연습 안내문은 MBSR 프로그램, MBCT, 영국의 비영리 자선 단체 '학교 마음챙김 프로젝트(Mindfulness in Schools Project, MiSP)'에서 활용하는 비슷한 종류의 안내문에서 영감을 얻었다. 여기에는 내가 새롭게 덧붙인 내용도 담겨 있다. 아이의 나이와 주의 지속 시간, 경험, 먹는 음식에 맞춰 각자 얼마든지 안내문을 각색해서 사용해도 좋다.

내가 너를 위해 뭔가를 가져왔다고 말하면 어떤 일이 일어날까? 네 몸과 마음에서 뭐가 느껴져? 또 내가 너를 위해 먹을 걸 가져왔다고 말하면 어떤 일이 일어나지? 몸과 마음에서 뭐가 느껴지니? 초콜릿을 가져왔다고 말하면 어떨까? (사용 중인 음식 이름으로 대체한다.) 내가 이 음식을 건네줄 때 네 몸과 마음이 어떻게 반응하는지 살펴봐. 아직 먹지는 말고 손에 들고만 있으렴. 기다리는 동안 몸과 마음이 어떻게 느껴져? 이제 새로운 눈, 주의 깊은 눈으로 음식을 바라보렴. 전에 한 번도 본 적 없는 음식을 대하듯이 말이야. 이렇게 하는 게 이상하고 유치하게 느껴지면, 그런 기분을 알아차리고 앞으로 몇 분간은 그런 생각을 잠시 접어두렴. 이제 잠시 시간을 가지고 이 음식이 네 손에 들어오기까지 거쳐온 여정을 한번 생각해 보자. 이 음식이 오는 동안 거쳤던 자동차와 상점, 농장과 공장을 거쳐 상점으로 재료를 가져간 사람들을 떠올려봐. 네 손과 입까지 음식을 가져다준 사람들도 있을 거야. 그리고 음식이 만들어지기까지 필요했던 모든 것을 생각해 보렴. 음식의 원료를 자라게 한 햇빛, 빗물, 포장에 쓰인 재료들까지 말이야. 그 모든 게 이 음식의 일부를 이룬단다. 그 모든 사람, 장소, 요소가 지금 여기 네 손에 있는 존재의 일부를 이루고 있어. 이 음식 안에 깃든 모든 사람과 장소를 상상할 수 있을 거야. 감각을 활용해 탐색해 보자. 먼저 시각을 탐색해 볼까. 손에 든 음식을 주의 깊게 이리저리 돌려보고 빛에 비추면서 살펴봐. 이번에는 두 눈을 감고 손과 손가락 피부에 닿는 촉감과 온도를 느껴보렴. 손바닥 위에 놓여 있는 음식의 무게도 느껴봐. 계속 눈을 감은 채로 음식을 이쪽 귀 저쪽 귀로 들어 올려봐. 그래, 소리를 듣는 거야. 특히 음식을 손가락 사이로 움직일 때 무슨 소리가 나는지 잘 들어보렴. 이제 음식을 코 아래로 가져가 볼까. 먼저 코로 숨을 들이마셔 봐. 숨을 들이마실 때 일어나는 모든 일, 그러니까 몸과 입과 배가 어떻게 반응하는지 눈여겨보렴. 그리고 네 마음이 다양한 생각, 느낌, 기억과 함께 어떻게 반응하는지 살펴보는 거야. 이제 다시 음식을 코에서 멀리 떼어놓으렴. (만약 포장되어 있거나 껍질에 쌓인 음식일 경우에는 이렇게 말한다: 포장/껍질을 벗겨봐. 그때 나는 모든 소리에 귀를 기울이고, 다른 감각에는 어떤 일이 벌어지는지 살펴봐. 다시 한번 냄새에 주의를 기울여 볼까. 그때 어떤 감정이 일어나는지 알아보는 거야.) 음식을 입술에 대어볼까. 아직 먹지는 말고 그냥 대고만 있으렴. 이때 입과 몸에서 어떤 감각이 일어나는지 살펴봐. 마음과 몸에서 일어나는 생각, 느낌, 충동도 관찰하렴. 배가 너에게 어떤 이야기를 들려주니? 입은 무엇을 해달라고 요청하고 있니? 자, 이제 음식을 최대한 조금 먹어보자. 그리고 마음과 몸이 하는 일을 지켜보렴. 위장과 침, 생각과 느낌, 기억과 연상을 두루 살피는 거야. 이 감각들이 가라앉기까지 잠시 기다리렴. 그런 다음 두 눈을 감고 혀에 음식을 올린 채로 잠시 멈춰봐. 혀 위에 있는 음식의 무게, 온도, 모양을 느껴보는 거야. 그러고 나서 맛에도 주의를 기울여 봐. 신체적인 모든 감각을 관찰했으면 이번에는 생각, 느낌, 충동을 살펴보렴. 천천히 혀를 움직여 봐. 변하는 촉감, 그리고 쌉쌀한 맛부터 단맛까지 모든 맛을 탐색해 봐. 소리에 귀를 기울여 봐. 냄새와 감각도 살펴보자. 머릿속에 떠오르는 이미지나 영화가 있는지 알아볼까. 어쩌면 이 음식이 거쳐온 여정이나 예전에 이런 음식을 먹었던 순간이 떠오를지도 몰라. 위가 소화할 준비를 하듯이 자동적으로 일어나는 몸의 반응을 알아차려 봐. 동시에 떠오르는 생각과 기억과 감정에도 다시 한번 주의를 기울이렴. 이제 음식을 깨물거나 씹으면서 그것이 어떻게 변하는지 살펴보자. 한 번에 한 가지 감각에 집중하거나, 맛이 아닌 촉감을 느끼거나, 소리에만 집중하면서 계속해서 탐색해도 좋아. 그리고 준비가 되었으면 입 안에 남은 음식을 천천히 삼키렴. 계속 눈을 감은 채로 네 몸을 한번 훑어봐. 조금 전의 몸과 마음보다 음식 한 조각만큼 더 커졌다는 게 어떤 느낌인지 살펴보렴.

이 연습을 시작하기에 앞서 모두가 자기 몫을 받을 때까지 기다려달라고 부탁하면서, 아이들에게 기다림의 경험이 어떤 것인지 주의 깊게 살펴보라고 말할 수 있다. 또 아이들 손에 음식을 놓을 때 눈을 감고 있게 함으로써 놀라움과 호기심의 경험을 탐색하게 할 수 있다.

연습을 마친 뒤에는 다양한 질문을 통해 감각에서부터 감정에 이르기까지, 지금 경험한 모든 측면을 다룰 수 있다. 아이들 성향에 따라 충동 조절하기, 생각과 기억 알아차리기, 그 외에 적절하다고 여겨지는 모든 주제로 대화를 이끎으로써 자연스럽게 토론이 펼쳐지도록 만들 수 있다. 나는 주로 다음과 같은 농담으로 대화를 연다. "너는 어떨지 모르지만, 보통 이런 식으로 초콜릿을 먹진 않지." 하지만 단순하게 이렇게 물을 수도 있다. "어떤 점을 알게 되었니?", "어떤 점이 놀라웠어?", "네가 이 경험에 관해 생각한 것 말고, 경험 자체가 어땠는지 얘기해 줄 수 있니? 감각과 감정을 통해 경험한 것 말이야.", "네가 그걸 좋아한다거나 싫어한다는 걸 어떻게 알 수 있었니?", "네가 먹고 있다는 걸 어떻게 알 수 있었을까? 너의 감각들이 무슨 말을 해주었니?", "먹기 전, 먹는 동안, 먹고 난 뒤에 무슨 일이 일어났니?"

감각에 세심한 주의를 기울이면 먹기라는 단순한 행위에서도 많은 것을 발견할 수 있다. 아이들은 마음챙김 먹기를 연습하는 동안 속도를 높이거나 낮추고픈 충동을 알아차린다. 나아가 음식을 먹는 동안 색깔, 촉감, 향, 소리, 그리고 모든 감각을 알아차린다. 더불어 몸이 음식을 먹고 소화하기 위해 준비한다는 사실을 알게 됨으로써 생물 활동에 관한 가르침을 얻는다. 여기서 한 걸음 더 나아가 음식이 촉발하는 감정, 기억, 연상, 생각을 만들어내는 마음까지 알아차릴 수 있다. 어쩌면 다른 사람과의 관계, 생태계와 연결될 수도 있다. 틱낫한 스님은 우리가 먹는 음식과 음료에서 구름을 맛볼 수 있는지 살펴보라고 말한다.

우리는 초콜릿 한 조각과 같이 무언가를 먹는 걸 굉장히 멋진 일이라고 생각한다. 하지만 꽤 많은 사람이 음식에 대해 양가적 감정과 연상을 품고 있음을 명심해야 한다. 나와 함께 작업했던 한 소녀는 지난해에 언니의 할로윈 사탕을 훔쳤던 기억에 수치심을 느껴 실제로 울음을 터뜨렸다. 많은 사람이 음식과 신체 이미지에 대해 수치심을 일으키는 다른 사람들의 내면화된 목소리 때문에 먹는 행위에 죄책감을 느낀다. 우리가 할 일은 아이들이 그런 경험을 잘 풀어내도록 돕는 것이다. 그러나 스스로 식생활을 제한하거나 거식증이 있는 아이에게는 이 연습을 추천하지 않는다.

이 연습을 할 때는 항상 알레르기나 음식 제한 문제를 고려해야 한다. 특히 자녀가 아닌 아이들과 연습할 때는 부모나 양육자에게 아이가 좋아하는 음식과 그렇지 않은 음식을 사전에 물어보는 게 바람직하다. 간혹 어떤 음식은 아이들이 좋아하지 않더라도 편안하다고 느껴지는 한도 내에서 최대한 많은 감각을 활용해 그 음식을 경험하게 할 수 있다. 그런 다음 그것을 맛볼지 말지 아이 스스로 결정하도록 권한다. 이를 통해 아이의 호기심을 불러일으켜 평소 먹지 않던 음식을 한입 맛보게 할 수 있다. 그러면 아이는 그 음식에 대한 호불호와 관계없이 무언가를 싫어하는 경험을 더 깊이 탐색할 수 있다. 사전에 휴지와 물을 꼭 준비하자.

마음챙김 먹기의 이로움

마음챙김 먹기에는 많은 장점이 있다. 지금 이 순간에 접촉하고 음식에 대한 감사의 마음을 기를 수 있다. 속도를 늦추면서 먹는 경험을 즐기고, 더 적게 먹고, 더 건강한 음식을 고르게 된다. 연구에 따르면, 충분히 만족한 몸과 뇌가 신호를 보내 우리가 배부르다고 알아차리기까지는 10분, 길게는 20분이 걸린다.[8] 먹는 속도를 늦추면 허겁지겁 먹거나 다른 일을 하면서 먹을 때보다 더 적게 먹고 건강하게 먹으며 음식과 영양소를 더 잘 소화한다(TV 앞에 있을 때 평소보다 우리가 얼마나 더 많은 음식을 먹는지, 영화를 볼 때 커다란 팝콘 한 통이 얼마나 순식간에 사라지는지를 떠올려보라). 요즘은 학교의 점심시간이 점점 짧아지고 주의를 산만하게 만드는 것들이 널려 있어서 아이들이 음식 먹는 속도가 점점 더 빨라지고 있다. 최근에 알게 된 사실인데, 뉴욕의 고등학생들은 평균 7분 만에 점심 식사를 끝낸다고 한다! 속도를 늦추고 천천히 음미하면서, 특히 내가 사랑하고 즐기는 음식을 맛보면 먹는 즐거움이 훨씬 더 커진다.

현대를 살아가는 우리는 규칙적으로 마음챙김하면서 온전히 한 끼를 먹기가 쉽지 않다. 하지만 많은 사람이 '마음챙김 먹기를 실천하는 월요일' 같이 날짜를 지정해 마음챙김을 실천하거나, 식사의 첫 한 입 또는 디저트 먹을 때는 좀 더 천천히 주의를 기울여 먹겠다고 다짐하거나, 야간 또는 휴일만이라도 마음챙김 먹기를 실천하려 노력하고 있다. 그마저 힘들다면 아주 간단한 방법으로 음식을 씹는 동안에는 수저를 잠시 내려놓는다거나 한번 음식을 입에 담으면 삼키기 전까지 구체적으로 몇 번을 씹겠다고 정할 수도 있다. 내가 상담하는 학교의 한 치료사는 점심 모임을 가질 때마다 배고픈 아이들이 허겁지겁 음식을 먹는 걸 막을 수 없었다. 이에 대한 해결책으로 아이들에게 마지막 세 입은 남겨놓으라고 요청했는데, 그 결과 마지막 세 입은 다 함께 마음챙김하면서 먹을 수 있었다고 한다.

이 밖에도 음식을 먹을 때 TV, 라디오, 휴대전화, 태블릿, 책 등 주의를 빼앗는 물건을 멀리하면 오롯이 먹기에 집중할 수 있다. 우리가 먹는 음식이 어디서 왔는지 의도적으로 생각해 보고, 한 걸음 더 나아가 직접 농작물을 길러 음식을 만드는 과정에 참여할 수도 있다. 마음챙김 정원 가꾸기, 마음챙김 요리, 마음챙김 음식 준비 등이 모두 마음챙김 먹기를 보완한다.

우리는 매일 몸 안에 살지만 종종 머릿속에만 머물러 있는 듯하다. 전문 예술인이나 운동선수를 제외하면 우리 문화가 높이 평가하는 대다수 직업은 몸이 아니라 마음에 뿌리를 두고 있는데, 이는 몸과 마음의 이원성을 더욱 강화한다. 하지만 이른 나이에 아이들에게 몸을 알아차리는 마음챙김 연습을 알려주면 사는 동안 건강, 행복, 학습, 연민을 누릴 든든한 토대가 형성된다. 우리 몸은 평생 우리를 도와주고 지지하는 동맹이 될 수 있다. 그러려면 주의를 기울여 친구가 되려는 자세로 몸을 대하는 법을 배움으로써 몸과 연대하고 동맹을 맺어야 한다.

흐름에 맡기기
움직임 연습

잠시 산책하러 나갔다가 결국 해가 질 때까지 밖에 머물렀다.
알고 보니 밖으로 나가는 것이 곧 안으로 들어가는 것이었다.

—

존 뮤어, 《산과 함께하는 존 : 존 뮤어의 알려지지 않은 기록들
《John of the Mountains : The Unpublished Journals of John Muir)》

마음챙김은 명상 방석 위에서만 할 수 있는 일이 아니다. 아이들을 위한 최고의 마음챙김 연습 중 다수는 고요함이 아니라 움직임 속에서 이루어진다. 몸을 가만히 둔 상태에서 주의를 기울이기가 어려운 까닭에 여러 문화권에서 의례 무용, 운동, 무술 같은 명상 동작을 실천한다. 흔히 마음챙김 움직임을 장려하는 연습으로 요가와 태극권을 생각하기 쉽지만, 이 외에도 세계 곳곳에 명상적 알아차림과 움직임을 결합한 수십 가지의 연습법이 있다. 사실 일상의 모든 움직임에 마음챙김을 적용할 수 있다. 더욱이 생기 넘치고 힘이 샘솟는 아이들에게는 움직임을 통해 마음챙김하며 알아차림을 연습할 기회가 무수히 많다.

정신 운동과 육체 운동을 결합해 마음챙김을 움직임에 통합하면 더 많은 이로움을 얻을 수 있다. 매우 적은 양의 신체 운동이라 할지라도 개인의 안녕, 신체 건강, 정신 건강에 강력한 효과를 가져온다.[1] 걷기는 간단한 운동이지만 신체 건강을 넘어 우울과 불안을 낮추는 데 도움이 된다는 연구 결과가 많이 있다. 이렇듯 신체 운동의 이로움이 널리 알려졌음에도 아동기의 공식적·비공식적 교육 과정에서 이 부문이 계속해서 축소되고 있다. 마음챙김 움직임은 신체뿐 아니라 정서와 인지 측면에서도 아이들의 발달과 성장에 유익하다.

걷기는 우리가 날마다 하는 동작으로, 대개는 걸을 때 머릿속에 많은 생각을 떠올리지 않는다. 이번 장의 대부분은 일상에서 실천하는 비공식적 연습으로서 걷기에 의도적인 주의를 기울이는 걷기 명상을 다룬다.

야외로 나가 자연 속을 걸으면 아이들의 눈이 활짝 열리고, 실내나 전자기기를 통해 접하던 것과는 전혀 다른 관점을 얻게 된다. 리처드 루

브는 '자연 결핍 장애'에 대해 이야기하면서 이것이 아이들의 신체적·정서적 건강에 어떤 영향을 미치는지 이야기했다.[2] 또한 초록색 공간에 잠시만 머물러 있어도 행복감과 주의력이 향상된다는 연구 결과도 있다. 감당하기 힘든 감정을 달래주는 자연의 힘을 경험해 본 사람이 많을 것이다. 자연 세계에는 우리가 배워야 할 가르침과 탐구해야 할 은유가 가득하다.

기본 걷기 명상

기본 걷기 명상은 아주 간단하다. 신체 감각을 명상의 닻으로 삼아 걸으면서 걷고 있는 자신을 알아차리기만 하면 된다. 무의식적으로 걷지 않기 위해 스스로 이렇게 묻는다. "내가 걷고 있음을 나는 어떻게 알지?" 그런 다음 감각을 동원해 확인한다. 걷기의 몇몇 측면을 알아차리는 것도 도움이 된다. 예를 들어 땅을 밟는 두 발의 감각이나 근육의 움직임에 주목하면서 몸에 마음챙김을 적용할 수 있다. 걷는 동안 다리뿐만 아니라 팔, 몸통, 척추, 머리가 무엇을 하고 있는지 주의를 기울여 본다. 걷기 전과 걷는 동안 그리고 걷고 난 후에 맥박, 체온, 심박수에 나타나는 세밀한 변화를 감지할 수도 있다. 체중이 이동하면서 부드럽게 흔들리는 움직임에 초점을 맞춰도 좋다.

애써 천천히 걷거나 아이들이 농담하듯 좀비처럼 걸을 필요는 없지만 속도를 늦추면 걷기의 세세한 동작에 주의를 기울이기가 훨씬 쉬워진다. 하지만 다양한 속도를 실험하는 것도 재미있다.

호흡을 명상의 닻으로 활용할 때 들숨과 날숨 사이에 잠깐 존재하는 고요한 순간에 초점을 맞추기도 한다. 마찬가지로 걸을 때도 오른쪽 걸음이 왼쪽 걸음으로 옮겨가고, 왼쪽 걸음이 다시 오른쪽 걸음으로 옮겨가는 사이의 고요한 지점에 주의를 기울일 수 있다.

어른이나 고학년 아이들이 마음챙김 걷기를 실천하면 어마어마한 효과를 누릴 수 있다. 나와 함께했던 거의 모든 아이가 여러 가지 마음챙김 연습 중에서 걷기가 제일 마음에 들어서 가장 자주 실천한다고 말했다. 어디서든 쉽고 편하게 할 수 있기 때문이다.

어린아이들에게 적합한 걷기 명상

나이가 어린 아이들은 움직이면서 몸에 집중하는 일 자체가 어려울 수 있다. 주의 지속 시간이 짧거니와 마음챙김 걷기를 왜 해야 하는지 잘 모르기 때문이다. 틱낫한 스님은 어린아이들이 몇 걸음 걸으면서 마음챙김하게 하고, 그런 다음 다시 마음챙김 걷기를 하기 전에 아이들이 조금 뛰어다닐 수 있게 하라고 권한다. 아이들의 주의를 모으는 간단한 방법은 걸음걸이에 맞춰 숫자를 세게 하는 것이다. 세던 숫자를 놓치면 다시 처음으로 돌아가는데, 이때 판단을 내려놓고 받아들이는 태도를 보이게 한다. 이 밖에 여러 가지 다른 아이디어를 아래에 정리해 보았다.

말하면서 걷기

무언가를 말하면서 움직이면 도움이 된다. 이때 말하는 단어는 추상적이어도 좋다. 예를 들어 이동할 때 내 발과 몸에 고맙다고 말하면서 감사와 연민의 마음을 보낸다. 이는 크리스토퍼 거머와 크리스틴 네프가 '마음챙김 자기연민'이라는 프로그램에서 가르치는 연습이다. 자신을 일깨워 주는 문구를 속으로 조용히 반복해서 읊을 수도 있다. 어린아이들은 틱낫한 스님이 제안한 다음의 네 문장을 한 걸음에 한 번씩 말해보는 걸 좋아할지도 모른다.

나는 도착했습니다
나는 집에 있습니다
바로 여기
바로 지금

내가 노아 레빈에게 들은 다음의 문구는 상대적으로 나이가 많은 아이들과 특히 10대 청소년들이 좋아할 만하다. 이 또한 한 걸음에 한 문장씩 말하면 된다.

어디로 가지 않습니다
무엇도 하지 않습니다
누구도 되지 않습니다

아이들과 함께 걸으면서 읊조릴 문구를 만들어보자.

걸을 때 느껴지는 감정을 알아차리면 걷기 명상이 한 차원 더 확장된다. 예를 들어 다른 사람에게 다가가거나 다른 사람의 개인 공간에 가까워질 때 어떤 느낌이 드는지 주의를 기울여 보라고 아이들에게 요청한다 (6장 '개인 공간 연습' 참고). 또는 마주치는 모든 사람에게 미소를 지어보라고 권할 수 있다. 9장에서 소개할 미소 명상의 한 버전으로 걷기 명상을 활용해 보는 것이다. 규모가 큰 모임에서는 사람들이 움직이는 동안 신체적·정서적으로 자연스러운 리듬이 나타나기도 하는데, 이를 놓고 함께 토론하는 것도 흥미로울 수 있다.

　나이와 관계없이 모든 아이는 무리 지어 걸을 때 다른 사람도 자기만큼 주의 깊게 걷는지 궁금해하면서 처음으로 자기 자신을 의식하게 된다고 말한다. 이렇게 경험한 자의식이 몸과 마음에서 어떻게 느껴지고, 그때마다 어떻게 대처하는지 물어보면 풍성한 토론 시간을 가질 수 있다. 어떤 아이들은 햇빛을 받으며 걸어갈 때 느껴지는 미세한 흥분, 작은 언덕이 가까워질 때 느껴지는 두려움, 주변 환경에 대한 호기심을 말하기도 한다.

　아이들이 돌아가면서 모임을 이끌고, 따르고, 속도를 바꾸게 함으로써 걷기와 모임에 속해 걷기의 다른 측면을 간단히 탐구할 수 있다. 연습을 마친 뒤에 모임을 이끌면서 걷는 기분이 어땠는지, 다른 사람을 따라가는 건 어땠는지 물어본다. 이런 질문은 신뢰, 인내, 다른 풍부한 주제에 관한 대화를 불러일으킨다.

어린아이들과 함께할 때 시각화와 상상력을 동원해 걷기 명상을 더 쉽고 집중할 수 있는 재미있는 놀이로 만들 수 있다. 아래의 아이디어를 참고해 보길 바란다.

- 호수의 얇고 미끄러운 얼음판 위에 서 있는 것처럼 걷기
- 뜨거운 모래나 용암 위에 맨발로 서 있는 것처럼 걷기
- 머리 위에 얼음물 양동이를 얹고 균형을 잡듯이 걷기
- 완벽한 침묵을 지키려고 노력하면서 걷기
- 작은 중력 또는 극도의 중력 속에 있는 것처럼 걷기
- 배꼽을 정확히 같은 높이에 유지하면서 걷기
- 펭귄, 사자, 그밖에 좋아하는 동물처럼 걷기
- 틱낫한 스님 말처럼 '두 발로 땅에 입을 맞추듯' 걷기

상상력을 동원해 아이들의 참여를 유도할 만한 이야기를 만들어보자. 최대한 조용히 걸으려고 하는 이유는 무엇일까, 스파이 군단이어서일까? 얼어붙은 호수를 건너가면 어떤 목적지, 보물이 기다리고 있을까?

　고등학교 시절에 많이 해보았던 상황극의 한 장면을 가져와 특정한 감정을 느끼거나 특정한 등장인물이 된 듯 걸어보라고 요청할 수도 있다. 이것은 데보라 슈벌린이 《마음챙김 교수법으로 행복 가르치기》에서 제안한 연습으로 연민, 공감, 다른 사람의 생각을 헤아리는 능력을 발달시킨다. 나아가 몸 언어가 나와 세상에 메시지를 전하는 다양한

방법에 관한 통찰력을 길러준다. 이 연습을 할 때는 모든 아이에게 같은 감정을 부여할 수도 있고 아이마다 각기 다른 감정을 맡길 수도 있다. 걷는 동안 주기적으로 종소리나 다른 신호를 보내 모두를 멈추게 하고 다 같이 호흡한 다음 다른 감정으로 넘어가게 한다.

캐릭터처럼 걷기

모자 속에 담긴 캐릭터 쪽지 하나를 골라서 마치 그 캐릭터가 된 듯 걸어보게 한다. 아래의 캐릭터 목록을 활용해도 좋다.

- 남을 괴롭히는 성난 아이
- 자신감 넘치는 여성 사업가
- 슬픔에 빠진 어머니
- 레드카펫 위를 걸어가는 유명인
- 런웨이를 걸어가는 모델
- 몹시 수줍어하는 사람
- 방금 로또에 당첨된 남자
- 방금 시험에서 떨어진 학생
- 젊은 사람
- 나이 든 사람
- 아카데미상을 받으려고 무대에 오르는 배우
- ADHD가 있는 다섯 살짜리 아이
- 스포츠팀의 주장

- 오랫동안 만나지 못했던 옛 친구를 만난 사람
- 실연을 겪은 중학생
- 나 자신

훨씬 더 많은 캐릭터를 생각할 수 있을 것이다. 아이들에게 생각나는 캐릭터를 말해보라고 할 수도 있다. 소심한 쥐부터 용맹한 사자까지 다양한 동물을 캐릭터 삼아 탐색할 수 있다. 다만 몇몇 아이들에게 부담으로 작용할 만한 감정이나 원형은 없는지 사전에 꼭 살펴보길 바란다. 반대로 몇몇 아이들에게 유익할 만한 감정이나 원형도 곰곰이 생각해 보자.

다른 사람이 되어 걷는 연습은 풍부한 대화로 이어질 수 있다. 자신이 맡은 역할이 본래 자기 걸음걸이나 성격과 어떻게 다른지 물어보라. 걷고 행동하는 방식에 따라 다른 사람과 주변 환경에 대한 느낌도 달라진다는 걸 알아차린 아이들도 있을 것이다. 어떤 아이들은 자기가 슬픈 어머니나 수줍은 아이가 되었을 때 너무 풀이 죽어 고개를 숙인 까닭에 주변 세상을 거의 볼 수 없었다고 말한다. 자신감 있는 척했더니 정말 자신만만해졌다고 말하는 아이들도 있었다. 다양한 캐릭터와 감정을 탐구하는 일은 그야말로 눈이 확 뜨이는 경험을 선사한다.

우스꽝스럽게 걷기

이것은 잰 초즌 베이가 일상에서의 알아차림 연습법을 소개한 책《내 안의 성난 코끼리 길들이기》에서 제안하는 재미있는 연습이다.[3] 나이가 지긋한 독자 중에는 영국의 코미디 그룹 몬티 파이선이 묘사한 '우스꽝스럽게 걷기 부서'라는 코미디 장면을 기억할 것이다(인터넷에서 'Ministry of Silly Walks'라고 검색하면 쉽게 찾을 수 있다). 이 장면은 너무도 우스꽝스러워서 그걸 보는 아이나 어른이 자의식을 벗어던지고 최대한 우스꽝스럽게 걷게 만든다. 우스꽝스럽게 걷기는 재미있을 뿐 아니라 그렇게 걸으면서 균형을 잃지 않으려면 어마어마한 주의력이 필요하다. 또한 우스꽝스럽게 걷기는 '우스꽝스러움을 밖으로 꺼내'도록 도와주는 훌륭한 활동이어서 아이들은 기어를 바꿔 점점 덜 우스꽝스럽게 걸으면서 자신을 차분하게 만들 수 있다.

감각 알아차리면서 걷기

걷기 명상은 쉽게 각색할 수 있다. 나는 10대를 위한 마음챙김 수련회에서 명상 지도자 차스 디카푸아에게 이것을 배웠다.

먼저 두 눈을 고정하고 시야가 바뀌는 걸 바라보면서 걷습니다.
다음으로 발바닥에만 주의를 기울여 다양한 감각을 알아차립니다.
이번에는 소리에 집중합니다. 내가 움직일 때 나 자신과 세상에서 나는 소리를 듣습니다.
다음으로 공기 중의 냄새와 맛에 초점을 맞춥니다.
이제 모든 것을 동시에 알아차립니다.

5-4-3-2-1 걷기

워크숍에 참가한 애니 넬슨이 '감각 알아차리면서 걷기'를 변형한 이 연습을 내게 알려주었다. 넬슨은 아이들을 야외에 나가 걷게 하면서 아래의 다섯 가지 주제에 주의를 기울이고 이를 묘사해 보라고 요청한다.

> 5 눈에 보이는 다섯 가지 아름다운 것
>
> 4 귓가에 들리는 네 가지 소리
>
> 3 몸에서 느껴지는 세 가지 감각
>
> 2 맛이나 냄새로 알 수 있는 두 가지 것
>
> 1 머릿속에 드는 한 가지 생각

동전을 활용한 걷기

아이들이 맨발이나 신발 위에 동전을 얹고 균형을 잡으면서 걷게 한다. 이 재미있는 활동은 까다로운 도전 과제에 대한 다양한 반응을 토론할 좋은 기회를 제공한다. 특히 좌절감이 어떤 느낌이고 우리가 그것에 어떻게 반응하는지에 대한 가르침을 준다. 동전 하나를 얹고 걷는 게 너무 쉽다면 여러 개를 활용해 보자. 동전이 굴러가는 소리, 뒤따라오는 웃음소리 등 주의를 빼앗는 요소와 여러 사람이 다 같이 집중하는 일은 모두 전염성이 있어서 이 또한 토론해 볼 만한 흥미로운 주제다. 비슷한 방식으로 달걀을 얹은 숟가락이나 물을 가득 채운 잔을 들고 걷는 오래된 놀이도 걷기라는 단순한 행동에 알아차림과 주의를 불러올 수 있다.

주변 환경에 주의를 기울이는 것도 걸음걸이를 알아차리고 세상에 대한 인식을 바꾸는 좋은 방법이다.

긍정 심리학은 우리에게 친숙하면서도 종종 잘못 이해되는 개념이다. 긍정 심리학은 상황이 좋지 않은데도 긍정적인 척한다거나 만족스럽지 않은데도 만족스러운 체하는 것이 아니다. 그것은 우리에게 내재한 '부정성 편향'을 재조정함으로써 균형 있고 현실적인 방식으로 세상을 바라보는 걸 뜻한다. 우리 선조들은 생존을 위해 늘 주변 환경에 존재하는 위험 요소와 부정적인 것들을 예민하게 살펴야 했다. 안타깝게도 우리는 진화가 낳은 결함으로 인해 여전히 부정적인 것, 주변에 존재하는 것 중에서 나쁘고 위험한 것을 먼저 알아차리는 경향이 있다. 믿기 어렵겠지만, 현대 생활은 동굴에 거주하며 수렵·채집에 의존해서 살던 먼 옛날에 비해 훨씬 더 안전하다. 긍정 심리학에서는 "우리 뇌는 좋은 것에는 테플론(코팅 소재의 하나로 프라이팬 등의 표면을 매끄럽게 하는 데 사용한다-옮긴이)처럼 떨어지고, 나쁜 것에는 벨크로(단추나 끈과 같은 역할을 하는 접착 소재, 일명 찍찍이-옮긴이)처럼 들러붙는다"라고 말한다. 이런 경향을 바꾸어 긍정성과 부정성이 우리 뇌에 동등한 영향을 주도록 하려는 게 바로 긍정 심리학이다. 우리에게 부정적인 필터가 내장되어 있다면, 이해와 감사를 실천하는 연습을 통해 대상을 있는 그대로 바라봄으로써 이를 바꿀 수 있다.

나의 내담자인 소피에게 긍정 심리학에 대해 설명했더니, 그녀는 가만히 생각한 끝에 10대 소녀답게 이렇게 정리해서 말했다. "음, 무슨 말인지 알겠어요. 사실 저는 긍정적으로만 주의를 쏟으면 개똥을 밟게 될 거라 생각했어요. 하지만 거기엔 개똥만 있는 게 아니라 햇빛을 비롯한 다른 모든 것도 함께 있다는 걸 알아차릴 수 있다는 거네요."

내 친구 크리스토퍼 거머는 감사와 이해를 실천하는 긍정 심리학이 주변 세상을 더 분명하게 보게 해주는 지혜를 쌓는 진정한 연습이라고 말한다.

한 실험에서 대학생들에게 일주일에 몇 번씩 20분 동안 걷기를 요청했다.[4] 참가자는 총 세 그룹으로 나뉘었다. 첫 번째 그룹에는 햇빛, 꽃, 그 밖에 걸으면서 마주치는 긍정적인 것들에 주의를 기울이면서 그것들을 깊이 알아차리고 숙고하라고 지시했다. 두 번째 그룹에는 주변의 소음과 오염 등 부정적인 것에 초점을 맞추라고 지시했다. 마지막 그룹에는 그저 걸으라고만 말해주었다. 일주일 뒤에 확인한 결과는 예상대로였다. 긍정적인 것에 집중했던 그룹의 구성원들은 전반적으로 기분이 나아졌고, 부정적인 것에 주목했던 그룹의 구성원들은 대체로 기분이 더 나빠졌다. 그저 걷기만 했던 학생들은 약간의 운동 효과로 기분이 조금 나아졌다. 장기적인 결과는 더 놀라웠다. 몇 달이 지난 후에도 긍정적인 그룹의 학생들은 행복감과 긍정적인 기분이 꾸준히 지속되었다고 말했다.

이 결과에서 영감을 얻어 다른 걷기 연습을 실천할 수 있다. 걸으면서 주변 세상의 아름다움에 주목하는 것이다. 이를테면 하나둘 꽃이 피기 시작한 나무, 유난히 아름다운 한 줄기 빛, 좋아하는 색깔로 칠해진 집이나 차를 바라본다. 아이들과 주기적으로 다니는 산책로가 있다면 그 길을 따라가며 긍정적인 것 하나(아름답거나 재미있는 어떤 것, 친절을 베푸

행동으로 생각과 느낌을 새롭게 할 수 있을까?

우리가 몸을 유지하고 움직이는 방식을 바꿈으로써 감정을 획기적으로 변화시킬 수 있다. 에이미 커디, 다나 카니, 앤디 야프는 자세와 태도가 장단기적으로 우리 감정과 인식에 어떤 영향을 미치는지 연구했다.[5] 나의 몸 언어가 다른 사람에게 메시지를 전한다는 건 잘 알려져 있다. 위의 세 연구자는, 그렇다면 몸 언어가 우리 자신에게는 어떤 메시지를 전하는지 알아보았다. 연구 결과 몇몇 '힘 있는 자세(원더우먼이나 슈퍼맨이 가슴을 쫙 펴고 골반에 두 손을 얹고 있는 자신만만한 자세)'는 특정 호르몬 분비를 증가시켜 자신감은 높여주고 스트레스는 떨어뜨린다는 사실이 밝혀졌다. 반면 '힘없는 자세'는 정반대의 결과를 가져왔다. 한껏 움츠린 자세(어깨를 안쪽으로 굽히고, 팔짱을 낀 채 고개를 수그리고, 한 손은 목 뒤에 둔 상태 등)는 스트레스 호르몬 분비를 높이고 자신감과 관련된 호르몬 분비를 떨어뜨렸다. 실제로 가상 취업 면접에 참여한 사람들에게 2분간 힘 있는 자세를 취하게 한 결과 더 많은 일자리를 얻었다. 면접관들은 그들이 다른 참가자보다 훨씬 큰 존재감과 개성을 드러냈다고 평가했다. 아이들과 함께 힘 있는 자세를 연습하면 큰 교훈을 얻을 수 있다. 마음챙김은 방석 위에 가만히 앉아 있는 것만을 뜻하지 않는다. 주의를 기울여 몸을 움직이고 자세를 바꿈으로써(요가, 힘 있는 자세, 1장에서 소개한 스트레스 반응 연습) 나와 주변 세상을 바라보는 눈이 달라질 뿐 아니라 세상이 나를 바라보는 방식도 바꿀 수 있다.

는 행동)에 주의를 기울이라고 일러주면서 이를 정기적인 연습으로 삼을 수 있다. 아이들은 이러한 경험을 일기에 적거나 친구들과 공유할 수 있다.

나와 함께했던 고등학생 엘리자는 학교생활에 걱정이 많았다. 감사하며 걷기를 연습하기 전까지, 매일 아침 그녀가 걷는 머나먼 등굣길은 그날의 공포를 예견하는 영화 예고편과 같았다. 뉴잉글랜드에 음산한 겨울이 찾아오자, 엘리자는 길 위에 펼쳐진 끝없는 겨울날의 잿빛 속에서 살짝살짝 내비치는 색깔 조각(녹아내리는 얼음 속에 가려진 붉은 열매, 눈 위에 놓인 솔잎)을 카메라에 담기 시작했다. 그러자 좋은 기분이 느껴졌다. 그녀는 그렇게 찍은 사진을 자신의 마음챙김 사진 블로그에 게시했다. 아마 지금이었다면 해시태그를 달아 인스타그램에 게시했을 것이다.

출퇴근길이나 등굣길에 긍정적이거나 아름다운 순간을 찾으려 주의를 기울이는 건 특히 더 이롭다. 연구에 따르면, 이때가 어른이든 아이든 하루 중 가장 스트레스가 심한 순간이기 때문이다. 감사하며 걷기는 이러한 스트레스 경험을 마음챙김을 연습하는 기회로 바꿔준다.

스포츠와 피트니스를 통한 마음챙김

자세를 강조하고 집중력을 길러주는 스포츠와 피트니스 활동도 몸과 주변 환경에 마음챙김을 적용할 수 있는 자연스러운 기회다. 거의 모든 스포츠가 가능하지만, 특히 다음 종목들이 적합하다.

활쏘기	조정
춤	펜싱
낚시	골프
체조	등산
무술	파쿠르
암벽 등반	달리기
항해	스케이팅
스키	서핑
테니스	요가

집중력을 단련하는 요가는 명상에 적합하도록 몸과 마음을 준비시키는데, 요가를 연습하는 동안에도 마음이 어디로 방황하는지 알아차리면서 마음챙김을 실천할 수 있다. 균형 잡힌 자세는 고요한 마음이 발휘하는 힘에 대한 훌륭한 교훈을 선사한다. 나무 자세 혹은 한 다리로 서 있는 자세를 시도하면서 주의를 분산시키거나, 감정을 느끼거나, 재미있는 농담에 웃거나, 심지어 방 여기저기를 훑어보려고 시도해 보라. 분명히 몸과 균형이 무너질 것이다. 우리 몸은 커다란 지혜를 품고 있는데, 다양한 자세는 사람마다 다양한 감정·기억·충동을 불러일으킨다. 자세를 취하는 동안 판단을 내려놓고 무엇이 떠오르는지 주의를 기울이는 것 자체가 마음챙김 연습이다.

우리 몸은 마음챙김의 좋은 예시가 되기도 한다. 최근에 내가 배운 멋진 프로그램인 스토리타임 요가는 아이들이 직접 쓴 이야기를 요가 자세에 접목해 몸 알아차리기와 성찰하는 글쓰기를 모두 가르쳐준다. 또 다른 연습인 '움직임 속의 고요'는 몸 전체를 움직이되 한 부위는 완전히 멈춘 듯 그대로 두었다가, 그 고요한 상태가 점점 몸 전체로 퍼지게 함으로써 몸과 마음을 집중하도록 훈련한다.

스포츠로 마음챙김을 연습하기 위해서 반드시 명상과 어울릴 법한 스포츠를 고를 필요는 없다. 농구, 하키, 축구처럼 남과 겨루는 팀 스포츠에도 마음챙김 요소를 접목해 경기력을 향상시킬 수 있다. 우승을 차지한 유명한 운동선수 중에는 마음챙김을 배운 사람이 많다. NBA 역사상 최고의 감독으로 손꼽히는 필 잭슨은 경기를 앞두고 라커룸에서 LA 레이커스 선수들에게 주의를 기울여 양말을 신게 했다. 이 밖에도 많은 농구팀 코치가 선수들에게 자유투 자세를 연습시키기 위해 유도

된 시각화를 활용한다. 어떤 코치들은 선수들이 방심하지 않고 공을 잘 따라가도록 알아차림을 연습시키거나, 팀원과 조화를 이루고 수백만 명의 팬 앞에서도 스트레스를 조절할 수 있도록 호흡 연습을 가르치기도 한다.

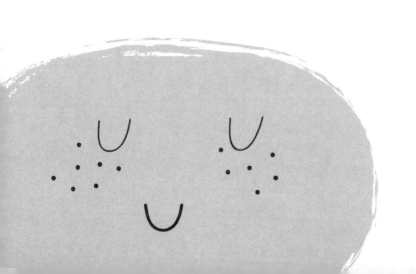

chapter 08

현재를 경험하기
소리와 감각을 활용한 연습

자극과 반응 사이에 공간이 있다. 그 공간에는
자신의 반응을 선택할 자유와 힘이 있다.
우리의 반응에 우리의 성장과 행복이 달려 있다.
—

작자 미상, 빅터 프랭클의 말로 오해하곤 함[1]

마음이 훈련되어 있지 않을 때, 우리 생각은 미래든 과거든 지금 여기를 뺀 모든 곳으로 달아난다. 하지만 마음이나 생각과는 달리 감각은 늘 현재를 살아가기에 우리를 든든히 붙잡아 준다. 한편 감각은 주의를 분산시키거나 흐트러뜨릴 수 있다. 어떤 소리를 듣기만 해도 특정 이미지나 이야기가 떠오르고, 스쳐 지나가는 냄새에 과거 어느 때의 감정을 느끼며, 하나의 감각만으로 단박에 호불호를 판가름한다. 이러한 반응으로부터 촉발 요인, 호불호, 욕망과 혐오, 패턴화되고 조건화된 반응에 대한 통찰 등 배울 점이 많다.

감각은 우리가 살아 있다는 사실을 일깨워 주고 삶이 선사하는 모든 것을 감사한 마음으로 음미하게 한다. 헬렌 켈러가 숲길을 걷고 온 친구에게 걷는 동안 무엇을 보았냐고 물었다. 친구는 "특별히 본 건 없어"라고 답했다. 친구의 대답에 충격을 받은 켈러는, 만약 자기에게 사흘간 시력이 허락된다면 무엇을 하고 싶은지 글로 써보기로 했다. 다음은 그녀가 쓴 글의 일부다.

앞을 보지 못하는 나는 앞을 보는 사람들에게 힌트를 하나 줄 수 있다. 시력이라는 선물을 활용할 수 있는 사람들에게 이렇게 조언하고 싶다. 내일 갑자기 앞을 보지 못할 것처럼 눈을 사용하라. 다른 감각에도 같은 방법을 적용해 보라. 목소리들이 내는 음악, 새들의 노랫소리, 오케스트라의 힘찬 변주곡을 듣되 마치 내일 귀가 멀 것처럼 들어라. 물건을 만질 때는 내일 촉각이 사라질 것처럼 만져라. 꽃향기를 맡고 음식을 한 입 먹을 때 느껴지는 풍미를 음미하되 내일이면 다시는 냄새도 맛도 느낄 수 없을 것처럼 하라. 모든 감각을 최대한 활용하고, 자연이 선사한 여러 접촉 수단을 통해 발견하는 세상의 기쁨과 아름다움을 하나하나 감사히 여겨라.[2]

헬렌 켈러의 이 글은 마음챙김의 힘, 감각의 아름다움, 이해와 감사의 미덕을 유쾌하게 설명한다. 나아가 세상에는 우리가 누리는 만큼 온전히 감각을 가지지 못한 사람이 많다는 사실을 상기시킨다.

이번 장은 특정 감각 또는 오감을 사용하는 여러 가지 연습을 자세히 다룬다. 하지만 가능한 한 내용을 간결하게 만들기 위해 소리와 청각을 중점적으로 다룰 예정이다. 더불어 마음챙김에 다른 감각을 활용하는 몇 가지 방법을 제안한다.

많은 사람이 명상 연습의 시작과 끝을 알리는 의미로 종, 차임벨, 싱잉볼 등을 사용한다. 이 도구들이 너무 영적이라고 느껴진다면 명상의 다음 단계를 알리는 표시로 톤바(두드렸을 때 각기 다른 음을 내는 막대-옮긴이), 소리굽쇠, 트라이앵글, 북, 악기, 레인 스틱(원기둥 관 안에 곡식이나 작은 돌을 넣고 흔들어 소리를 내는 악기-옮긴이)을 활용해도 좋다.

사라지는 소리 듣기

아이들을 위한 간단한 초급 듣기 연습은 두 눈을 감은 상태로 종이나 벨을 울릴 때 길게 이어지는 반향 소리를 듣게 하는 것이다. 소리의 시작, 중간, 끝부분을 주의 깊게 듣고 소리가 완전히 사라졌다고 생각되면 손을 들어달라고 요청한다.

이 연습은 집, 교실 등 장소와 관계없이 연습의 시작과 끝을 알려주는 기분 좋은 방법이다. 나는 환자, 동료, 수련생과 만날 때 회의의 시작과 끝을 알리는 표시로 종을 울린다. 이를 변형한 '소리의 결투'라는 연습을 실천할 때는 아이들에게 두 가지 종소리를 동시에 들려주고, 각각의 소리가 머물고 지나갈 때마다 어느 한쪽에 주의를 기울이도록 요청한다.

소리 풍경 넘나들기

이 소리 명상은 사용하는 신호 개수에 따라 길거나 짧게 진행할 수 있다. 백색소음을 유발하는 모든 기기의 전원을 끄고 창문이나 문은 살짝 열어두는 게 좋다. 초보자, 어린이, 주의 지속 시간이 짧은 아이를 대상으로 할 때는 신호 사이에 두세 번 호흡할 수 있을 정도의 여유(5~10초)를 두고 진행한다. 주의 지속 시간이 긴 아이의 경우 20~30초 간격으로 진행한다.

> 몇 분간 마음을 정돈하고 주변에서 나는 소리 풍경을 탐색합니다. 소리가 귀에 와닿을 때마다 그 소리에 주의를 기울이고 마음이 어떻게 움직이는지 주의를 기울여 살펴봐요. 영화나 이야기가 떠오를 수도 있고, 특정 생각이나 감정이 일어날 수도 있고, 어떤 기억이 새록새록 떠오를 수도 있어요. 마음에서 그런 일이 일어나고 있음을 알아차리고 다시 듣기로 돌아옵니다.
> 위에서 … 또는 아래서 들리는 소리에 귀 기울여 보세요.
> 왼쪽에서 나는 소리 … 오른쪽에서 나는 소리를 들어봐요.
> 뒤에서 나는 소리 … 앞에서 나는 소리도 들어보세요.
> 소리를 듣고 마음이 달아나거나 방황한다면 다시 부드럽게 듣기로

돌아옵니다.

가까운 데서 나는 소리에 주의를 기울여 봐요. 그리고 멀리서 들리는 소리에도 집중해 봐요.

건물 밖에서 나는 소리, 건물 안에서 나는 소리, 방 안에서 나는 소리에도 귀 기울여 보세요.

몸에서 들려오는 소리를 들어볼까요. 어쩌면 몸 안에서 생각이 만들어내는 소리가 들릴지도 몰라요.

다음으로 아이들이 주의를 전환해 다양한 소리를 알아차리게 한다.

이제 우리 귀에 들려오는 다양한 소리를 탐색해 볼까요.

사람 소리.

자연 소리.

기계 소리.

즐거운 소리를 경험한다는 게 뭘까요. 이때 마음이 어떻게 반응하는지 주의 깊게 살펴봐요.

불쾌한 소리를 경험한다는 게 뭘까요. 이때 마음이 어떻게 반응하는지 주의 깊게 살펴봐요.

일정하게 들리는 소리에 주목하세요. 계속 달라지는 소리도 들어봐요. 규칙적이고 한결같은 소리, 무작위로 나는 소리에도 주목합니다.

만약 어떤 소리를 따라 마음이 방황한다면 다시 듣기로 돌아옵니다.

각기 다른 소리에 몸과 마음이 나타내는 다양한 반응을 탐색하면서 명상을 지속할 수 있다. 이때 귀가 아닌 다른 신체 부위는 소리를 어떻게 지각하는지 살피게 한다.

이번에는 몸을 앞으로 기울여 소리를 들어봐요. 그런 다음 몸을 뒤로 젖혀서 소리가 내 위로 내려앉게 해요. 한 가지 소리에 집중해서 귀 기울여 봐요. 그 소리에 형태, 촉감, 색깔, 감정이 들어 있는지 생각하면서 소리의 특징을 탐색해 봅니다. 이제 범위를 넓혀서 귓가에 들리는 모든 소리를 동시에 들어봐요. 소리를 한꺼번에 경험할 수 있나요? 이제 온몸으로 소리를 들어봐요. 소리가 들릴 때, 그 소리가 몸에 내려앉으며 일으키는 진동을 느껴봐요. 각각의 소리가 빗방울처럼 부드럽게 내려앉게 하세요. 귀와 두뇌가 어떤 이야기나 의미를 만들어내기 전에 소리를 소리 자체로 경험할 수 있는지 알아보세요. 그런 다음 다시 듣기로 돌아옵니다. 그저 소리를 듣기만 해요. 지금부터는 들리는 소리에 주목하고, 마음에서 어떤 일이 벌어지는지 관찰하고, 천천히 다시 듣기로 돌아오길 반복합니다. 마음에서 어떤 일이 벌어지는지 살펴보세요. 이제 연습을 마무리할 시간이에요. 잠시 혹은 몇 초라도 이렇게 소리의 풍경에 귀 기울이면 언제든지 지금이 순간으로 돌아올 수 있다는 걸 꼭 기억하세요.

이 명상을 마무리하는 적절한 방법은 종을 울리는 것이다. 종을 울리기 전에는 다음과 같이 말한다. "제가 종을 울리면 다른 감각들에 주의하면서 점점 잦아드는 종소리를 따라가세요. 더는 소리가 들리지 않을 때 두 눈을 뜨고, 발가락도 움직여 보고, 모든 감각을 다시 방안으로 불러들이세요."

어떻게 아이 마음을 내 마음처럼 자라게 할까

나는 학교 같은 장소에서 이 명상을 소개하는 일을 무척이나 좋아한다. 학생과 교직원 모두 소란스럽고 복잡한 환경에서 마음챙김을 연습한다는 걸 회의적으로 생각할 때가 많기 때문이다. 이 명상은 산만함의 요인인 소리를 도리어 주의력의 닻으로 바꿔준다. 그 과정에서 나와 산만함과의 관계가 달라지고, 저항할수록 지속된다는 사실을 직접 경험할 수 있다.

이 명상을 통해 더 심오한 교훈을 얻을 수도 있다. 이를테면 좌절감을 안겨주는 무언가를 주의 기울이기의 대상으로 삼는 것이다. 예를 들어 불쾌한 소리에 주의를 기울임으로써 심신의 불쾌함·우울·불안 등의 감정에 귀 기울이는 법을 알게 되고, 불쾌하거나 실망스러운 일을 마주할 때 마음에서 벌어지는 일을 더 잘 이해하게 된다. 성가신 소리에 대한 자신의 반응을 탐색하면 성가신 감정 또는 성가신 사람에게 내가 어떻게 반응하는지 돌아볼 수 있다. 간단한 하나의 소리로부터 시작해서 생각이 어떻게 바깥으로 퍼져나가는지, 삶에서 피할 수 없는 불쾌한 것들은 물론 모든 것에 주의를 기울임으로써 어떻게 통찰을 얻게 되는지도 배울 수 있다.

이 명상은 정서적 촉발 요인에 관한 대화로 이어질 수 있다. 일례로 상담실 안에서 들리는 째깍거리는 시계 소리는 시간이나 마감 기한을 걱정하는 내담자에게 스트레스를 준다. 우리는 하루에도 수천 가지의 소리를 듣는다. 이 소리들은 항상 우리에게 무언가를 일으킨다. 다만 우리가 의식적으로 알아차리지 못할 뿐이다. 위의 연습을 세심하고 주의 깊은 태도로 실천하면, 감정을 촉발하는 무언가를 접했을 때 아이들이 이를 해소할 만한 공간을 지키면서 주어진 상황에 적절히 대처하는 법을 배울 수 있다.

나는 치료사로서 가족 치료 과정에서 내면에 점점 불안이 커짐을 인식하고 이 연습을 실천한 적이 있다. 당시 가족 치료에 참여한 한 아버지가 초조하게 커피잔에 생긴 거품을 걷어내는 소리가 들렸고, 그 소리를 타고 그의 불안이 상담실에 있는 나머지 사람들에게 퍼져나갔다. 이때 위의 연습을 함께 실천했더니 다들 마음을 가라앉힐 수 있었고 방안과 집단 안에 일어나는 감정을 더 잘 이해할 수 있었다.

이 연습을 게임으로 만들 수도 있다. 아이에게 소리를 들어보라고 한 다음, 고요한 가운데 자신이 들은 소리를 최대한 많이 적거나 그려보게 한다. 처음에는 똑같아 보이는 소리의 차이, 예를 들어 각기 다른 새소리나 여러 종류의 나무가 바람에 흔들리는 소리 등에 주의를 기울여보라고 요청하는 것이다. 음악을 전공했던 한 10대 학생은 이 연습에서 영감을 얻어 '소리 사냥'에 나섰고, 도시에서 찾아낸 소리들을 녹음해 자기가 만드는 음악의 샘플로 활용했다.

일상에서 실천하는 소리 풍경 넘나들기

위에서처럼 제대로 상황을 갖춰 소리에 귀 기울이는 대신 형식에 얽매이지 않고 듣기 연습을 할 수도 있다. 열까지 숫자를 세면서 마음을 차분히 가라앉히는 방법이 널리 알려져 있지만, 다섯이나 열 가지 소리를 세어보는 연습이 이보다 더 효과적이고 흥미로우며 진정에 도움이 된다. 내가 만난 아이 중 불안감이 컸던 몇몇은 시험, 공연, 운동 경기를 앞두고 자신에게 집중하기 위해 고요한 상태에서 이 연습을 실천했다.

몇 년 전에 폭탄 테러의 생존자와 작업한 적이 있다. 사고 당시에 겪은 트라우마가 그의 뇌를 달라지게 만들어서 그는 한시도 긴장을 늦추지 못했다. 하지만 그는 이 연습을 통해 의도적으로 경계심을 낮추지 않으면서 자신이 느끼는 공포심이 아닌 지금 이 순간에 스스로를 안착시켰다. 덕분에 통제력을 되찾고 공황에 빠질 수 있는 상황에서 차분함을 지킬 수 있었다. 그가 좋아했던 두 가지 연습은 다섯 가지 소리를 세어보는 것, 그리고 새로운 방이나 환경으로 걸어 들어갈 때 몸에서 느껴지는 다섯 가지 감각을 세어보는 것이었다. 이렇게 신체 감각을 세어보면 오감 중 다른 네 감각도 이런 방식으로 충분히 활용할 수 있음을 깨닫게 된다.

이 명상을 변형한 또 다른 비공식적 연습으로 상대방과 함께 소리에 관한 이야기를 주고받는 방법이 있다. 아이들과 함께할 때는 돌아가면서 자신이 들은 소리와 뒤이어 떠오른 생각을 이야기하면서 열 가지 소리를 함께 세어본다.

음악과 마음챙김

많은 아이가 휴대전화와 이어폰으로 자기만의 음악 듣기를 무척이나 좋아한다. 음악 듣기는 스트레스에 대처하는 효과적인 방법이다. 나는 아들과 함께 일할 때 어려운 순간에 사용할 수 있는 대처 기술에 관해 자유롭게 이야기하는 시간을 갖는데, 음악 듣기는 아이들이 자주 1순위로 꼽는 대처 기술이다. 어떻게 하면 주의를 기울여 음악을 들을 수 있냐고 물어보는 아이들에게 나는 아래의 연습을 권한다.

좋아하는 노래 듣기

때로는 좋아하는 노래도 신선함이 사라져 더는 정서적으로 영향을 주지 않는다. 이 연습은 오랫동안 좋아했던 노래를 새롭게 듣게 한다.

이어폰을 끼거나 스피커 볼륨을 높인 다음 좋아하는 노래를 틀어놓고 가만히 듣습니다. 하나의 악기에 귀 기울이거나 노래 전체에 흐르는 샘플 트랙에 주의를 기울여 봅니다. 요즘 노래 중에는 수십 가지 트랙을 겹쳐서 만든 곡이 많은데, 이렇게 주의 깊게 듣다 보면 전에는 듣지 못했던 새로운 특색을 발견하면서 노래를 새롭게 들을 수 있습니다.

음악을 들으며 감정 알아차리기

자기가 느끼는 감정을 제대로 파악하지 못해 그 감정에 압도되는 아이들에게는 아래 연습을 제안한다.

노래 세 곡을 골라보세요. 자기가 좋아하는 행복한 노래, 슬픈 노래, 분노에 찬 노래를 고르면 됩니다. 바닥에 누워 두 눈을 감고 볼륨을 높인 다음 각각의 노래를 듣기만 하세요. 듣는 동안 몸의 어디에서 감정이 일어나는지, 그 감정이 실제로 몸에서 어떻게 느껴지는지 알아봅니다.

이렇게 주의를 기울이며 온몸으로 듣는 연습은 정서 지능 또는 정서적 유창성(실시간으로 일어나는 감정을 인식하고 이를 적절히 다루는 능력)에 대한 가르침을 준다. 이 연습에서 좌절, 혼란, 공포의 느낌을 전달하는 노래를 활용하는 게 흥미로울 수 있는데, 대중음악 중에는 그런 음악을 찾아보기 어렵다. 대신 영화나 TV 프로그램의 사운드트랙에서 불안과 불확실함을 비롯한 다양한 감정을 유발하는 음악을 찾아볼 수 있다(영화〈죠스〉나〈사이코〉의 유명한 사운드트랙을 생각해 보라). 아이들은 주의 깊게 음악을 듣는 동안 노래에 따른 감정 변화를 살피면서 자신을 차분히 가라앉히고 감정을 바꿀 수 있다. 예를 들어 우스꽝스러운 노래부터 시작해 점점 더 느리고 차분한 노래로 이동하는 재생 목록을 만들 수 있다.

단어가 일으키는 물결

이 연습은 의미 있는 단어를 들었을 때 자신이 나타내는 반응을 알아차리게 한다. 나는 연구자 윌로비 브리튼이 프레젠테이션을 통해 이 연습을 시연하는 장면을 보았다. 연습은 아래와 같이 시작한다.

두 눈을 감거나 시선을 아래로 둔 채 고요히 앉습니다. 이제 제가 몇몇 단어를 말할 겁니다. 그 단어에 몸이 어떻게 반응하는지, 단어를 들을 때 마음속에서 어떤 영화나 이야기가 떠오르는지 살펴보세요. 조약돌 같은 이 단어들을 고요한 마음 연못에 떨어뜨릴 때 번져가는 생각의 물결에 주의를 기울여 보세요.

이렇게 말한 뒤에 한 단어를 크게 말하고, 잠시 멈추었다가 아이들에게 이 단어에 대한 자신의 첫 반응(감정, 이미지, 생각 등)에 주의를 기울이라고 말한다. 그 반응을 즉시 이야기할 수도 있고, 잘 적어두었다가 연습을 마친 다음 토론 시간에 서로 이야기할 수도 있다. 아이들에게 제시할 만한 흥미로운 단어로는 다음의 것들이 있다.

생일	휴일
파티	마감일
중학교	숙제
괴롭힘	일
곤란한 일	기념일
데이트	10대

한 단어에 대한 어른과 아이의 반응이 각기 다를 수 있다. 또 같은 아이라도 나이와 그날의 기분에 따라 다른 반응을 보일 수 있다. 연습 후에 저마다 다르게 나타나는 반응을 비교해 보면 흥미로운 토론이 될 것이다.

자극을 인식하는 우리의 감각은 지금 이 순간을 경험하는 가장 직접적인 통로다. 따라서 감각에 주의를 기울여 마음의 반응을 지켜보면 마음을 더 잘 이해할 수 있다. 눈을 가리고 하는 게임이나 여러 가지 사물의 냄새를 맡고 느껴보는 활동을 통해 자신의 감각을 발견하고 강화할 수 있다. 창의력과 의지만 있다면 자기만의 감각 연습을 충분히 만들어낼 수 있다.

놀면서 집중하기
창의적인 놀이 연습

일 년의 대화보다 한 시간의 놀이로
그 사람에 관해 더 많이 알 수 있다.

—

플라톤이 한 말이라고 널리 알려진 문구

놀이는 아이들의 정신적, 정서적, 사회적 발달에 꼭 필요한 요소다. 지금은 인터넷에서 정보를 얻고 컴퓨터로 연산을 처리하지만, 장래에는 창의적으로 문제를 해결하고 비판적 사고를 발휘하며 연민 어린 태도로 이끌어줄 사람이 필요해질 것이다. 놀이는 아이들에게 이 모든 기술을 비롯해 많은 것을 가르쳐준다. 소근육, 대근육 기술을 길러줄 뿐 아니라 협력, 타협, 연민을 실천하게 함으로써 사회적 기술도 길러준다. 자유로운 놀이와 구조화된 놀이 모두 관점을 형성해 주고, 인내심을 키워주며, 정서 지능을 길러준다. 치료에 놀이를 활용하면 아이들이 거친 행동이 아니라 언어적, 비언어적 방식으로 자신이 마주한 힘든 관계나 경험을 적절히 풀어낸다. 아이들이 노는 모습을 지켜보면 그들이 세상을 인식하고 세상과 소통하는 방식에 대해 많은 것을 알게 된다.

구조를 갖춘 놀이는 어린 시절을 이루는 필수 요소로 여겨져 왔다. 아이들의 놀이에는 우리가 그들에게 가르치려는 가치들, 그리고 아이들을 세상 앞에 준비시키는 방법이 반영되어 있다. 수년 전에 나는 다양한 배경을 가진 아이들이 다양한 놀이를 하고, 같은 놀이라도 다른 규칙을 적용하기도 한다는 걸 알게 되었다. 이런 다양성은 아이들이 자라서 만나게 될 다양한 세상에 맞게 그들을 준비시켰다. 도심에서 하는 카드게임 우노(Uno)와 농구 경기는 모두 승자독식 방식으로 진행되어 위험 부담이 크고 예측이 어려웠다. 이런 놀이에서는 놀이에 합류해 자신의 위치를 제대로 파악할 수 없다. 반면에 교외 지역에서는 같은 놀이를 하더라도 규칙이 일관되고 명확했다. 이런 차이는 아이들의 세계와 그들의 미래를 뚜렷하게 반영했다. 어떤 집단에서는 협력을 강조하는 반면 어떤 집단에서는 경쟁이 우선시됨을 확인할 수 있었다.

내가 자랄 때 학교 안팎에서 했던 놀이는 주의 깊게 듣기, 충동 조절, 실행 기능 등의 가치를 강화하는 것들이었다. 전혀 특별한 놀이가 아니었다. 어렸을 때 했던 얼음땡 놀이, 사이먼 가라사대('Simon Says' 뒤에 오는 명령을 그대로 동작으로 옮기는 놀이-옮긴이), 마더 메이 아이('Mother'가 되는 한 사람이 다른 사람들에게 행동을 지시하고 지목된 사람은 'Mother May I …?'라고 물으며 타협을 시도하는 놀이-옮긴이) 등을 생각해 보라. 이와 같은 놀이는 실질적인 가르침과 연습을 제공한다. 한편 숨바꼭질이나 스무고개 같은 놀이는 귀납적 추리를 가르친다. 잠시 한번 생각해 보자. 오늘날의 놀이는 아이들에게 무엇을 가르쳐줄까? 자유롭게 놀 시간이 줄어든 요즘 아이들이 내가 했던 놀이의 교훈을 배울 수 있을까?

아이들이 하는 놀이(비디오 게임, 몸으로 하는 놀이, 보드게임, 카드 놀이)는 실생활을 위한 연습이다. 여기서 아이들은 성인이 되어 간직할 가치들을 내면화한다. 마음챙김과 연민을 놀이에 접목하면 아이들에게 마음챙김과 연민을 가르칠 수 있다. 그러면 아이들이 깨닫든 그러지 못하든, 그들이 주의 깊고 연민 어린 어른으로 자라게 할 씨앗을 심는 것이다.

기존의 놀이에 마음챙김 접목하기

간단한 각색만으로 많은 놀이에 마음챙김의 요소를 적용할 수 있다. 일례로 내 동료는 보드게임 중 하나인 캔디랜드를 각색해 정서적 알아차림을 가르치는 데 활용했다. 그녀는 빨간색 카드는 분노를 뜻한다는 규칙을 만들었다. 빨간색 카드를 뽑은 아이는 자기가 매우 화났던 때, 분노의 느낌, 자신을 화나게 만드는 것, 또는 화났을 때 자신을 누그러뜨리려고 하는 행동을 말로 설명한다. 마찬가지로 파란색 카드는 슬픔, 노란색 카드는 행복을 뜻한다고 정했다. 색깔별로 어떤 의미를 부여하느냐는 그리 중요치 않다. 나도 이렇게 각색한 규칙을 그대로 적용해 보았다. 주황색 카드를 뽑으면 주의를 기울여 호흡을 한 번 하고, 보라색 카드를 뽑으면 몸에서 느껴지는 감각 하나에 주의를 기울이게 했으며, 녹색 카드를 뽑으면 하나의 소리에 주목하게 했다.

어떤 치료사들은 젠가 블록 옆면에 질문을 적어놓고 아이들이 블록을 빼낼 때마다 그 질문에 답하도록 유도한다. 호흡하기와 마음챙김 연습도 블록에 쉽게 적을 수 있다. 같은 그림 찾기 같은 놀이를 할 때 카드 뒷면에 연습의 종류를 적거나, 빙고 게임을 할 때 24장의 카드에 스물네 가지의 짧은 연습을 적을 수도 있다. 체커 게임의 말에 색깔별로 짧은 연습을 의미하는 스티커를 붙여놓고 말을 잡을 때마다 해당 연습을 실행하게 할 수도 있다.

7-11 호흡 또는 수프 호흡(11장)과 같은 마음챙김 호흡 연습으로 놀이를 시작해 보라. 주사위를 던지거나 돌아가며 차례를 맡기 전에 주의를 기울여 호흡하기 위해 잠시 멈추는 것은 나이를 떠나 모든 아이에게 효과적이다. 또한 놀이에서 속도를 늦추고 움직일 수 있는 모든 가능성을 이야기함으로써 언제든 우리 앞에 다양한 선택지가 있음을 확인하는 것도 좋다. 분명 당신과 당신의 창의적인 어린 협력자는 기존 놀이를 변화시킬 무수히 많은 방법을 떠올릴 것이다.

간단한 마음챙김 놀이

기존 게임에 마음챙김을 적용할 수도 있고, 마음챙김 연습을 하나의 놀이처럼 만들 수도 있다. 몇 가지 예를 제시한다.

방해꾼 박사

나의 동료이자 친구인 미치 애블렛은 자신이 지도하는 치료 학교에서 아이들에게 마음챙김을 가르친다. 그는 6~11세 아이들과 함께 마음챙김 놀이를 한다. 모든 아이가 마음챙김 과제를 연습하는데, 이때 한 아이가 방해꾼 박사 역할을 맡는다. 방해꾼 박사의 역할은 마음챙김을 연습하는 아이들에게 방해가 되는 우스꽝스러운 행동을 하는 것이다. 이를 보고 몸을 움직이거나 미소를 지은 마지막 아이가 다음번에 방해꾼 박사 역할을 맡는다.

소리 찾기

저술가 데보라 플러머는 째깍거리는 시계나 무선 스피커를 숨겨놓고, 시계 소리나 노랫소리가 나는 쪽에 귀를 기울여 물건을 찾는 놀이를 제안한다. 아이들은 두 눈을 감고 귀를 쫑긋 세운 채 소리가 들리는 방향을 가리키면 된다.

미소 명상

틱낫한 스님이 말했다고 알려진 문구가 하나 있다. "기쁨이 미소의 근원일 때도 있지만 때로는 미소가 기쁨의 근원이 되기도 한다." 내 친구 재닛 서레이에게 배운 아래 연습은 아이들이 둥글게 둘러앉아서 하는 게 가장 좋으며 최소한 줄지어 앉지는 말아야 한다.

> 두 눈을 감거나 시선을 앞쪽 바닥에 편안히 둡니다. 입가에 미소를 떠워보세요. 미소와 함께 느껴지는 감각에 주의를 기울입니다. 그리고 미소 지을 때 어떤 감정이 드는지도 살펴보세요. 계속 미소를 지으면서 눈을 뜨거나 시선을 들어 방안을 편안히 둘러봅니다. 눈에 들어오는 사람이 있으면 눈을 맞추며 미소를 나누세요. 이때 드는 감정도 살펴보세요. 방안의 모든 사람에게 미소를 보냈다면 시선을 내리고 잠시 자신에게 미소를 건넵니다(규모에 따라 약 20초간 시간을 주고 종을 울려 끝을 알린 뒤 토론을 시작한다).

작은 공간을 걸어 다니면서 이 연습을 실천해도 좋다. 이때는 눈을 감지 않는다. 또 다른 방법으로 참가자 전체가 한 번에 한 사람에게 미소를 건네는 '미소 파도'를 진행해도 좋다. 아이와 단둘이 있을 때는 몇 차례 호흡을 한 다음 서로를 바라보며 미소 짓고 시선을 다시 아래로 내리는 방법을 사용할 수 있다.

호흡 전달하기

어린아이들과 마음챙김 호흡을 연습하는 데 활용할 만한 훌륭한 소도구로 호버만의 공(Hoberman sphere, 확장형 공 장난감)이 있다. 이 연습은 내 친구 피오나 젠슨이 시각 및 운동 보조 기구로 호버만의 공을 활용한 사례를 참고했다. 대개 이 연습은 둥글게 앉거나 선 상태로 할 때 가장 효과적이다.

어른인 내가 출발점이다. 공을 손에 쥐고 최대한 작게 압축한다. 이제 천천히 주의를 기울여 숨을 들이마시면서 속도에 맞게 공을 확장하고 숨을 내쉴 때 다시 압축한다. 모든 사람이 나와 함께 호흡하게 한다. 그리고 다음 사람에게 공을 넘겨준 뒤 같은 활동을 반복한다.

여섯 명의 아이로 구성된 그룹에서는 총 여섯 번(안내자도 참여한다면 일곱 번) 마음챙김 호흡을 실천하며 공을 다룬다. 스무 명으로 이뤄진 학급에서는 총 20회 동안 마음챙김 호흡을 실천한다. 이 연습은 모든 구성원이 호흡을 맞춤으로써 결속력을 길러준다. 아이와 단둘이 있거나 짝을 이뤄 연습할 때는 세 번의 호흡마다 서로에게 호흡을 건네주면서 정해진 횟수를 채운다.

호버만의 공이 없을 때는 서로 호흡을 건네주는 표시로 다양한 몸동작이나 소리를 활용해도 좋다. 첫 번째 사람이 "숨을 들이마십니다"라고 말한 뒤 다음 사람을 돌아본다. 그러면 두 사람이 동시에 "숨을 내쉽니다"라고 말한다. 다음으로 두 번째 사람이 "숨을 들이마십니다"라고 말하는 식으로 같은 패턴을 반복한다.

인간 거울

인간 거울은 나이와 상관없이 다른 사람에게 주의를 기울이고 함께 조화를 이루는 법을 배울 수 있는 재미있는 놀이다. 많은 사람이 어렸을 때 이와 비슷한 놀이를 한다. 돌이켜 보면 이 놀이가 얼마나 많은 대인 관계의 마음챙김을 길러주었는지 알 수 있다.

아이와 짝을 이뤄 이 연습을 실천할 수도 있다. 두 사람이 마주 보고 앉거나 선 다음 누가 먼저 리더가 될지 정한다. 그런 다음 리더가 몸 일부를 움직이기 시작한다. 처음에는 천천히 움직이다가 점점 속도를 높인다. 상대방은 리더의 동작을 거울처럼 따라 한다. 1~2분이 지나면 종을 울리거나 다른 신호를 통해 역할을 바꾼다. 이제 아이가 움직이고 어른이 동작을 따라 한다. 이렇게 원하는 만큼 교대로 계속한다.

이를 변형한 형태로, 리더가 여러 가지 표정을 지어 다양한 감정을 나타낼 수 있다. 또는 강도를 높여 두 사람이 연습 내내 눈을 마주치는 가운데 오직 주변 시각으로만 움직임을 알아차리게 할 수도 있다.

두 아이와 함께 이 연습을 실천할 경우, 돌아가면서 리더를 맡고 나머지 두 사람이 동작을 따라 한다. 어른이 놀이를 안내하거나 시간을 확인하는 역할을 맡고, 두 아이가 짝을 이루어 움직이게 해도 좋다.

집단에서 이 연습을 실천할 때는 구성원들을 둘씩 짝짓는다. 스스로 짝을 고르게 하면 불안해할 아이도 있으니 어른 안내자가 직접 짝을 지어주는 게 가장 좋다. 시작하기 전에 신체 접촉을 포함할지 말지를 정해야 하고, 포함하겠다고 결정한다면 구체적인 방식도 정해야 한다. 음악을 동원해 움직임을 유도해도 좋다.

어떻게 아이 마음을 내 마음처럼 자라게 할까

인간 거울의 한 버전인 이 연습은 치료사인 내 친구 애슐리 시트킨이 가르쳐준 것으로 상급 모임에 적합하다. 짝수의 사람들로 원을 그리고 서로 정면으로 마주 보는 사람을 짝으로 정한다. 짝을 이룬 사람 중 한 사람이 손과 팔을 자유롭게 움직이면서 안팎으로 이동하면 다른 사람이 이를 따라 한다. 모든 사람이 이렇게 움직임으로써 위에서 원을 내려다보면 만화경을 들여다보듯 대칭 구조가 드러나게 한다. 이때 변화를 알리는 신호를 주면 참가자들은 원 주위를 돌아다니며 움직이다가 제자리로 돌아온다. 또 다른 버전으로 모임 내 모든 구성원이 한 사람의 동작을 따라 하는 방식으로 리더가 모임 전체의 움직임을 이끌 수도 있다.

창의적인 활동 연습

놀이, 게임, 동작은 모두 아이들을 마음챙김으로 이끄는 창의적인 방법이다. 그 밖에 예술, 예술적 표현, 창의력을 활용할 수도 있다. 예술 활동에 참여하면 놀라운 대처 기술을 기를 수 있는데, 그런 활동에 마음챙김 요소를 더 많이 적용함으로써 이를 강화할 수 있다.

마음챙김 색칠하기

나는 전 연령대의 내담자와 작업하면서 색칠하기라는 간단한 행위가 가져오는 놀라운 효과와 진정시키는 힘에 놀랐다. 특히 특정 유형의 패턴을 색칠할수록 더 큰 효과가 나타났다. 프랙털(한 부분이 전체의 형태와 닮은 도형이 끝없이 반복되는 구조-옮긴이), 만다라(불교에서 말하는 우주 법계와 진리를 형상화한 그림-옮긴이), 켈트 매듭, 미로 모양은 모두 자연에서 찾을 수 있는 형태를 모방한다. 연구에 따르면, 우리는 이런 패턴이 있을 때 차분하고 안전하다는 느낌을 받도록 진화되었다고 한다. 칼 융은 만다라 모양이 인간에게 내재한 집단 무의식에 접근하도록 이끈다고 보았다.

몇 년 전에 한 거친 아이와 작업한 적이 있다. 당시 18세였던 그 학생은 막 출소한 상태였다. 나는 첫 만남에서 색연필 몇 자루와 프랙털 패턴 사진을 꺼내놓았고, 아이는 신중하게 색연필을 골라 패턴을 색칠했다. 이윽고 아이는 자기도 모르는 사이에 마음을 열고 내면 깊숙한 곳의 약점을 모두 꺼내놓았다. 아버지와의 관계에서 겪은 어려움, 나아가 내가 전혀 기대치 않았던 내밀한 문제까지 모두 들을 수 있었다. 패턴이 발휘하는 힘은 정말 놀랍다.

인터넷을 찾아보면 무료 이미지가 많다. 색칠하기와 관련된 저렴한 책도 쉽게 구할 수 있다. 요즘에는 어른들을 위한 새로운 장르의 세련된 컬러링 북도 나온다. 프랙털과 만다라는 전 연령대가 활용할 만한 훌륭한 추상 이미지다. 다수의 만다라 컬러링 북은 여러 문화적 유산을 표현한 이미지를 담고 있으며, 다양한 아이들의 호감을 끌 만한 이미지도 가지고 있다. 예술, 건축, 디자인 모티프를 다룬 컬러링 북을 활용하는 것도 다양한 관심사를 가진 아이들의 참여를 유도하는 방법이다. 마커·크레용·색연필 같은 색칠 도구 가운데 어느 것을 사용할지, 이 도구들이 색칠이라는 시각적 활동뿐만 아니라 냄새, 소리, 촉감을 알아차리

어떻게 아이 마음을 내 마음처럼 자라게 할까

는 데 어떻게 도움이 될지 잘 살펴보길 바란다.

구름 걷어내기

창의력을 발휘하는 이 연습은 창조적 표현을 위한 또 다른 기회다. 이 연습에 영감을 준 사람은 마음챙김과 공통점이 많은 집중 수련의 대가 조안 클락스브룬이다. 나의 동료인 그녀는 집중 수련의 첫 단계 '자리 정돈하기'를 아이들에게 맞게 각색했다. 준비물은 아이별로 종이, 마커나 크레용, 작은 선물 상자나 선물 가방만 있으면 된다. 아이들 앞에 그림 도구를 놓고, 그보다 조금 더 떨어진 곳에 가방이나 상자를 둔다. 그 상태에서 다음 대본을 따른다.

잠시 여유를 가지고 주의를 집중할 만한 자세를 찾아보세요. 눈을 감는 게 편하다면 그렇게 해도 좋습니다.

주의를 기울여 세 번 호흡하면서 몸에서 일어나는 느낌과 감정을 살펴보세요. 원한다면 두 눈을 감아도 좋고, 집중하는 데 도움이 된다면 가슴에 손을 얹어도 좋습니다.

이제 자신의 행복을 가로막는 감정이나 생각이 있는지 확인하세요. 내 마음이 태양이라면, 태양광선을 가리는 구름과 같은 감정이 있나요? 있다면 아마도 강렬한 감정이겠죠? (스스로 돌아보도록 10~20초 정도 시간을 준 다음 종소리나 다른 무언가로 마침 신호를 보낸다.)

눈을 뜨고 잠시 시간을 가지면서 자기 내면의 햇빛을 가리는 구름이 무엇인지 단어나 그림으로 표현해 봅시다. (1분 정도 그림이나 글로 표현할 시간을 준다.)

이제 종이를 잘 접어서 앞에 있는 상자나 가방에 넣으세요.

몇 번 더 호흡하면서 다시 주의를 모읍니다. 온전히 현재에 머물러 행복을 누리는 것, 태양이 밝게 비추는 걸 방해하는 다른 무언가가 있나요? (10~20초 후 또는 몸을 꼬거나 주변 사람을 흘끗흘끗 보는 모습이 보이면 멈춘다.)

다시 한번 눈을 뜨고 떠오른 것을 그림, 낙서, 글로 옮긴 뒤에 종이를 상자에 넣으세요. (1분 정도 그림이나 글로 표현할 시간을 준다.)

몇 번 더 호흡하면서 다시 주의를 모읍니다. 온전히 현재에 머물러 행복을 누리는 것, 태양이 밝게 비추는 걸 방해하는 다른 무언가가 있나요? (10~20초 정도 시간을 준다.)

다시 한번 눈을 뜨고 그림, 낙서, 글로 표현하고 종이를 상자에 넣으세요. (1분 정도 그림이나 글로 표현할 시간을 준다.)

이제 상자를 가져다가 가장 편안하게 느껴지는 위치에 놓으세요. (자기 바로 앞에 상자를 놓는 아이가 있을 것이고, 상자 위치를 정하기 위해 방안을 가로질러 걸어 다니는 아이도 있을 것이다.)

이제 주의를 모으고 내면의 태양이 빛나는 걸 느껴보세요. 한 번 숨 쉴 때마다 구름이 흩어지고 햇빛이 나타나게 하세요. 태양 앞의 공간을 비워두었으니, 남은 하루 동안 내면의 햇빛으로 돌아오기가 더 쉬울 거예요.

이제 잠시 시간을 가지면서 내면의 햇빛과 관련해 떠오르는 단어나 이미지를 생각해 보세요. 그리고 떠오른 것을 마지막 종이에 그림이나 글로 적어봅니다. (1분 정도 시간을 준다.)

이제 연습을 마칩니다. 남은 하루 동안 언제든지 몇 번의 호흡으로 구름을 걷어내고 내면의 햇빛에 집중할 수 있다는 사실을 기억하세요. (종을 울리거나 다른 신호로 연습 종료를 알린다.)

이 연습을 다양한 형태로 변형할 수 있다. 나는 파티용품점에서 찾은 부엉이 모양의 작은 선물 상자를 사용하기 때문에 이렇게 말한다. "종이에 표현한 그림이나 글을 지혜로운 늙은 부엉이에게 주세요."

　지금 이 순간 또는 행복으로 가는 길을 닦기 위해 다른 이미지나 질문을 활용해도 좋다. 예를 들어 아이들에게 숲속 길을 떠올리게 한 다음 그 길을 가로막고 있는 무언가를 생각해 보라고 말한다. 아니면 아름다운 꽃이 만발하는 정원을 상상하게 한 다음 정원에 없었으면 하는 것을 물어보고 잡초를 제거하듯 그것들을 뽑아내게 한다. 반대로 정원에 꼭 있었으면 하는 것을 물어보고, 그것들을 심고 물과 햇빛을 주는 모습을 상상하게 할 수도 있다. 그러면 어린아이들은 자신의 행복을 방해하는 상황을 이해할 것이다. 상대적으로 나이가 많거나 경험이 많은 아이들은 구름을 걷어내거나 지금 이 순간으로 가는 길의 의미를 더 잘 이해할 것이다. 과거나 미래에 속한 것 중에 현재에 머무는 데 방해가 되는 게 있는지 아이들에게 물어봐도 좋다. 10대들은 굳이 그림을 그리지 않아도 과거와 미래에 속한 이런 요소들을 알아차린다.

　주의해야 할 점은 아이들의 상자를 잘 보관해야 한다는 것이다. 엉뚱한 사람이 상자 안을 들여다보는 일이 없어야 한다. 또한 상자를 재활용할 때는 아이들이 안심하도록 모든 사람의 상자를 다 같이 재활용해야 한다.

나만의 호흡 명상 기록하기

나는 대학교를 휴학하고 틱낫한 스님이 이끄는 수련회에 참가한 뒤부터 본격적으로 나만의 마음챙김 연습을 시작했다. 나는 틱낫한 스님의 책《평화 되기》를 사서 읽었는데, 거기에 호흡 명상을 위한 훌륭한 이미지와 문구가 실려 있었다.[1] 스님은 그 책에서 혼자서는 집중하기 어려운 호흡에 시각화와 리듬을 적용했다. 예를 들어 이런 것들이다.

숨을 들이마시면서, 나는 내가 숨을 들이마시고 있음을 안다…
숨을 내쉬면서, 나는 내가 숨을 내쉬고 있음을 안다…
들이마시고…
내쉬고…

숨을 들이마시면서, 호흡이 점점 깊어진다…
숨을 내쉬면서, 호흡이 점점 느려진다…
깊어지고…
느려지고…

숨을 들이마시면서, 나는 차분함을 느낀다…
숨을 내쉬면서, 나는 편안함을 느낀다…
차분하고…
편안하고…

어떻게 아이 마음을 내 마음처럼 자라게 할까

숨을 들이마시면서, 나는 나를 꽃이라고 여긴다…
숨을 내쉬면서, 나는 신선한 기분을 느낀다…
꽃…
신선함…

나는 틱낫한 스님의 문구와 이미지가 특히 아이들에게 효과적이라는 걸 알게 되었다. 스님은 《틱낫한 스님의 마음 정원 가꾸기》 책에서 그림을 통해 이런 연습을 실천할 만한 예술 활동법을 소개했다.[2]

나의 초기 연습은 이런 문구가 주를 이루었다. 이미지와 리듬을 활용했더니 연습 중에 수월하게 초점을 유지하면서 마음을 차분하게 할 수 있었다. 나중에 들어보려고 녹음기를 사용해 내가 하는 말을 녹음했는데, 머지않아 그 심상을 무한히 각색할 수 있다는 걸 깨달았다. 이후 나는 아이들이나 어른들이 자신만의 명상을 실천할 때 도움이 될 만한 새로운 이미지를 만들었다.

지금 함께하는 아이들을 생각해 보라. 아이의 배경이나 그들이 고민하는 문제를 고려할 때 어떤 이미지가 도움이 될지 궁리해 보자. 하나의 이미지, 이를테면 자연 속의 어떤 이미지로 시작해서 그 이미지를 떠올리며 대상의 특징을 곰곰이 생각해 본다. 불안이나 충동으로 인해 힘들어하는 아이라면 잔잔한 물의 이미지를 활용하는 게 좋을 것이다. 잔잔한 물은 주변 세계를 선명하게 비춘다. 잔잔한 물은 동요하지 않고 깊이 흐른다. 차분하고, 고요하며, 쉼을 준다. 물이 잔잔함을 유지할 때 수면에 비친 상은 왜곡되지 않는다. 설령 물결이 일더라도 수면 아래는 차분하다.

숨을 들이마시면서, 나는 나를 호수라고 여긴다.

숨을 내쉬면서, 나는 차분함과 고요함을 느낀다.

호수…

고요함…

(반복)

틱낫한 스님은 종종 "숨을 들이마시면서, 나는 내가 숨을 들이마시고 있음을 안다…" 또는 "호흡이 깊어진다/느려진다"와 같은 문구로 시작해서 이미지와 함께 문장을 덧붙인다.

　공식은 아주 간단하다. 호흡과 함께 하나의 대상을 깊이 생각하고, 그 대상이 지닌 치유의 속성을 깊이 음미하는 것이다. 자기만의 마음챙김 명상을 만드는 일은 일종의 매드 립스(문장 곳곳을 비워놓고 이를 자유롭게 채우면서 문장을 완성하는 놀이-옮긴이)와 같다. 주어진 이미지에 자신이 기르고자 하는 속성을 통합하는 일이다. 아래 내용은 아이들이 자기에게 맞는 이미지를 찾도록 이끌어주는 메시지들이다.

　숨을 들이마시면서, 나는 나를…라고 여긴다.

(이미지: 특정 동물, 나무, 산, 호수, 바다, 강, 물, 공기, 계곡, 불, 꽃, 햇빛, 별, 흙, 하늘)

　숨을 내쉬면서, 나는…을 느낀다.

(속성: 강인함, 대담함, 차분함, 용기, 반성, 안정, 자각, 자신감, 열린 마음, 인내, 존재감, 관대함, 유연함, 받아들임, 용기, 에너지)

이를 변형해 행동을 이미지로 활용할 수 있다. 이를테면 '나 자신에게 미소 짓다', '나 자신을 받아들이다', '알아차리다', '순간을 음미하다', '나의 호흡을 즐기다' 등의 행동을 이미지 삼고 '지켜보다', '느끼다', '진정하다', '돌보다', '놓아주다', '치유하다' 등의 능동적인 단어를 속성으로 삼는 것이다.

숨을 들이마시면서, 나는 나 자신에게 미소 짓는다.
숨을 내쉬면서, 나는 나 자신을 있는 그대로 받아들인다.
미소 짓고…
받아들이고…

또 다른 변형으로 원하는 속성을 숨과 함께 들이마시고 스트레스, 두려움, 우울 등 원치 않는 속성은 날숨과 함께 내뱉을 수 있다.

숨을 들이마시면서, 나는 안도감을 들이마신다.
숨을 내쉬면서, 나는 스트레스를 내뱉는다.
안도감…
스트레스…

이 밖에도 다양한 변형이 가능하다. 겁에 질린 아이에게 용맹함을 상징하는 사자, 당당함을 상징하는 산을 골라줄 수 있다. "숨을 들이마시면서, 나는 사자가 된다. 숨을 내쉬면서, 나는 용감해진다." 또는 "숨을 들이마시면서, 나는 산이 된다. 숨을 내쉬면서, 나는 강인하고 당당해진다." 우울한 아이에게는 햇빛이나 하늘을 권한다. "숨을 들이마시면서, 나는 빛을 비추는 태양이다. 숨을 내쉬면서, 나는 탁 트인 하늘이다."

중요한 건 연습을 즐기면서 무언가를 함께 적는 것이다. 그런 다음 아이가 떠올린 이미지를 작은 종이 위에 그리게 한다. 이때 그림의 광경, 소리, 냄새에 주의를 기울이게 한다. 종이 반대쪽에는 자기만의 문구를 적게 한다. 여럿이 함께 연습할 때는 아이들이 자신의 그림과 문구에 관해 대화할 수도 있다. 아이들이 가지고 다니며 언제든지 들을 수 있도록 작성한 문구를 컴퓨터나 스마트폰에 녹음해도 좋다.

그 외 글쓰기 활동

이 밖에도 마음챙김과 연민을 동시에 강조하고 가르쳐줄 만한 글쓰기 활동이 있다. 최근 한 연구는 일인칭 시점의 글을 작성하고 읽는 것이 연민과 공감을 높여준다는 걸 보여주었다. 일기를 쓰고 글로 감정을 표현하는 활동이 신체적, 정신적 건강에 유익하다는 건 이미 널리 알려진 사실이다.

놀이와 창의적 표현은 새로운 아이디어와 통찰이 일어나는 원천이다. 무엇보다도 이것들은 재미있다. 자유롭게 놀거나, 게임을 하거나, 창의력을 연습한 지 너무 오래되었더라도 밖으로 나가 그저 재미있게 놀면서 시간을 보내보길 바란다. 장난감을 찾아보고, 장난감 가게의 진열장을 둘러보고, 아이들이 없을 때 장난감 상자를 슬그머니 들여다보기도 하면서 마음껏 탐색해 보라. 크레용 냄새를 맡고, 손가락을 페인트에 적셔보고, 이미 존재하는 노래에 엉뚱한 마음챙김 가사를 붙여보자. 무엇을 하든 자신을 내려놓고, 판단하는 마음을 내려놓고, 그저 현재 순간에 머물라. 어른으로서의 자의식을 뒤로하고 자신을 놀이와 자유로운 창작 속에 풀어놓을 때 어떤 마음챙김 놀이와 연습이 떠오르는지 살펴보고, 이를 통해 발현되는 새로운 아이디어와 연결고리들을 누려보자.

 tip

뇌와 창의력

마음챙김 같은 추상적인 개념을 가르칠 때 은유·시·예술을 활용하고, 마음챙김 전통에 이것이 큰 부분을 차지하는 데는 그럴 만한 이유가 있다. 최근 fMRI를 활용한 몇몇 연구에서는 시, 음악, 그 외 감정을 표현하는 창의적인 방식에 뇌가 반응하는 양상을 살펴보았다. 시와 음악을 듣자 기억, 감정과 관련된 뇌 영역이 자극되었다. 시는 자기성찰과 관련 있는 후대상 피질과 중앙 측두엽을 모두 활성화했다. 시인들에게 깊이가 있는 것도 이 때문이 아닐까 싶다.[3] 우리는 은유가 인간 무의식 깊은 곳에 자리한 치유의 요소를 불러일으킨다는 사실을 알고 있다(5장 참고). 최근 한 연구는 감각과 관련된 뇌 영역들이 감각적 은유에 반응해 활성화된다는 사실을 밝혀냈다.[4] 또한 예술 활동은 더 나은 비판적 사고와 사회적 관용과 연관됨이 입증되었다.[5]

기술과 의식적인 관계 맺기
최신 기기를 활용한 연습

예전에 사람들은 기계가 자신을 자유롭게 해주리란 희망으로
생각하는 능력을 기계에 넘겼다. 그러나 그것은 기계를 가진
다른 사람들이 그들을 노예로 만드는 결과를 불러왔을 뿐이다.

—

프랭크 허버트, 《듄》

지난봄 청소년들에게 마음챙김에 관한 강연을 하러 콘퍼런스 장소로 가던 중 비행기 안에서 접이식 탁자를 내려다보았다. 맨 아래에는 맥북, 그 위에는 아이패드, 또 그 위에는 아이폰이 얹어져 있는 게 마치 최신 기기로 쌓은 멋진 피라미드 같았다. 가만히 생각해 보니 내 앞에 펼쳐진 장면이 너무나도 어처구니가 없었다. 현재에 머무는 것이 중요하다고 말하러 가는 사람이 국내선 한 번 타고 가는 동안 번쩍이는 애플사 제품을 세 개나 챙겨가다니! 이렇게 우스운 장면을 알아챘다는 사실에 감사하면서, 이내 그 장면을 찍어서 내가 깨달은 아이러니를 온라인 친구들에게 보여줘야겠다는 충동이 들었다.

기술은 본질적으로 좋은 것도 나쁜 것도 아니다. 기술은 그저 기술이다. 중요한 건 우리가 기술을 활용해 무슨 일을 하며 기술과 어떤 관계를 맺는가이다. 선(禪)문답 중에 이런 말이 있다. "생각하는 마음은 우리의 가장 훌륭한 종이거나 가장 끔찍한 주인이다." 물론 이 말은 우리 마음이 얼마든지 끔찍한 공포를 만들어낼 수 있다는 예리한 관찰에서 나온 것이지만, 나는 우리를 둘러싼 기술을 생각하며 이 말을 떠올리곤 한다. 어쩌면 오늘날 통신 기기들은 사람들을 연결하기보다 분리시키는 데 더 많이 사용되는 듯하다. 기술은 인류 역사상 어느 때보다 정보나 타인과의 소통을 수월하게 만들었다. 우리가 사용하는 기기들은 사람들을 더 신속하게 연결해 주지만 그런 관계가 반드시 다 깊어지는 건 아니다. 게다가 기기가 우리의 종이 되지 않고 도리어 우리가 기기의 종노릇을 하게 되면 우리는 자신과의 연결고리마저 잃어버린다.

기술은 여러 방면에서 삶을 수월하게 해주었지만 기술 때문에 사람 사이의 상호작용이 사라진 것도 사실이다. 계산대 직원을 향해 미소

어떻게 아이 마음을 내 마음처럼 자라게 할까

짓는 대신 양쪽 귀에 둥둥 울리는 음악을 들으며 휴대전화를 뚫어져라 쳐다본다. 지나가는 낯선 사람에게 길을 묻는 대신 스마트폰을 확인한다. 회의실에 들어갔을 때 방안의 모든 사람이 휴대전화를 들여다보는 대신 서로 담소를 나누는 모습을 마지막으로 본 게 언제인가?

요즘 사람들의 정신 상태를 뜻하는 말로 '지속적인 주의력 분산'이라는 용어를 만든 기술 전문 작가 린다 스톤은 이메일 무호흡증을 연구 주제로 삼았다. 이메일 무호흡증이란 디지털 기기와 상호작용하는 동안 호흡이 점점 거칠어지고 얕아지는 현상을 가리킨다.[1] 기기를 사용할 때 호흡이 달라지는 현상은 호흡이 어떻게 우리 정신 상태에 관한 통찰을 가져다줄 수 있는지를 보여주는 또 다른 예다. 운전하면서 문자를 주고받는 행위는 이제 널리 인정하는 공중보건 문제지만, 걸으면서 문자를 주고받는 것도 꽤 심각한 문제다. 우리 지역에서만 휴대전화를 손에 들고 길을 건너다가 차에 치인 대학생이 여럿 있었다.

기기 사용은 중독성이 있다. 우리가 기기를 사용하는 것은 다수의 행동 연구에서 말하는 이른바 '변동비율 강화 계획'에 자극을 받는다. 쉽게 말해, 하루를 보내는 동안 임의로 진동하는 휴대전화는 뇌에 약간의 보상으로 작용해 더 많은 자극을 바라게 만든다. 아이들이 별생각 없이 이메일과 소셜 미디어를 새로고침하는 이유도 같은 방식으로 설명할 수 있다. 비디오 게임, 슬롯머신, 휴대전화 등은 종종 중독성을 극대화할 목적으로 심리학자들에 의해 설계된다.

철학자 앨런 와츠는 텔레비전이 지금 여기보다 다른 어딘가에서 더 재밌는 일이 벌어지고 있다는 엄청난 거짓말을 하고 있다고 지적했다. 텔레비전 자리를 대체한 인터넷은 그 어느 때보다 빠르게 지금 벌어지는 일을 보여주지만, 우리를 여기에 머물지 못하게 하는 것만은 분명하다. 우리가 사용하는 기기는 지금 이 순간을 경험하는 것보다 더 중요하고, 긴급하고, 재미있는 일이 있다는 거짓된 약속을 내보인다. 아이패드를 손에 든 아홉 살 아이에게는 이런 말이 이해되지 않을 테지만, 이 책을 읽는 사람이라면 충분히 내 말의 요지를 이해했으리라 생각한다.

아이들에게 화면 앞에 머무는 시간을 적당히 유지해야 한다고 말해주어야 한다. 우리가 먼저 행동으로 보여줄 수 있다. 본보기를 보이는 건 어려운 일이지만 그만큼 더 효과적이다. 온갖 기기와 소셜 미디어를 즐겨 사용하는 나 또한 여느 사람들만큼이나 떳떳하지 못하다. 스스로에게 한번 물어보자. 아침에 일어나 스마트폰의 번쩍이는 화면을 열기 전에 나 자신과 사랑하는 사람에게 아침 인사를 건네며 얼마나 많은 시간을 보내고 있는가? 지금 내 휴대전화는 어디에 있는가? 휴대전화가 어디에 있는지 모를 때 어떤 느낌이 드는가? 주머니, 가방, 책상, 아니면 다른 방이든, 나는 주로 휴대전화를 어디에 두는가?

79번째 장기

2013년 〈위스덤 2.0〉 콘퍼런스에서 구글의 발표자가 나와 간단한 시연을 보였다. 나는 그것을 아래 연습으로 각색하고 이를 '79번째 장기'라고 부르기로 했다. 자녀들과 함께 연습해 보라. 친구나 동료들과 함께해도 좋다.

인간의 몸에는 78개의 장기가 있다. 각각의 장기가 제 역할을 해야만 우리가 생명을 유지하고 우리 몸의 물리적 체계가 평형 상태를 유지한다. 장기가 하나라도 제거되면 극심한 고통이 느껴지고, 우리 몸의 생물학적 체계가 순식간에 균형을 잃어버린다. 그런데 오늘날 대다수 사람에게는 79번째 장기가 있다. 바로 스마트폰이라고 알려진 외부 장기다. 이 연습은 기기 없이 하루를 보냈거나 수련회를 마치는 시점에 실행하면 좋다.

지금 손에 들고 있지 않다면, 휴대전화를 꺼내세요. 전원을 켜지 말고 손에 쥔 휴대전화의 느낌에 주의를 기울입니다. 내 손에 딱 맞는 익숙한 크기, 모양, 무게를 인식하면서 휴대전화를 들고 있는 동안 느껴지는 감정, 충동, 반응을 살피세요. 이제 가까이에 있는 한 사람과 짝을 이룹니다. 휴대전화를 켜고 화면에 불이 들어올 때 어떤 기분이 드는지 주의를 집중하세요. 파트너에게 휴대전화를 건네세요. 다른 사람에게 휴대전화를 건네라고 했을 때 어떤 기분이 들었나요? 실제로 다른 사람에게 건네줄 때 어떤 기분이 들었나요? 파트너가 내 휴대전화를 들고 있는 동안 어떤 기분이 들었나요? 잠시 후 역할을 바꿔봅니다. 이제 잠시 시간을 가지고 파트너와 함께 이 연습을 하면서 느낀 소감을 나누세요. 나에게 어떤 일이 일어났고, 그런 일이 왜 일어났다고 생각하나요?

모임을 이뤄서 이 연습을 실천할 경우, 짝을 이뤄 연습했던 사람들이 다시 큰 모임으로 돌아와 모두 함께 짧은 토론 시간을 갖는다.

지금 이 순간에 느껴지는 감정이 마음에 들지 않는가? (대다수 광고를 믿는다면 현재 감정이 마음에 들 수 없다.) 심지어 살짝 지루한가? 그렇다면 비디오를 보거나, 게임을 하거나, 소셜 미디어 피드를 보면서 내가 아닌 무언가를 확인하라. 우리가 아이들에게 디지털 기기로 기분 전환하는 습관을 끊어야 한다고 가르칠 때, 그들이 기본적인 정서적 유창성과 사회적 신호를 배우지 못하는 건 당연하다. 감정과 충동은 일어났다가 지나가며 인간은 불쾌함을 참아낼 수 있다는 사실도 절대 배우지 못한다. 우리는 행복한 순간에도 얼른 그 경험으로부터 자신을 분리해 셀카를 찍어 올린다. 오늘날 어린이와 청소년은 순간순간 기분을 전환하고 즉각적인 만족을 안겨주는 기술 없이는 한시도 살아본 적이 없다.

주의가 분산된 오늘날 세상에서는 밖으로 눈을 돌리는 게 기본 설정이다. 최근에 나는 미얀마의 작은 마을을 여행하던 중 먼지투성이의 버스 정류장을 둘러보다가 잠시 넋을 잃었다. 뭔가 다르게 느껴졌다. 가만히 생각해 보니 거기 모인 승객들은 휴대전화를 들여다보는 게 아니라 그들을 둘러싼 세상을 올려다보고 있었다. 우리는 얼마나 자주 지루한 순간에 무의식적으로 기기를 집어 들고 자기가 서 있는 곳을 제외한 다른 세상에서 벌어지는 일을 살펴보는가? 디지털 기기는 지금 이 순간에 머물며 경험하는 감정을 가로막는 유일한 방해물이다. 어떤 사람은 약물, 자해, 다른 잘못된 행동으로 눈을 돌린다. 우리는 저마다 내면에서 느껴지는 감정이 싫을 때 눈을 돌릴 만한 전환거리를 가지고 있다. 모든 것을 손끝에 두고 쉽게 누릴 수 있기 때문에 현재에 머물러 자기 자신을 마주하거나 진정한 고독을 경험할 필요가 없다.

많은 사람이 경험을 통해 이러한 외로움의 결과를 알게 된다. 아이들 사이에 정신질환 발병률이 기록적인 수준으로 높아졌을 뿐 아니라 청소년 중에도 자기 자신 또는 자신의 경험을 마주할 능력을 전혀 기르지 못한 사람이 많다. 기기의 힘을 빌리지 않고는 다른 사람과 소통하지 못하는 건 말할 것도 없다. 내가 만나는 많은 청소년이 최종적으로 독립을 이뤄 자기가 누구이며 무엇을 하고 싶은지 알아내고, 스스로 삶의 결정을 내려야 할 때 커다란 부담감에 짓눌린다.

우리 삶의 방식과 우리가 소비하는 미디어는 명시적으로든 암묵적으로든 우리 모두에게 외로워지라고, 자신에게 필요한 게 무엇인지 주의를 기울이지 못할 만큼 바쁘게 지내라고, 조금이라도 불편한 느낌이 들면 내면을 들여다보기보다 바깥의 것들을 바라보면서 감정을 처리하라고 가르친다.

마음챙김은 이렇게 밖으로 눈을 돌리는 모든 일과는 정반대로 자신을 마주하는 방법, 홀로 있는 능력을 가르쳐준다. 주의 깊은 호기심은 지금 이 순간이 중요하고 흥미롭다는 사실을 보여준다. 나의 경험과 나를 둘러싼 세상이 지니는 유쾌하고 불쾌하고 중립적인 측면을 차분히 살피는 건 매우 가치 있는 일이다. 마음챙김을 실천하면 시선을 안으로 돌려 내적 경험에 접하고, 이를 감내하며, 그로부터 교훈을 얻을 수 있다. 그렇게 점점 더 행복하고 건강한 존재가 된다.

마음챙김은 우리에게 홀로 있는 법을 가르칠 뿐 아니라 다른 사람과 진정으로 연결되는 방법도 가르쳐준다. 몇 년 전 수련회에서 만난 한 친구는 명문 기숙학교의 정보기술부를 운영하는 사람이었다. 그는 언젠가 주말에 폭풍이 일어나 전원이 차단되는 바람에 캠퍼스 전체가 며칠간 오프라인 상태가 된 적이 있다고 말했다. '아무것도 할 게 없어져서' 학생들은 다른 방식으로 재미있는 시간을 보내면서 서로 소통했다. 몇 년 후 많은 학생이 학교생활 중에서 그때가 가장 기억에 남는 순간이었다고 말했고, 그 친구 역시 그렇게 회상했다(다시 한번 말하지만 그는 IT 전문가다).

우리는 의도적으로 기기를 멀리하는 시간을 만들 수 있다. 물론 처음에는 저항에 부딪히지만 결국에는 이런 시간의 진가를 인정하게 된다. 나와 작업하는 한 가족은 하루 중 대부분의 시간 동안 무선 공유기를 꺼두고, 아이들이 인터넷을 하고 싶어 하면 케이블을 이용해 옛날 방식으로 플러그를 꽂아준다. 케이블이 연결되는 방은 하나뿐이다. 이 규칙 덕분에 그나마 가족들이 같은 방에 머물 수 있고, 인터넷은 지루할 때 생각 없이 연결하는 게 아니라 의도적으로 사용하는 대상이 된다. 이렇게 인터넷을 연결하고 차단하는 시간을 따로 구분하거나 몇몇 사이트에 대한 접근을 차단하는 조용한 가상 공간을 마련해 두는 가정과 기관이 있다.

어떤 사람들은 '디지털 기기 안식일' 또는 '휴대전화 없는 금요일'처럼 특별한 날이나 시간을 지정해 그날만큼은 자신과 주변 사람과 더불어 진지하게 현재에 머문다. 기기를 사용하지 않는 시간은 스트레스를 완화할 뿐 아니라 사회적 기술을 기르는 데도 상당히 유익하다고 밝혀졌다.[2] 종종 아이들은 포모 증후군(FOMO, 무언가를 놓칠까 봐 두려워하는 마음)을 걱정하지만 플러그 뽑기와 조모(JOMO, 무언가를 놓치는 데서 오는 즐거움)가 주는 안도감에 대해 말하는 목소리가 점점 더 커지고 있다.

tip

**디지털 기기 사용에
한계를 설정하는 법**

- 취침 전이나 기상 후 첫 한 시간은 기기를 사용하지 않는 시간으로 정한다.
- 저녁 식탁, 차 안, 거실, 회의실 등을 기기를 사용하지 않는 장소로 정한다.
- 심부름할 때 휴대전화를 주머니에 넣기보다 차 안이나 가방 안에 넣어둔다.
- 집안에서 무선 인터넷을 사용하는 시간과 사용하지 않는 시간을 정해둔다.
- 학교, 도서관, 기타 공공장소에서 채팅 기능이나 소셜 미디어를 차단하는 조용한 가상 공간을 마련해 달라고 요청한다.
- 메시지는 곧장 답변할 수 있을 때만 확인한다.
- 의도적으로 사람들과 소통한다. 누군가에게 길을 묻고, 가게 점원과 가벼운 대화를 나누며, 즉시 휴대전화에 눈을 돌리기보다 옆에 있는 사람에게 안부를 묻는다.

기술을 연결 도구로 삼기

우리가 우려하고 노심초사하는 기술의 위험성은 실제로 존재한다. 그렇다고 기술이 어디론가 사라지는 일은 없으며, 어른인 우리도 아이들만큼 기술에 중독되어 있다. 우리 사회는 주의 분산을 극대화하고 기술의 경제적 이익을 최대로 높이는 법은 배웠지만, 건강과 행복을 위해 기술의 잠재력을 극대화하는 법은 배우지 못했다. 이것이 지금 우리가 살고 있는 시대이며, 대다수 청소년은 이런 기기들 없이는 세상을 경험하지 못한다. 우리는 유선 세상의 위험에 저항하거나, 이를 판단하거나, 노심초사하며 전전긍긍하기보다 세대와 문화의 장벽을 넘어 아이들을 만날 방법을 찾아 나서야 한다. 매번 아이들에게만 다가오라고 할 게 아니다. 이미 아이들은 디지털 세상의 원주민으로 살고 있다. 그런 아이들과 연결되고 만나려면 적어도 중간지대까지라도 가야 한다. 그렇다면 청소년들에게 마음챙김을 전할 때, 기술에 맞서고 저항하기보다 이를 든든한 동맹으로 삼으려면 어떻게 해야 할까?

첫째, 먼저 무언가를 확인하기 위해 휴대전화에 손을 뻗을 때 그 시간을 짧게 마음챙김을 연습할 기회로 삼아라. 혹은 휴대전화의 벨 소리와 진동음을 호흡하거나 스스로를 돌아보는 알림으로 삼을 수 있다.

정신과 의사이자 작가인 마크 엡스타인은 때때로 명상할 때 휴대전화를 끄지 말라고 말한다. 대신 자리에 앉아 명상하면서 휴대전화의 벨 소리나 진동음이 울릴 때마다 몸과 마음이 어떻게 반응하는지, 그 반응과 함께 어떤 이야기나 충동이나 감정이 일어나는지 주의를 기울인다. 특히 침묵에 대한 우리의 정서적 반응(기대·안도), 그리고 벨 소리·노래·진동음이 울릴 때 일어나는 정서적 반응(짜증·호기심·불안), 그 소리가 일으키는 갖가지 충동을 주의 깊게 살핀다.

기기에 세밀한 알림을 설정해 둘 수도 있다. 이를테면 호흡하거나 차분히 자신을 살펴야 한다는 걸 일깨워 주는 표시를 배경 화면으로 만들 수 있다. 우리는 하루 중 몇 번이나 기기에 로그인하려고 비밀번호를 입력할까? 만약 비밀번호를 '호흡하기' 또는 이와 비슷한 것으로 만들어두면 이 또한 훌륭한 알림 역할을 할 수 있다.

유도 명상과 명상에 관한 토론을 제공하는 무료 웹사이트, 앱, 팟캐스트가 많다. 이 밖에도 바이오피드백(몸의 생체신호를 실시간으로 측정해 알려주는 것-옮긴이)과 뉴로피드백(뇌의 활동을 실시간으로 측정해 알려주는 것-옮긴이)을 통해 기본적인 심신 작용 원리를 가르쳐주는 소프트웨어와 하드웨어도 있다. 인터넷 검색 프로그램용 플러그인을 활용하면 설정한 시간 동안 특정 웹사이트와 주의 분산 요소를 차단할 수 있다. 그리고 변동비율 조절 효과를 고려할 때 자동으로 실행되는 수동적 경보와 푸시 알림은 차단하고, 메시지와 업데이트 사항은 능동적으로 확인하는 게 중요하다.

거의 모든 스마트폰이나 태블릿에 휴대용 녹음 기기가 내장되어 있다. 나는 개인 치료나 집단 상담을 진행할 때 녹음 기기를 활용해 유도 명상을 녹음한 뒤 그 파일을 아이들에게 메일로 보내주거나, 내 웹사이트에 게시하거나, 아이들이 의견을 나누고 소통할 수 있도록 블로그에 올린다. 그러면 아이들이 언제 어디서나 우리 목소리를 들을 수 있다. 때로 아이들은 연습하는 동안 자신을 이끌어주는 익숙한 목소리에서 친밀감과 안도감을 얻으려 한다. 특히 아이의 상태를 고려한 맞춤형 연습을 진행할 때 더더욱 그렇다.

tip

디지털 기기를
마음챙김에 활용하는 법

- 소셜 미디어 그룹에서 다른 사람과 여러 가지 연습법을 공유한다.
- 휴대전화나 태블릿의 배경 화면, 알림음, 비밀번호를 마음챙김하도록 유도하는 표시로 활용한다.
- 유도 명상 내용을 기기에 녹음해 듣는다.
- 자신과 자녀가 화면 앞에 머무는 시간을 명확히 설정한다.
- 달력과 알림 기능을 활용해 마음챙김 연습 일정을 되새긴다.
- 친구나 가족에게 문자로 마음챙김 연습 일정을 알린다.

이 밖에 디지털 세상에서 아이들과 만나 함께 마음챙김을 실천할
방법을 생각해 보자.

소셜 미디어와 비교하는 마음

꽃은 자신을 다른 꽃에 비교하지 않는다.
그저 자기 꽃을 피울 뿐이다.
_ 익명의 글

모든 사회적 만남, 특히 소셜 미디어에서의 만남은 비교하는 마음을 심
화하고 이는 개인주의적인 사회에서 크나큰 불행을 낳는다. 온라인에
게시된 완벽하게 삶을 단장한 사람들의 이미지를 보고 있으면 자신의
내면을 다른 사람의 외면과 비교하게 된다.

어느 시대든 청소년은 학교에 입고 갈 옷을 고르며 거울 앞에서 몇
시간을 보내는 등 대대로 또래와 자신을 비교해 왔다. 생물학적으로 청
소년기는 높은 자의식을 나타낼 시기이기 때문이다. 그러나 과거에는
아이들이 아무리 자기 이미지를 남과 비교하고 가다듬는다고 해도 수
업이 끝나 집에 돌아와 헐렁한 옷으로 갈아입고 나면 그걸로 끝이었다.
소셜 미디어가 존재하는 오늘날에는 외모 가꾸기가 하루 24시간 신경
써야 할 일이 되었다. 사람들과 어울리고 사회적으로 비교하는 일이 하
루의 첫 일과이자 마지막 일과다.

한편 공중화장실 벽에나 적혀 있을 법한 지저분한 낙서 글이 이제

는 가십 사이트를 타고 온 세상에 퍼지고 있다. 심리학 연구는 소셜 미디어가 아이들을 더 불행하고 자아도취적으로 만들고 있음을 꾸준히 보여준다. 또한 어마어마한 내용을 즉각적으로 보여주는 디지털 미디어의 특성 때문에, 일단 로그인하고 나면 우리는 감정의 자극제를 소방용 호스로 들이키는 셈이다. 페이스북을 예로 들어보자. 우리는 세계 어디에서나 페이스북에 로그인해 기쁨, 분노, 슬픔, 웃음, 탄식, 질투 등을 유발하는 친구의 게시물을 볼 수 있다. 뉴스를 한데 모아 보여주는 페이지를 비롯해 각종 사이트를 훑어볼 때도 이러한 감정적 롤러코스터를 경험할 수 있다. 작은 사회 집단에서 진화한 인간은 선천적으로 그렇게 많은 감정 콘텐츠를 한꺼번에 소화할 능력이 없다. 어떤 자극에 대해 이를 천천히 소화하고 대응하는 시간 없이 심한 감정적 기복을 경험하기란 더더욱 어렵다.

최근에 나와 대화를 나눴던 한 젊은 여성은 누군가 온라인에 그녀에 관해 써놓은 글을 보고 충격에 빠졌다. 참 어리석게도 나는 이렇게 말했다. "그냥 그 웹사이트의 글을 안 읽으면 되잖아요?" 그녀의 표정을 보니 정말 내가 아무것도 모르고 한 소리였구나 싶었다. 지금 온라인에서 너무나 많은 사회 활동이 일어나고 있으며, 온라인에서든 현실 세계에서든 무언가를 놓칠지도 모른다는 두려움이 청소년의 마음을 지배하고 있다. 그렇다면 우리 자신과 주변 청소년들이 소셜 미디어 피드에 접근할 때 아주 가끔이라도 마음챙김을 실천하도록 가르쳐줄 방법이 없을까?

**과학이 소셜 미디어에 관해
말해주는 것**

실제로 소셜 미디어의 과학은 우리 생각보다 더 복잡하다. 일례로 어떤 연구는 누군가 세심하게 단장한 페이스북 상태 글을 더 많이 볼수록 더 나쁜 기분을 느낀다는 사실을 보여주었다. 하지만 반대도 마찬가지다. 과거에 자신이 올린 게시물을 살펴볼 때면 삶의 긍정적인 측면을 되짚어 보며 더 나은 기분을 느낄 때도 있다. 그러니 다른 사람의 게시물을 볼 때 종종 자신이 올려둔 게시물도 훑어보길 바란다. 또 다른 연구는 온라인이든 오프라인이든 동등한 사회적 보상과 처벌을 안겨준다는 점을 입증했다. 누군가와 긍정적인 방식으로 상호작용하면 우리 뇌에서 동일한 신경화학적 보상을 받는다. 반대로 온라인에서 거부당하거나 무시당할 때는 실제로 누군가에게 거부당했을 때와 같은 기분을 느낀다. 더욱 흥미로운 건 감정적 공격이 일으키는 감각이 신체 공격이 일으키는 감각과 같은 뇌 부위를 활성화한다는 점이다. 감정적 고통도 육체적 고통만큼이나 생생하고 고통스럽다.[3]

소셜 미디어 활용하기

그렇다. 소셜 미디어는 청소년의 새로운 사회적 스트레스를 불러온다. 하지만 이런 분위기가 사라지지 않고 계속되리란 걸 인정한다면, 이를 연결과 마음챙김을 위한 새로운 기회로 삼을 수 있다. 우리 손으로 그렇게 만들어야 한다. 마음챙김의 자세로 임하면 어디서든 통찰을 얻을 수 있다는 게 마음챙김의 가르침이며, 이 점에 있어서 소셜 미디어도 예외가 아니다.

우리는 소셜 미디어를 통해 공동체의 힘을 적절히 활용할 수 있다. 마음챙김 연습 모임을 꾸리거나, 사람들을 명상 지도자나 마음챙김 자원이나 다른 사람들과 연결할 수 있다. 마음챙김 연습 모임이 없는 요일에 무료 블로그 소프트웨어를 활용해 손쉽게 콘텐츠를 업로드하고 구성원 간의 대화를 유도할 수도 있다.

내가 속한 페이스북의 감사 모임은 몇 해 전 같은 지역 친구들 10여 명이 모여 만들었다. 그동안 다른 주나 대륙으로 이주한 사람이 많지만, 여전히 우리 모임은 일주일에 몇 번씩 각자 감사한 일들을 짧은 목록으로 올리고 함께 공유한다. 이처럼 누구든지 트위터, 인스타그램, 그외 여러 사이트에서 #wannasit(앉기 명상을 의미하는 해시태그-옮긴이)과 같은 다양한 명상 관련 해시태그를 사용하거나 #mettabomb(자애 실천을 의미하는 해시태그-옮긴이) 해시태그를 덧붙여 연민의 메시지를 보낼 수 있다. 텀블러 같은 블로그 사이트를 활용하면 자신의 경험, 좋아하는 인용구, 영상 등 다양한 콘텐츠를 공유할 수 있다. 동네 친구와 함께 앉아 명상할 수 없을 때는 국내나 세계 곳곳의 친구들과 함께 가상의 앉기 명상 시간을 계획할 수도 있다.

기기를 활용하는 가장 간단한 방법 중 하나는 단체 문자 메시지를 주고받는 것이다. 나 역시 일요일마다 앉기 명상을 하는 모임 친구들과 문자를 나누고 있다. 우리는 주중에 명상했던 일상을 나누고, 기분 좋은 이모티콘으로 답하며, 열심히 연습하는 다른 사람을 보면서 영감을 얻는다. 청소년이라면 스냅챗과 같이 내가 잘 알지 못하는 앱을 이용해 비슷한 활동을 할 수 있을 것이다.

마지막으로 당신이 먼저 실천해 보고 아이들에게 전해줄 만한 소셜 미디어 마음챙김 연습을 소개한다.

편안하고 주의 깊고 준비된 자세를 찾으세요. 어깨를 흔들어 긴장을 풀고, 몇 차례 호흡하면서 이 특별한 순간에 느껴지는 자신의 신체적·감정적 상태를 알아차립니다. 이제 컴퓨터를 열거나 휴대전

화를 켜세요. 좋아하는 소셜 미디어 사이트에 들어가기 전에 자신의
의도와 기대를 살핍니다. 아이콘에 초점을 맞추면서 몸과 마음에서
어떤 일이 일어나는지 주의를 기울이세요. 이 사이트를 확인하려는
이유가 무엇인가요? 보고 싶거나 보고 싶지 않은 게 무엇인가요? 거
기서 보게 될 다양한 업데이트에 어떻게 반응할 건가요? 자신의 소
셜 미디어를 확인하는 이유가 소통에 관심이 있어서인가요 아니면
소통을 끊고 주의를 전환하려는 의도인가요? 홈페이지나 앱이 열리
길 기다리는 동안 눈을 감고 세 번 호흡하면서 자신의 감정 상태에
초점을 맞추세요. 이제 눈을 뜨고 첫 번째 상태 메시지나 사진을 본
다음 다시 물러나 눈을 감습니다. 자신의 반응과 감정을 살펴봅니
다. 흥분했나요? 지루함, 질투, 후회, 공포를 느끼나요? 몸과 마음에
서 이 감정을 어떻게 경험하나요? 어떤 충동이 따라오나요? 더 읽고
싶나요, 답글을 클릭할까요, 내 글을 올릴까요, 아니면 뭔가 다른 것
을 하고 싶나요? 한두 차례 호흡하면서 감각과 감정이 잦아들기를
기다리거나 지금 이 순간에 주의를 기울이면서 자신의 호흡, 몸, 주
변 소리에 집중합니다. 자신이 가진 시간과 연습 방식을 고려해 하
나의 소셜 미디어 콘텐츠로 3~5분간이 연습을 시도하세요.

비록 소셜 미디어가 우리를 이런저런 카테고리로 분류해 일련의 좋아
하는 영역이나 관심사로 축소하려 할지라도 기술은 결코 우리를 정의
하지 못한다. 선문답 중에 이런 물음이 있다. "태어나기 전에 당신은 어

떤 얼굴을 하고 있었는가?" 이 물음을 요즘 시대에 맞게 고치면 "회원가입을 하기 전에 당신의 페이스북 페이지는 어떤 모습이었는가?"라고 표현할 수 있다. 이것은 숫자로 환산할 수 있는 관심사와 알고리즘 모음을 넘어 진정 내가 누구인가를 묻는 심오한 질문이다. 우리가 기기와 맺고 있는 관계를 자세히 들여다보고 이를 변화시키면, 스스로 본보기가 되어 아이들을 가르치고 기술을 영적인 도구로 만드는 새로운 방식을 연습할 기회가 생긴다. 네트워크로 연결된 세상에 태어나 그 속에서 자라나는 청소년들을 위해 영적 기술을 만들 방법도 궁리할 수 있다.

chapter 11

마음챙김 유지하기
일상에서 실천하는 짧은 연습

마음챙김은 어렵지 않다.
마음챙김을 해야 한다는 사실만 기억하면 된다.

—

샤론 샐즈버그, 《하루 20분 나를 멈추는 시간》

아이들이 스스로 마음챙김을 연습하게 하려면 상당한 신뢰가 필요하다. 혼자서 해보라고 권해놓고 뒤돌아서면 의구심이 들 수 있다. 정말 아이가 스스로 마음챙김을 실천할까? 실제로 연습한다면 그것에 관해 이야기하고 싶어 할까? 친구들이 놀리지 않을까? 다시 한번 말하지만, 이때는 굳건한 마음으로 연습을 신뢰하고, 자기 자신을 믿으며, 무엇보다 아이들을 믿어야 한다. 아이들이 성장할 공간을 만들어주되 강요하지 마라. 혼자 하는 연습을 아이가 극구 저항한다면 계속 함께 연습하면서 더 큰 공동체 안에서 마음챙김을 길러주고, 당신은 당신만의 연습의 샘으로 돌아오면 된다.

혼자 하는 연습을 독려할 때는 연습을 간단하고 재미있게 유지하는 것이 중요하다. 최근에 누군가 이렇게 말하는 걸 들었다. "호흡하고 걷는 건 어차피 해야 할 일이잖아요. 그걸 더 재미있게 해보면 어때요?" 몇몇 보고에 따르면 우리는 하루에 최대 3만 번 정도 호흡한다고 한다. 그중 몇 번은 좀 더 주의를 기울여 봐도 좋을 것이다. 아이들 모임과 작업할 때는 사회적 강화가 도움이 된다. 대개 아이들은 연습 후 토론에 참여해 자기 경험을 나누고 싶어 할 테니 말이다. 그림 그리기, 글쓰기, 노래하기 등을 통해 창의적으로 자신을 표현할 수 있다면 더욱 효과적이다. 나는 "아무것도 하지 않는 게 숙제라면 그리 나쁘지 않겠지?"라며 농담처럼 말하곤 한다. 우리는 걷기와 식사처럼 반복되는 일상생활에 주의를 기울일 수 있고, 자동적인 습관을 깨보거나(양치할 때 평소 쓰던 손과는 반대쪽 손을 사용하는 등), 삶에 녹여낼 만한 짧고 간단한 연습을 찾을 수도 있다.

아이들에게 제안할 연습을 고를 때는 아이의 경험 주의 지속 시간,

학습 스타일, 평소 심신 상태 그리고 자신이 속한 문화와 환경 같은 다양한 요인을 고려하는 것이 좋다.

짧은 순간을 여러 번

순간은… 그 자체로는 그리 오래가지 않지만 그건 전혀 문제가
되지 않는다. 그 순간을 늘리려고 애쓸 필요 없다. 오히려
그런 순간을 여러 번 반복하는 편이 낫다. "짧은 순간을 여러 번."
_ 라마 툴쿠 우르겐 린포체, 《있는 그대로(As it is)》

긴 시간이 필요한 마음챙김 연습을 위해 굳이 따로 시간을 마련할 필요는 없다. 하루를 보내는 동안 짧은 연습을 활용하면 긴 연습에서 얻은 깨달음을 단단하게 다질 수 있다. 이번 장에서 소개하는 짧은 연습들은 아이들이 혼자 실천하기에 좋은 것들이다. 이 아이디어는 아이들이 중요하거나 쉽게 기억할 만한 순간에, 그들의 일상에 짧은 연습을 불러온다.

일상에서 마음챙김 순간 찾기

아이들과 함께 하루 중 한두 번 규칙적인 시간 또는 그런 시간을 알려주는 신호를 고르고, 그 시간에 실천할 연습 한두 가지를 정한 다음 거기서부터 시작한다.

몇 년 전에 나는 10대 소녀 알레그라와 함께 작업한 적이 있다. 알

레그라는 학교생활에 엄청난 불안을 느끼고 있었다. 복통과 불안 때문에 오전 몇 교시를 놓친 적이 많았고, 특히 1교시가 수학 시간인 날은 그런 일이 잦았다. 우리의 목표는 그녀가 지금 이 순간에 머물면서 자기 자신과 자신의 기분을 확인하고, 등굣길에 긴장을 풀고 그날 하루를 더 수월하게 지내는 방법을 찾는 것이었다. 우리는 학교로 걸어가는 동안을 연습 시간으로 정했고, 더 구체적으로 등굣길에 멈춤 신호를 마주칠 때마다 마음챙김을 연습하기로 했다. 멈춤 신호는 알레그라가 자신의 경험을 주의 깊게 살피고 스스로를 차분히 가라앉히게 하는 신호가 되었다. 연습은 간단했다. 멈춤 신호를 마주칠 때마다 주의를 기울여 '스톱(STOP)' 연습을 실천하는 것이다. 이것은 엘리샤 골드스타인이 보급한 짧은 연습의 앞 글자를 딴 약어다. 1분 안에 쉽게 할 수 있는 이 연습으로 자신과 주변 환경을 주의 깊게 살필 수 있다. 알레그라는 멈춤 신호를 볼 때마다 아래 사항을 실천했다.

Stop : (안전하다는 가정 아래) 하던 일을 멈춘다.
Take a breath : 호흡한다.
Observe : 지금 벌어지고 있는 일, 나의 내면과
　　　　　　 주변에서 일어나는 모든 일을 관찰한다.
Plan-Proceed : 다음 할 일을 계획하고 그것을 실행한다.

스톱 연습이 알레그라의 불안을 완전히 해소하지는 못했지만 속도를 늦춤으로써 그녀는 순간순간 느껴지는 불안을 더 잘 알아차릴 수 있었다. 유독 심한 불안감에 휩싸이는 날에는 호흡 연습이나 자신을 진정시

킬 만한 다른 연습을 실천해 불안의 정도를 낮춘 다음 계속해서 학교로 걸어갔다. 이제 대학생이 된 알레그라는 모든 수업에 출석하면서 잘 지내고 있으며 수학 시험도 문제없이 통과했다.

틱낫한 스님과 함께하는 마음챙김 수련회에서는 주의를 기울여 세 번 호흡하라는 신호로 종을 울린다. 수련회가 시작되고 며칠이 지나면 모든 사람이 마음챙김 종소리에 자동으로 주의 깊은 호흡을 시작한다. 그리고 수련회를 마치고 몇 주간은 모든 종소리에 이런 반응을 보인다.

몇 년 전에 일곱 살 된 매력적인 소녀와 놀이치료를 한 적이 있다. 그 소녀는 내 책상에 놓인 명상 종에 호기심을 보였다. 우리는 치료 시간 중 어느 때라도 소녀가 일어나 종을 울리면 나는 세 번 심호흡하고 소녀는 한번 심호흡하기로 약속했다. 처음에 나는 소녀가 종 때문에 엉뚱하게 행동하거나 주의를 빼앗길 거라고 생각했다. 실제로 가끔 그런 모습을 보였다. 하지만 대체로 우리의 약속을 진지하게 대했고 덕분에 치료 시간이 훨씬 재미있었다. 소녀의 어머니는 집에서 함께 놀 때도 마음챙김 종 연습을 시도하는 데 동의했다.

최근에 연구자이자 마음챙김 지도인인 론 엡스타인의 강연을 들었는데, 그는 이렇게 말했다. "한 환자를 보내고 다음 환자를 들이려고 문을 열 때 주의를 기울여 문고리를 만지세요. 이것을 만 번 반복하세요." 나는 이 제안에서 영감을 얻어 만성 경증 불안이 있던 젊은 여성에게 문고리를 신호로 삼아 자신의 몸과 마음을 살피게 했다. 그녀에게 제안한 연습은 방을 나서면서 문고리를 만질 때마다 몸에서 어떤 느낌이 일어나는지 알아차리고, 방에 들어갈 때마다 어떤 생각과 감정이 일어나는지 확인하는 것이다. 유난히 스트레스가 심한 날에는 일부러 물을 많이 마셔서 화장실에 여러 번 다녀오라며 농담도 건넸다. 그러면 방을 나서고 들어올 기회가 더 많아지기 때문이다.

중요한 건 나와 아이들이 마음챙김 연습을 실천할 시간이 전혀 없다고 여겨질 때 다시 한번 생각해 보라는 것이다. 일상에는 마음챙김을 실천할 신호로 삼거나 마음챙김 순간으로 만들 만한 작은 순간들이 무수히 많다. 아래는 그런 순간을 정리한 101가지 목록이다. 여러 순간을 고르고 싶은 유혹이 들더라도 한두 순간만 골라 일주일 정도 간단한 비공식적 연습과 더불어 실천해 보길 바란다. 거기서부터 시작이다. 새로운 연습은 아이가 이미 규칙적으로 하고 있는 활동과 연결될 때 습관으로 자리 잡을 가능성이 크다는 걸 명심하자. 아이들은 아래 순간을 신호로 삼아 마음챙김을 실천할 수 있다.

1. 아침에 일어나 아직 침대에 누워 있을 때

2. 욕조에 물이 차거나 샤워기 물이 따뜻해지길 기다릴 때

3. 정지 신호 동안 차 안에 앉아 있을 때

4. 다음 역까지 지하철을 타고 갈 때

5. 학교에서 출석을 부를 때

6. 비디오 게임의 로딩 시간을 기다릴 때

7. 웹사이트나 앱이 열리길 기다릴 때

8. 토스터에서 빵이 튀어나오거나 전자레인지 벨이 울리길 기다릴 때

9. 운동 경기 중 휴식 시간에 앉아 있을 때

10. 버스, 지하철, 차를 기다릴 때

11. 목적지에 도착한 비행기나 버스에서 하차를 기다리며 서 있을 때

어떻게 아이 마음을 내 마음처럼 자라게 할까

12. 다른 사람들이 올 때까지 방이나 테이블에서 기다릴 때

13. 대기실에 앉아 기다릴 때

14. 인쇄기에서 종이가 출력되길 기다릴 때

15. 줄 서서 기다릴 때

16. 와이파이가 연결되길 기다릴 때

17. 컴퓨터가 시작되길 기다릴 때

18. 게임을 하면서 순서를 기다릴 때

19. 주유소에서 차에 기름을 넣을 때

20. 커피를 내리거나 차를 우릴 때

21. TV 광고나 웹사이트 영상이 끝나길 기다릴 때

22. 친구의 채팅이나 답장을 기다릴 때

23. 길을 건너려고 기다릴 때

24. 우체통에 편지를 넣을 때

아래 활동을 하는 동안 잠시 멈춰서 짧은 마음챙김 연습을 실천할 수 있다.

25. 출입구를 통과해 걸어갈 때

26. 문자 메시지 소리를 들을 때

27. 소셜 미디어 알림 소리를 들을 때

28. 새들이 지저귀는 소리를 들을 때

29. 하루나 한 주를 생각하며 나 또는 아이가 고른 색깔을 볼 때

30. 하루나 한 주를 생각하며 나 또는 아이가 고른 단어를 들을 때

31. 문고리를 만질 때

32. 고속도로에서 앞 차의 제동등이 켜졌을 때

33. 맨 아래 계단에 서 있을 때

34. 휴대전화 벨 소리를 들을 때

35. 매번 도보나 차로 지나는 길에 보이는 아름다운 나무처럼
　　구체적인 지형지물을 지날 때

36. 전등 스위치를 만질 때

37. 정지 신호 옆을 걸어가거나 운전해서 갈 때

38. 머리 위로 비행기가 날아가는 모습을 보거나 소리를 들을 때

39. 멀리서 자동차 경적이 들릴 때

40. 뺨을 스치는 바람이 느껴질 때

41. 수도꼭지 손잡이를 돌릴 때

42. 응급 사이렌 소리가 들릴 때 (연민이나 친절을 실천할 기회로 삼을 수 있다)

43. 웃음소리가 들릴 때

44. 낮에 달의 모습이 어렴풋이 보일 때

45. 손목시계나 벽시계를 볼 때

46. 트럭이 후진하면서 내는 소리가 들릴 때

47. 냉장고나 화덕의 작동 소리가 들릴 때

48. 자동차 시동 거는 소리가 들릴 때

49. 반려견의 가슴 줄을 꺼내거나 반려견과 함께 산책 나갈 때

50. 기기의 플러그를 꽂거나 뺄 때

51. 앉거나 서거나 두 자세 사이에서 동작을 바꿀 때

52. 누군가와 악수하거나 주먹을 맞부딪거나 하이파이브할 때

53. 멀리서 자동차 도난 방지용 경보음이 들릴 때

54. 딸각하고 펜 꼭지를 누를 때

55. 성가신 팝업 광고물을 볼 때

56. 반려견이 짖거나 반려묘가 내는 소리를 들을 때

57. 침대에서 나오면서 바닥에 발을 디딜 때

58. 초인종 소리가 들릴 때

59. 지갑을 열 때

60. 책이나 메모장을 펼 때

61. 꽃향기처럼 특정한 향을 맡을 때

62. 아기 우는 소리를 들을 때 (연민을 실천할 또 다른 좋은 기회다)

63. 휴대전화를 집으려고 손을 뻗을 때

64. 아이가 당신을 보거나, 당신의 목소리를 듣거나,
   당신의 사무실 옆을 지나거나, 당신이 보낸 메시지를 받을 때

65. 게임에서 한 점을 득점하거나 상대에게 한 점을 내줄 때

아이들은 아래 활동을 실행하기 직전에 잠시 멈춰서 마음챙김 호흡을 하거나 자기 몸을 살펴보는 짧은 연습을 실천할 수 있다.

66. 사물함의 자물쇠를 열 때

67. 스마트 기기의 플레이 버튼을 누를 때

68. 샤워실이나 욕조에 들어갈 때

69. 엘리베이터 버튼을 누를 때

70. 냉장고나 캐비닛을 열 때

71. 자물쇠에 열쇠를 꽂을 때

72. 어떤 기기의 시작 버튼을 누를 때

73. 봉투를 열 때

74. 걷기나 하이킹을 시작할 때

75. 가방을 열 때

76. 식사의 첫 한 입을 맛볼 때

77. 숙제를 시작할 때

78. TV를 켤 때

79. 반려동물에게 먹이를 줄 때

80. 이메일이나 문자 메시지의 보내기 버튼을 누를 때

81. 서명할 때

아래와 같은 간단하고 일상적인 행동을 골라 마음챙김을 적용할 수 있다.

82. 반려동물과 산책하기

83. 잔이나 물병 채우기

84. 재활용/쓰레기/퇴비 상자에 무언가를 담기

85. 오렌지나 바나나 껍질 벗기기

86. 주차장에서 건물까지 걸어가기

87. 복도 걸어가기

88. 신용카드나 지하철 카드로 결제하기

89. 누군가를 끌어안거나 껴안기

90. 모아둔 세탁물을 세탁기나 건조기에 담기

91. 양말이나 신발 신기

92. 안전띠 착용하기

93. 연필 깎기

94. 누군가와 악수하기

95. 편지에 우표 붙이기

96. 자판기에 동전이나 지폐 넣기

불안을 유발하는 상황에 놓이기 직전에 아래와 같이 짧은 마음챙김 연습이나 자기연민 연습을 실천하면 도움이 된다.

97. 중요한 경기나 공연을 앞두었을 때

98. 북적거리는 카페, 교실, 파티장에 들어갈 때

99. 사람들 앞에서 말하기 직전에

100. 선생님이 시험지를 나눠주길 기다릴 때

101. 밤에 침대에 누워 잠들길 기다릴 때

이 밖에도 일상에서 잠시 멈추어 주의를 기울일 만한 수십 가지의 신호나 알림을 아이들과 함께 충분히 생각해 낼 수 있다. 그것들을 찾아내는 방법을 하나 소개한다. 휴대전화를 집어 들고 이것저것 확인하고픈 충동이 느껴질 때마다 잠시 여유를 가지고 주의를 기울여 상황을 알아차린다. 또는 휴대전화나 컴퓨터에 알람을 설정할 수도 있다.

연습 시간 정하기

혼자서든 아이와 함께할 때든, 처음 마음챙김을 연습할 때는 규칙적인 시간이나 신호를 가지는 게 좋다. 부모와 교사들이 잘 알고 있듯이 정해진 일과는 아이들에게 큰 도움이 되고 상황이 바뀌는 틈새에 마음챙김을 연습하는 것도 유익하다. 예를 들어 아이들을 상대하는 일을 전문으로 하고 있다면 수업, 활동, 상담이 시작되거나 끝나는 시점을 연습 시간으로 삼는 것이다. 이 연습이 반복되는 일상과 더 큰 문화의 일부로 자리 잡으면 아이들이 이것을 내면화하기 시작한다. 무엇보다 마음챙김 연습을 이상하게 여기지 않을뿐더러 힘들 때나 좋을 때 한결같이 연습했기 때문에 이를 처벌이나 나쁜 문제와 연관 짓지 않게 된다.

하루 중 연습하기에 적합한 시간이 있지만, 마음챙김 연습에 이상적인 정서적 시점을 찾는 게 어려울 수도 있다. 따라서 아이가 어떤 정서적 리듬을 보이는지 파악하는 일이 중요하다. 이 연습들은 가능한 한 열린 마음일 때 소개하는 것이 좋다. 감정에 휩싸여 있을 때는 도무지 마음을 열기 어렵기 때문이다. 투쟁 혹은 도피 상태에 있거나 그 밖에 다른 감정에 흠뻑 젖어 있을 때는 마음챙김에 관한 정보든 수학에 관한 정보든 즉각적인 생존과 관계없는 정보는 받아들일 여력이 없다. 물론 운동선수, 음악가 등 기량을 내야 하는 전문가가 경기나 콘서트 날에만 훈련하는 게 아니라 큰 행사를 앞두고 수개월 혹은 수년간 훈련하고 땀 흘린다는 사실을 아이들도 잘 알고 있다. 마음챙김 연습은 마음을 위한 운동이다. 실제로 매일매일 짧은 마음챙김 연습을 실천하는 게 드문드문 길게 연습하는 것보다 효과적임을 보여주는 연구 결과도 있다.

짧은 연습들

1분 이내에 할 수 있는 짧은 연습이 수십 가지 있다. 지금부터 소개하는 짧은 연습은 알아차림, 지금 이 순간에 접촉하기, 연민과 호기심 등 마음챙김의 핵심 요소를 가르쳐준다. 여기에는 내면을 살피고 이완하는 연습과 몸, 호흡, 정신에 집중하는 연습이 포함되어 있다.

아이들의 성향이 다른 만큼 각자에게 맞는 연습이 있고, 저마다 자연스럽다고 느끼는 연습이 있을 것이다. 불안하거나 주의력 문제가 있는 아이는 호흡 연습을 어려워할 수 있다. 그런 아이에게는 몸을 움직이거나 외부의 닻을 이용하는 연습이 바람직하다. 몸을 알아차리는 연습은 매우 유익하지만 자기 몸을 대할 때 질병, 트라우마, 신체에 대한 걱정 등 부정적인 이미지를 떠올리는 아이에게는 훌륭한 출발점이 되지 못한다. 마찬가지로 심신을 이완하는 기술은 스트레스나 불안을 해소하는 데는 훌륭하지만 피곤하거나 우울한 아이에게는 유용하지 않다.

아래 제시하는 짧은 연습 중 하나를 골라 지침을 벽에 붙여놓고 하루 또는 주간 연습으로 실천할 수 있다. 또는 아이들이 이 내용을 수첩에 적거나 휴대전화에 저장해서 가지고 다니게 할 수 있다. 일상생활에 마음챙김을 접목하기 위해 앞서 제시한 101가지 목록을 훑어보고, 그중에서 선택한 순간과 아래의 짧은 연습 하나를 아이가 연결 짓도록 도와주길 바란다.

수프 호흡

호흡 연습은 따분할뿐더러 재미있게 만들기 어렵다. 그러나 은유와 시각화가 도움이 될 수 있다. 내가 주최한 워크숍에 참가한 어떤 분이 소개해 준 수프 호흡은 쉽게 각색할 만한 시각화 기법으로서 호흡 조절을 가르쳐준다.

> 얼굴 가까이 수프 한 그릇을 들고 있는 것처럼 두 손을 내밀어 보세요. 맛있는 수프 냄새를 맡듯이 코로 부드럽게 숨을 들이마십니다. 수프를 식히기 위해 그릇에 가득 담긴 수프 표면을 호호 불되 쏟아질 정도로 세게 불지 않듯이 입술을 거쳐 부드럽게 숨을 내쉽니다.

나는 이 연습을 폴란드에서는 보르쉬(빨간 순무를 넣은 폴란드의 대표 수프 요리-옮긴이) 호흡, 영국에서는 차 호흡, 부탄에서는 죽 호흡 등으로 각색해서 진행한 적이 있다. 미국에서는 핫초코 호흡, 심지어 피자 호흡으로도 진행해 봤다. 이처럼 아이들과 함께 좋아하는 음식을 얼마든지 떠올릴 수 있을 것이다. 초심자와 함께하거나 재빨리 심신을 진정시키고 싶을 때는 수프 호흡을 다섯 번만 시도해 보라. 이 연습을 해본 적이 있는 아이들과 함께라면 몇 분간 지속해도 좋다.

바이오피드백에 관한 연구에 따르면, 시각화만으로도 두 손을 따뜻하게 만들고 신경계를 차분히 진정시킬 수 있다고 한다. 수프 한 그릇이나 핫초코 한 잔을 머릿속에 떠올리는 일보다 손을 더 따뜻하게 만들 방법은 없다. 또한 이 연습은 '식히는 호흡'이라고 부를 수도 있다. 분노와 좌절 같은 '뜨거운' 감정을 식힐 때 입에서 시원한 공기가 뿜어져 나온다고 느끼는 것보다 더 좋은 방법이 없기 때문이다.

7-11 호흡

의도적인 연습으로 호흡을 가다듬으면 에너지와 기분을 조절하고 변화시키고 안정시킬 수 있다. 재미있고 기억하기 쉬운 또 다른 짧은 연습으로 7-11 호흡이 있다. 많은 사람이 세븐-일레븐을 편의점 이름으로 알고 있으므로, 정기적으로 그 편의점 앞을 지나다닌다면 이를 신호로 삼아 연습할 수 있다.

나는 MiSP가 주관하는 훈련에 참여했을 때 이 연습을 배웠다. 이후 응급의료요원이 긴급 상황에서 자신과 다른 사람을 진정시키는 데 이 연습을 사용한다는 걸 글로 접한 적이 있다. 용감한 소방대원과 구급차 운전기사가 이 호흡 연습을 활용한다는 말을 들려주면 까다로운 회의론자도 수긍하고 이를 활용할지 모른다. 방법은 간단하다.

하나부터 일곱까지 숫자를 세면서 숨을 들이마십니다.
하나부터 열하나까지 숫자를 세면서 숨을 내쉽니다.

7-11 호흡을 처음 가르칠 때는 한 번에 5회만 실시하고 연습 횟수가 늘어남에 따라 호흡 횟수를 늘려서 진행한다. 이 연습은 셈을 정확히 해야 하므로 수프 호흡보다 더 많은 연습이 필요하다. 따라서 아이들이 충분히 익힐 기회를 주어야 한다. 셈하기는 아이들이 더 집중하고 속도를 늦

추도록 이끈다. 내가 이런 연습을 알기 전에는 아이들에게 심호흡을 제안하곤 했는데, 비록 아이들이 심호흡을 하긴 하지만 급하게 숨을 들이마시고 내쉬었다. 때로 우리가 정말 원하는 건 깊은 호흡이 아니라 느린 호흡이다. 들숨보다 날숨을 길게 하면 신경계가 차분해지고, 다른 때라면 서둘러 지나쳤을 지금 이 순간과 접촉할 기회가 생긴다.

그 반대도 사실이다. 즉 날숨보다 들숨을 길게 하면 신경계가 자극을 받아 조급해진다. 그러니 에너지가 낮은 상황, 녹초가 되었거나 굼뜨거나 약간 우울하다고 느껴져서 에너지를 끌어올려 지금 이 순간을 마주하고 싶을 때는 반대로 11-7 호흡을 시도해 보길 바란다.

아이들에게 마음챙김을 가르치는 내 친구 아드리아 케네디는 어린아이들을 위해 이 연습을 각색했다. 들숨과 날숨에 단어나 문구를 가지고 호흡하게 한 것이다. '메인(Maine)'이라는 단어 길이만큼 숨을 들이마시고 '매사추세츠(Massachusetts)'라는 단어와 함께 숨을 내쉰다. 또는 '버드(bird)'라는 단어에 맞춰 숨을 들이마시고 '브론토사우루스(brontosaurus)'라는 단어와 함께 숨을 내쉰다.

고요한 한숨

한숨은 안도, 분노, 기쁨, 소진, 슬픔까지 다양한 의미를 담고 있다. 생리학적 측면에서 한숨 쉬기는 호흡률을 조절하고 가다듬는다. 아이든 어른이든 무의식적으로 한숨을 쉬는데, 이것이 의도치 않게 다른 사람을 언짢게 만들 수 있다. 그러나 고요한 한숨은 존중 어린 태도로 세심하게 한숨을 쉬는 방법이다. 나는 마음챙김을 위한 교육자 모임의 동료 이사이자 교육자인 아이린 맥헨리에게 이 연습을 배웠다. 이 연습은 과도한 감정을 비워내고 몸과 호흡을 가다듬도록 도와준다. 따라서 상황이 바뀌는 과정에서 지금 이 순간으로 돌아와 자리를 잡는 데 유용한 방법이다.

> 깊게 숨을 들이마십니다. 그리고 아무도 알아차리지 못할 정도로 최대한 느리고 고요하게 한숨을 내쉽니다. 몸 안의 마지막 공기까지 남김없이 내쉬면서 몸에서 느껴지는 모든 감각을 느껴보세요. 그리고 몸과 마음에서 느껴지는 것들을 살펴봅니다. 다시 한번 고요한 한숨을 쉴지 아니면 원래대로 호흡할지 정하세요.

나는 아이들과 이 연습을 시작할 때, 먼저 아이들에게 평소대로 요란하게 한숨을 쉬면서 한숨 한 번에 감정을 쏟아내는 일이 어떤 느낌인지 보여주곤 한다. 그러면 다들 재미있어한다. 그런 다음 고요한 한숨으로 넘어가 교실에 있을 때는 아무렇지 않게 한숨을 쉬더라도 상관없지만, 한숨으로 다른 사람을 언짢게 하고 싶지 않을 때는 보통의 한숨보다 고요한 한숨이 더 적절하다고 설명해 준다.

모든 감각으로 호흡하기

현재에 머물러 지금 내가 하는 행동을 알아차리는 가장 빠른 방법은 감각을 활용하는 것이다. 이 마음챙김 호흡 연습에서는 모든 감각을 동원해 호흡을 알아차린다.

앞으로 몇 차례 호흡하는 동안 자신의 모든 감각을 활용해서 지금 호흡하고 있다는 사실에 주의를 기울이세요.

첫 번째 호흡에서, 호흡이 어떻게 들리나요?

두 번째 호흡에서, 호흡이 어떻게 느껴지나요?

다시 숨을 쉬면서, 호흡하는 공기에서 어떤 냄새가 나나요?

한 번 더 숨을 쉬면서, 호흡하는 공기에서 어떤 맛이 나나요?

마지막으로, 호흡은 어떻게 생겼나요?

마지막 호흡을 주의 깊게 관찰하면 들숨과 날숨에 따라 자신의 머리와 몸이 미세하게 움직이는 걸 볼 수 있어요. 또는 들이마신 숨이 뱃속으로 내려가는 모습을 상상함으로써 호흡의 모습을 떠올릴 수도 있지요. 각각의 감각에 세 번씩 주의를 기울이면서 계속 감각을 동원해 호흡하세요.

다섯 손가락 호흡

MiSP 훈련 기간에 배운 이 연습은 내가 개인적으로, 또 치료사로서 내담자를 신속히 진정시키는 데 즐겨 사용하는 방법이다. 또 다른 호흡 조절 연습의 하나인 이 방법은 접촉, 셈하기, 호흡을 닻으로 활용한다.

한 손을 내밀어 손가락을 쫙 펴고 손바닥이 자신을 향하게 합니다. 다른 손의 검지를 쫙 편 손의 엄지 밑 부분에 가져다 댑니다. 천천히 숨을 들이마시면서 검지를 엄지 윗부분으로 움직이며 '하나'를 셉니다. 엄지 꼭대기에 다다랐다면 들숨을 멈춥니다. 거기서부터 날숨을 시작하며 '둘'을 세고 검지를 반대쪽 엄지 아래로 움직입니다. 검지가 쫙 편 손의 엄지와 검지 사이의 바닥 지점까지 오면 다시 숨을 들이마시면서, 이번에는 쫙 편 손의 검지 윗부분으로 움직이며 '셋'을 셉니다. 그런 다음 숨을 내쉬면서 쫙 편 손의 검지 반대쪽 아래로 내려오면서 '넷'을 셉니다. 들숨과 날숨을 이어가면서 쫙 편 손의 새끼손가락 밑부분에 다다를 때까지 손가락 하나하나를 타고 넘으며 열까지 셉니다.

이 연습은 다양하게 변형할 수 있다. 이를테면 스톱워치를 사용해 1분 안에 호흡을 얼마나 많이 또는 적게 할 수 있는지 측정할 수 있다. 손을 바꿔가며 연습하면서 두 손의 느낌이 어떻게 다른지도 알아볼 수 있다.

4×4 호흡

이 연습은 호흡이 편안한 자연의 리듬을 벗어났을 때 이를 조절하고 가다듬는 또 다른 방법이다. 넷까지 세면서 숨을 들이마시고 내쉬기를 몇 차례 반복하면 호흡이 제자리를 찾는다. 아이들에게 하나하나 숨을 세면서 손을 네모 모양으로 움직이게 안내해도 좋다.

넷까지 세면서 숨을 들이마십니다.
넷까지 세면서 숨을 참습니다.
넷까지 세면서 숨을 내쉽니다.
넷까지 세면서 숨을 참습니다.

이렇게 세 번 반복한 다음 호흡이 제 리듬을 찾도록 놓아주세요.

숨 참기를 불안해하는 아이는 이 연습보다 7-11 호흡이나 수프 호흡이 더 바람직하다. 아이들이 편안하게 느끼고 따라 할 수 있는 연습을 선택하자.

자애 호흡

이 연습은 공공장소에서는 이상적이지 않을 수 있다. 하지만 어린아이들은 여럿이 모여서 하든 혼자서 하든 즐겁게 실천하면서 좋은 기분을 느낄 수 있다. 이 연습은 헬싱키에서 워크숍을 진행하던 중 내 친구 사무 썬키스트와 함께 고안했다.

앉거나 선 자세에서 두 팔을 가만히 양옆에 두고 깊이 숨을 들이마십니다. 숨을 내쉬면서 두 팔을 최대한 넓게 뻗어보세요. 온 세상을 껴안고 최대한 모든 사람을 포옹한다는 느낌으로 해봅니다. 다음번 숨을 들이마실 때는 팔을 안으로 모아 자기 자신을 껴안으세요. 가슴에서 두 팔을 교차해 두 손이 각각 반대편 어깨에 닿게 합니다. 다시 숨을 내쉬면서 두 팔을 넓게 열고 온 세상을 껴안으며 위로합니다. 또 한번 숨을 들이마시면서 팔을 안으로 모아 자기 자신을 껴안으며 위로하세요.

먼저 자애 호흡을 연달아 다섯 번 실행한 뒤에 어떤 느낌이 드는지 살펴본다. 다음번 연습에서는 필요한 만큼 또는 주어진 시간에 따라 호흡수를 늘리거나 줄여서 진행해도 괜찮다.

틈새 공간

때로는 호흡 자체에 집중하기가 어려울 수 있고 불안을 일으키기도 한다. 그럴 때는 호흡 사이에 고요한 공간이 존재한다고 생각해 보는 것이 도움이 된다. 내 친구 에이미 샐츠만은 이를 가리켜 '고요하고 조용한 장소'라고 부른다. 다섯 번 호흡하는 동안 호흡 사이에 존재하는 자기만의 고요한 장소를 찾아보자.

편안하게 호흡하세요. 그리고 들숨이 날숨으로 바뀌고 날숨이 들숨으로 바뀌는 지점에 있는 고요한 공간을 찾아보세요. 몇 차례 호흡하면서 이 공간에 주의를 기울입니다.

나비 포옹

감정을 조절해 자신을 차분히 가라앉히는 이 연습은 자연재해를 겪은 어린이 생존자를 위해 개발되었다. 동작은 나비의 날개가 펄럭이는 모습에서 아이디어를 얻었다.

편안한 자세를 찾아보세요. 앉거나 서도 되고 누워도 좋습니다.
이제 가만히 스스로를 껴안으세요. 두 팔을 가슴에서 교체하고 두 손은 반대쪽 어깨에 닿게 합니다.
잠시 머무르면서 번갈아 가며 양쪽 어깨를 가만히 두드리거나 꼭 쥐어봅니다.

오감 스캔

지금 이 순간으로 돌아오는 최고의 방법이자 가장 빠른 방법은 오감을 활용하는 것이다.

몸을 진정시키고 차분한 자세를 취한 다음 두 눈을 감으세요. 먼저 신체 감각에 주의를 기울입니다. 두더지는 앞을 볼 수 없지만 뛰어난 촉각을 가지고 있어 주변에서 느껴지는 감각과 진동을 잘 파악합니다. 이처럼 몸의 끝부분을 느껴보세요. 옷이나 공기가 피부에 일으키는 감각을 주의 깊게 살피세요. 그런 다음 근육과 장기처럼 몸속 더 깊은 곳을 느끼면서 어떤 감각이 있는지 알아차립니다. 이제 소리에 집중합니다. 사슴은 가장 뛰어난 청각을 가진 동물이에요. 마치 사슴처럼 들을 수 있나요? 지금 이 순간 가까이나 멀리에서 들려오는 모든 소리를 들을 수 있나요? 이번에는 냄새로 옮겨갑니다. 개나 늑대는 뛰어난 후각으로 세상에 관한 정보를 얻지요. 늑대처럼 냄새를 맡아보세요. 코로 숨을 들이마실 때 어떤 냄새가 나나요? 아마 멀리서 요리하는 냄새, 신선한 공기 냄새, 근처에 있는 누군가의 향수 냄새가 날지도 모릅니다. 다음으로 미각에 집중합니다. 메기는 동물 중에서 가장 뛰어난 미각을 가졌다고 해요. 메기처

어떻게 아이 마음을 내 마음처럼 자라게 할까

럼 입을 살짝 열어보세요. 주변에서 무언가를 맛볼 수 있나요? 입을 다물었을 때 입이나 혀에 어떤 맛이 맴도나요? 이제 두 눈을 뜹니다. 지금 이 순간 무엇이 시야에 들어오나요? 독수리는 높은 곳에서 작은 동물을 포착할 만큼 뛰어난 눈을 가졌다지요. 그런가 하면 작은 동물들은 천적을 감시하기 위해 주변의 모든 것을 눈에 담습니다. 이들처럼 주변에 있는 모든 것을 눈에 담거나, 무언가 아름다운 대상을 집중해서 바라볼 수 있나요? 지금 여기에 오신 걸 환영합니다.

동양 심리학에는 오감이 아니라 육감이 존재한다. 원한다면 이 연습에 정신이나 생각 감각이라는 여섯 번째 감각을 덧붙여도 좋다.

내가 작가 돈 휴브너에게 배운 연습은 이를 새롭게 변형한 것으로, 먼저 모든 감각을 동원해 대상을 알아차린 다음 그 배경에 있는 다른 것들까지 알아차리라고 제안한다. 이를 통해 우리가 처음 알아차린 것 외에 얼마나 많은 것들이 작동하고 있는지 알게 된다. 동물의 감각 대신 슈퍼히어로의 초능력에 비유해도 좋다.

3-2-1 접촉

이 연습은 5장에서 살펴본 '몸과 마음 진정하기'를 보완하는 비공식적 연습이다.

나의 몸이 세상과 접촉하는 세 지점에 주의를 기울이세요. 팔, 다리, 발뿐만이 아니라 공기와 접촉하거나 옷감에 닿는 피부도 알아차립니다.

제니퍼 코헨 하퍼는 '책상 연습'이라는 변형된 방법을 가르친다. 이 연습에서는 바닥에 닿은 발, 의자에 닿은 다리, 책상이나 테이블에 닿은 팔에 집중하면서 천천히 각 부위를 지그시 눌러 흔들리지 않는 굳건함을 느낀다.

슬로우

내 친구 미치 애블렛은 우리 몸과 마음의 속도를 늦출 것을 제안한다. 그는 가족 상담을 진행할 때 이 연습을 활용하는데, 그 과정을 간단히 슬로우(SLOW)라고 부른다.

Soften	얼굴과 몸의 긴장을 푸세요.
Lower	어깨를 떨어뜨리세요.
Open	호흡하면서 가슴과 배를 활짝 펴세요.
Wilt	손과 손가락에 힘을 빼고 늘어뜨리세요.

나는 마음챙김이 그저 속도를 늦추는 일이라고 생각하길 좋아한다. 최근에 한 친구가 이렇게 지적했다. 우리는 얼마나 빨리 일을 처리했는지를 두고 아이들과 서로 칭찬을 주고받는데, 무언가를 천천히 해냈다고 마지막으로 칭찬을 받아본 적이 언제인가?

홀트

약물 남용 상담사로 일하던 시절, 나와 동료들은 가장 취약한 순간에 일어나는 촉발 요인과 충동을 다스릴 수 있으려면 자신의 기본적인 욕구에 주의를 기울여야 한다고 말하곤 했다. 아래와 같이 우리의 신체적, 정서적 경험을 빠르게 훑어보는 작업을 홀트(HALT, 직역하면 '멈추다'라는 뜻-옮긴이)라는 말로 요약할 수 있다.

자신을 빠르게 살펴보세요. 지금 어떤 상태인가요?

Hungry	배고프다
Angry (anxious)	화난다 (불안하다)
Lonely	외롭다
Tired	피곤하다

이 중에 해당하는 게 있다면, 그 욕구에 어떻게 대응하고 스스로를 돌볼 수 있을까요?

배고픔, 분노, 불안, 외로움, 피로는 인간의 가장 기본적인 경험이다. 실제로 아기들은 기저귀가 젖었을 때를 빼고는 이런 이유로 울음을 터뜨릴 확률이 가장 높다! 어른의 기본 욕구와 아기의 그것은 크게 다르지 않다.

말하기 전에 생각하기

많은 아이와 어른이 충동적인 발언 때문에 애를 먹는다. 디지털 시대인 오늘날에는 이메일, 문자, 인스턴트 메시지를 보낼 때 즉흥적으로 의사를 전달하는 경우가 많다. 나는 유치원부터 명상센터에 이르기까지 여러 장소에서 이 연습이 다양한 형태로 변형되어 활용되는 걸 보았다.

말하기 전에 잠시 멈춰서 스스로에게 물어보세요.

- 내가 하려는 말이 사실인가?
- 이 말이 도움이 되는가?
- 내가 말하는 것이 옳은가? 상대에게 영감을 주는 말인가?
- 지금 말하는 것이 옳은가? 이 말이 꼭 필요한가?
- 내가 하려는 말이 친절한 마음에서 우러난 것인가?

고요함 찾기

내면의 세계가 소용돌이칠 때는 바깥에서 고요한 장소를 찾는 게 도움이 될 수 있다.

주변 세상에서 고요한 무언가를 찾으세요. 건물, 바위, 조각상, 나무 밑동, 또는 움직이지 않는 어떤 것을 찾을 수도 있겠지요. 그곳에 생각을 내려두고, 외부의 고요함과 내부의 고요함이 서로 이어질 때까지 잠시 여유를 가지고 호흡하세요.

초록빛 찾기

몇 년 전 여름에 호숫가를 걸으면서 건너편에 펼쳐진 푸른 숲을 바라본 적이 있다. 거기에 수십 가지의 녹색 색조가 있음을 깨달은 나는 숫자를 놓칠 때까지 그 색들을 하나하나 세어보았다. 온 세상이 황량해 보이는 겨울은 물론이거니와 연중 어느 때라도 생명의 푸르름에 주의를 기울이면 금세 마음이 차분해지고 주변을 제대로 알아차리게 된다.

나는 초록색을 즐겨 찾는다. 이 색에서 번성하는 생명을 느끼기 때문이다. 하지만 꼭 초록색일 필요는 없다. 각자 원하는 다른 색을 골라도 좋다. 다만 많은 사람과 이 연습을 함께해 본 결과, 사람의 눈은 다른 색보다 유독 초록색 계통의 색깔을 잘 포착한다는 걸 알게 되었다. 지난여름에 한 수련회에서 마음챙김 걷기를 하던 중 이 연습을 실천했는데, 초록색 풍경 속에서 잎이 일곱 개나 달린 클로버가 눈에 들어왔다. 색다른 눈으로 세상을 바라보면 무엇을 발견하게 될지 알 수 없다.

붓다의 전생 이야기를 담은 설화집 《자타카》에는 그가 사슴으로 환생해 다른 사슴 무리와 함께 사악한 왕에게 사로잡힌 이야기가 나온다. 다른 사슴들이 두려움에 떨고 있을 때 붓다 사슴이 말하길, 머리 위로 파란 하늘이 떠 있고 발아래 푸른 풀밭이 존재하는 한 절망해서는 안 되며 생명이 있는 곳에는 희망이 있다고 깨우쳐주었다. 주변의 살아 있는 모든 것에 눈을 돌리기만 해도, 특히 한겨울의 어둠 속에서 이를 실천하면 희망적인 관점을 품는 데 도움이 된다.

지금 이 순간의 경험 살피기

발달 정신과 의사 대니얼 시겔은 지금 이 순간의 경험을 살펴보는 4단계 연습으로 간단한 약어(SIFT, 직역하면 '체로 거르듯 훑다'라는 뜻-옮긴이)를 활용한다.[1]

호흡하면서, 지금 이 순간 아래와 같은 측면에서 어떤 일이 일어나고 있는지 주의 깊게 살피세요.

Sensations	몸에서 일어나는 감각
Image	마음속에 떠오르는 이미지나 영화 장면
Feelings	느낌과 감정
Thoughts	마음속에서 일어나는 생각들

하루를 보내면서 이따금 지금 이 순간의 경험을 살피면, 순간순간 내가 진정으로 경험하는 게 무엇인지 알아차리는 습관이 생기고 이로써 알아차림의 근육이 튼튼해진다. 또한 이 연습은 마음챙김을 마친 아이들이 자신의 경험을 성찰하게 할 때도 유용하다. 마음챙김하면서 이 네 가지 영역에서 무엇이 떠올랐는지 아이들에게 물어보자.

내 몸 스캔하기

자기 몸을 살피는 이 간단한 연습은 스캔스(SCANS)라는 약어로 쉽게 기억할 수 있다. 스캔스는 배(Stomach), 가슴(Chest), 팔(Arms), 목(Neck), 어깨(Shoulders)를 의미한다. 이곳들은 우리가 느끼는 감정에 관해 가장 많은 정보를 전달하는 신체 부위다. 앨범, 플래너, 그 밖에 아이들이 자주 눈길을 주는 장소에 'SCANS'라고 써 붙여놓고 그 의미를 되새기게 할 수 있다.

배를 살펴보세요. 편안한가요, 초조한가요, 굳어 있나요, 요동치나요? 호흡이 배 근처에서 이루어지나요?

가슴을 살펴보세요. 굳어 있나요 아니면 편안한가요? 심장은 어떻게 뛰고 있나요? 호흡이 가슴에서 이루어지나요?

팔을 살펴보세요. 긴장되나요 아니면 편안한가요? 두 손은 주먹을 쥐고 있나요 아니면 편안히 내려놓고 있나요?

목을 살펴보세요. 따갑거나 아픈가요? 아니면 편안하게 느껴지나요? 마지막으로 어깨를 살펴보세요. 어깨가 굽어 있나요 아니면 편안한 자세인가요?

성가신 감정 지켜보기

이 연습은 불쾌한 감정을 다룰 때 유용하다. 이 연습을 통해 아이들은 부정적인 감정이 일어나더라도 결국에는 사라진다는 사실, 즉 모든 감정은 일시적이라는 걸 깨닫게 된다. 이 연습을 일컫는 약어 NAG(직역하면 '잔소리하다' '징징대다'라는 뜻-옮긴이)는 3단계로 이루어진다.

Notice	지금 느껴지는 감정에 주의를 기울이세요.
Allow	그들이 찾아오는 걸 허락합니다.
Go	그들이 떠나는 걸 바라봅니다.

이 연습은 미셸 맥도널드가 고안한 '레인(RAIN)'이라는 연습과 비슷하다. 레인은 인식하기(Recognize), 허락하기(Allow), 조사하기(Investigate), 동일시하지 않기(Nonidentify)를 뜻한다.

감각 카운트다운

이 연습은 집중력이 필요한 일이나 일을 시작하기 전에 주의력을 모으고 생각을 정리하는 데 도움이 된다.

세상과 맞닿는 몸의 가장 바깥 부분인 피부에서 느껴지는 감각에 주의를 기울이세요. 다음으로 피부 바로 아래 어딘가에서 느껴지는 감각에 주의를 기울입니다. 이제 몸속 더 깊은 곳에서 느껴지는 감각에 주의를 기울이세요.

소리 카운트다운

이것은 듣기 연습의 일종이다. 더 많은 듣기 및 소리 연습은 8장을 참고하길 바란다. 감각 카운트다운처럼 이 연습도 자신을 가다듬어 눈앞의 일에 집중하도록 도와준다. 교실에 있을 때, 집에서 숙제할 때, 그 밖에 주의력이 필요할 때 실천할 수 있다.

지금 머무는 건물 밖에서 나는 소리에 주의를 기울이세요. 건물 안에서 나는 소리에 주의를 기울이세요. 방 안에서 나는 소리에 주의를 기울이세요. 몸에 와닿거나 몸에서 진동하는 소리에 주의를 기울이세요. 몸 안에서 나는 소리에 주의를 기울이세요. 원한다면 귀를 막아보세요. 생각의 소리가 들릴지도 모릅니다.

줌 렌즈와 광각 렌즈

이 연습을 가리켜 '포식자의 눈과 먹잇감의 눈'이라고 하는데, 나는 이 말이 약간 무시무시한 느낌이다. 차라리 '독수리의 눈과 생쥐의 눈'이라고 표현하고 싶다. 어떤 이미지가 자기와 가장 잘 어울릴지 생각해 보자.

몇 차례 호흡하는 동안 주변 사물 중 하나에 집중합니다. 그런 다음 시야를 넓혀 주변 전체를 눈에 담습니다. 호흡할 때마다 줌 렌즈와 광각 렌즈를 번갈아 가며 초점을 계속해서 바꿔보세요. 그런 다음 자기 몸과 마음에서 일어나는 생각과 감정을 대상으로 삼아 초점을 좁히거나 넓혀보세요.

연습의 대상을 소리로 바꿀 수도 있다. 몇 차례 호흡하는 동안 하나의 소리에 집중하고, 이어서 초점을 넓혀 주변 소리 전체에 귀를 기울인다.

색깔 탐정

이 연습은 나의 내담자였던 초등학생 테디가 떠올린 것이다. 학교에서 자원봉사로 유치원생에게 책을 읽어주던 테디는 이제 그 아이들에게 마음챙김 연습을 가르친다.

> 방안을 둘러보며 무지개색을 찾아보세요. 색깔을 하나 찾을 때마다 들숨과 함께 그 색을 음미하고 다음 색으로 넘어가세요.

다른 눈으로 바라보기

호흡과 몸도 지금 이 순간으로 돌아오는 훌륭한 지름길이지만, 우리의 두 눈 역시 현재에 머물며 알아차림과 관점을 높이는 데 유용하다. 아래에 소개하는 세 가지 짧은 시각 연습은 나이와 상관없이 모든 아이가 해볼 만한 것들이다.

- **사무라이의 눈**: 가만히 방안을 둘러보면서 보이는 모든 것의 생김새를 최대한 외워보세요. 이제 두 눈을 감고 방금 전에 본 것을 마음속 이미지로 떠올려보세요. 다시 눈을 뜬 다음 마음속에 떠올렸던 이미지와 실제 모습이 얼마나 비슷한지 살펴보세요.
- **아이의 눈**: 잘 아는 익숙한 공간일지라도 새로운 눈과 초심자의 마음으로 방을 둘러보세요. 전에는 한번도 눈여겨보지 않았던 무언가를 찾을 때까지 계속 둘러보세요.

- **예술가의 눈**: 가만히 방안을 둘러보면서 다양한 사물에 주의를 기울이세요. 이번에는 사물에서 초점을 거두어 주변 공간에 초점을 맞추세요. 예술가들은 이 공간을 여백이라고 부릅니다.

그저 존재하기×3

이 연습은 엘리샤 골드스타인이 2015년에 발표한 《행복 발견하기(Uncovering Happiness)》라는 책에 소개된 더 짧은 연습을 각색한 것이다.[2] 각각 2행으로 이루어진 세 문장은 BE(직역하면 '존재하다'라는 뜻-옮긴이)라는 약어를 활용해 우리가 그저 존재하도록 이끈다.

Breath	숨을 들이마시면서
Expand	몸을 활짝 여세요.
Breath	숨을 들이마시면서
Expand	마음을 활짝 여세요.
Breath	숨을 들이마시면서
Expand	시야를 활짝 여세요.

친절한 소원

이것은 우리 자신과 이 세상에 존재하는 사람에게 친절한 소원을 비는 간단한 자애 연습이다(자애에 관한 자세한 내용은 13장을 참고하라). 아이에 따라 전혀 모르는 누군가를 위해 소원을 비는 게 어려울 수 있다. 그런 경우에는 세상 전체를 위해 기도하는 게 더 효과적이다.

자기 자신을 위해 친절한 소원을 빌어요.
친구나 가족을 위해 친절한 소원을 빌어요.
잘 알지 못하는 누군가를 위해 친절한 소원을 빌어요.
마음이 편안하고 용기가 난다면, 별로 좋아하지 않는 사람이나
자신을 괴롭히는 사람을 위해서도 친절한 소원을 빌어요.

모든 순간을 닻으로 삼기

영적 수련이란 앉아서 명상하는 것만을 뜻하지 않습니다.
보고 생각하고 만지고 마시고 먹고 이야기하는 모든 것이
수련입니다. 모든 행위, 모든 호흡, 모든 발걸음이
우리를 더 우리답게 만들어주는 수련입니다.
_ 틱낫한, 《너는 이미 기적이다》

마음챙김을 삶에 통합하는 일은 두 단계로 이루어진다. 첫째, 하루 중 특정 시간대나 신호를 정해놓고 이를 활용해 짧은 연습을 실천한다. 둘째, 일하고 놀고 다른 사람과 소통하는 등 평소에 하던 일에 마음챙김을 적용한다. 이를테면 3장에서 소개한 '어떻게 알 수 있을까?' 같은 짧은 연습을 활용하는 것이다. 매사에 '4R'을 실천해 볼 수도 있다[우리가 하는 일에 주의를 두고(Rest), 그것이 언제 어디서 방황하는지 인식하며(Recognize), 다시 천천히 과업에 주의를 되돌린다(Return), 그리고 이것을 반복한다(Repeat)]. 마음챙김

을 삶에 통합하는 건 삶 자체를 명상의 닻으로 만드는 일이다.

아이든 어른이든 생각 없이 자동으로 움직일 때가 얼마나 많은가? 어른인 우리는 자동으로 움직이는가 아니면 모든 소통과 발언을 하나하나 알아차리는가? 아이들이 더 충만하게 현재에 머물고 상담실이나 교실뿐만 아니라 예술과 창작 활동, 글쓰기, 운동, 스포츠, 그 외 일상생활 여기저기에 마음챙김을 적용하도록 가르칠 수 있을까?

만사에 온전히 현재에 머물면 더 행복해진다. 2장에서 이야기했던 연구를 다시 한번 떠올려보자. 무얼 하느냐보다 얼마나 집중하느냐에 따라 행복이 좌우된다. 우리는 마음챙김을 길러서 집중력을 높일 수 있고, 주의를 분산시키는 것들을 걷어내고 동시에 여러 가지 일을 하는 습관을 줄임으로써 집중력을 높일 수도 있다.

아이들의 경우, 일상생활에 마음챙김을 접목하는 건 조금 더 침묵하고, 조금 더 속도를 늦추고, 반복되는 일상에서 '한 번에 하나만' 실천하기를 늘리는 일일 수 있다. 2부 곳곳에서 제시한 다양한 방법을 검토해 보고, 나의 전작 《어린이의 마음》도 참고하길 바란다. 그 책에는 아이들이 주의를 기울여 실천할 만한 100가지 활동 목록이 실려 있다. 물론 누구든 자신만의 목록을 만들 수 있다.

세심하게 마음챙김을 적용해 주의력을 높이면 삶에서 기쁨을 누릴 수 있다. 이러한 기쁨 중 하나는 아이와 어른이 경험을 공유함으로써 마음챙김이라는 문화에 함께 익숙해지는 것이다. 우리는 연습에서 얻은 공통의 통찰과 좌절을 서로 나눌 수 있다. 공통의 경험은 '그대로 앉아 있기', '감정이 일어나고 지나가도록 허락하기', '잠시 경험하기', '닻을 내리기' 등 마음챙김을 이야기할 때 사용하는 공통의 표현으로 이어진다. 이를테면 "오늘 아침 너의 마음 날씨는 어때? 오늘 하루는 어떨 것 같아?"라고 물어보거나 가족이나 공동체가 특히 좋아하게 된 은유와 표현을 사용해 서로를 확인할 수 있다. 이렇게 공유된 용어는 모두의 연습을 강화하고 동기를 부여한다.

우리의 궁극적인 바람은 진정으로 마음챙김하며 사는 것이다. 하지만 많은 아이가 그 목표를 이루지 못할 것이며 어른 역시 마찬가지다. 사실 대다수 아이가 그렇다. 치료사로서 처음 상담을 시작하고 의욕에 넘쳤던 시절에 나는 함께하는 모든 사람이 완벽하게 마음챙김하는 삶을 배우리라 상상했다. 그러려면 나부터 마음챙김하는 삶을 살아야 한다는 걸 까맣게 잊고 있었다. 이후 몇 년 동안 목표를 점검하면서 나는 공식에서 자존심을 빼려고 노력했다. 현실에서 나의 목표를 달성하겠다는 마음은 내려놓되 그것을 향하는 마음만은 늘 지켜왔다. 지금도 마음챙김 지도자들은 자신이 마음챙김 연습을 삶에 완전히 통합하지 못했더라도, 다른 사람에게 온전히 통합된 공식적·비공식적 마음챙김 연습을 전해주고자 노력한다. 영적 전통에서 말하는 깨달음이나 성자처럼, 어쩌면 마음챙김하며 사는 삶은 반드시 도달해야 할 목표가 아니라 북극성처럼 삶을 항해하는 데 늘 기준으로 삼아야 할 무엇인지 모른다.

우리는 마음챙김으로 상황을 명확히 보고 능숙하게 대처함으로써 때때로 최선을 다해 주의 깊은 삶을 살아갈 수 있다. 언젠가 우리는 다른 누구보다 더 가까이 그런 삶에 다가갈지 모른다. 그 모든 과정을 헤쳐나가는 데 자기연민이 힘이 되어줄 것이다. 이상적으로 보면, 아이들은 자신의 경험을 관찰하고 현명한 행동을 하기 위해 마음챙김을 사용할 뿐만 아니라 마음챙김 자체를 현명하고 요령 있는 행동으로 여길 것이다.

바로 이 지점에서 우리는 변화를 목격하게 된다. 아이들은 자기가 놓인 상황을 알아차리고 자기 몸에서 일어나는 감정을 느끼는 과정에서 다양한 선택지가 있음을 보게 된다. 술을 마실까 아니면 그냥 가버릴까? 두려운 마음을 이겨내고 무대에 오를까 아니면 포기할까? 긍정적으로 행동하고 마음챙김을 활용할까 아니면 나중에 후회할 선택을 내릴까?

PART
3

마음챙김 나누기

chapter 12

마음챙김을
가르치는 요령

가르치면서 배우고, 이야기하면서 관찰하고,

주장하면서 살피고, 보여주면서 바라보고, 쓰면서 생각하고,

펌프질함으로써 우물에 물을 들인다.

—

앙리 프레데릭 아미엘, 《아미엘의 일기》

아이들에게 마음챙김과 연민을 전하는 일에는 보상과 함께 어려움도 따른다. 교육에 관한 한 '만능 해결책'은 없다. 이번 장에서는 나의 경험 그리고 선도적인 동료들과 나눈 대화에서 얻은 내용을 바탕으로 아이들에게 마음챙김을 가르치는 모범 사례를 다룬다. 흥미를 유발하고 참여를 유도하기 위한 조언뿐 아니라 연습 후에 원활하게 대화하기 위한 기술도 포함되어 있다. 자기 자녀를 가르치든 전문가로서 아이들과 함께 작업하든, 여기서 얻는 정보가 많은 도움이 될 것이다.

우리는 살면서 아이들과 관계 맺으며 부모, 교사, 치료사, 친구 등 여러 가지 역할을 맡는다. 나는 몇 년간 교사였다가 지금은 심리학자이자 아버지이기도 하다. 각각의 역할은 내가 마음챙김을 생각하고 아이들과 그것을 공유하는 방식을 형성했다. 아마도 아이들은 다른 어떤 곳보다 학교에서 많은 시간을 보낼 것이다. 따라서 교육자들은 아이들에게 마음챙김을 소개할 특별한 기회를 가지고 있다. 역사적으로 동서양에서 교육을 담당했던 곳은 수도원이었다. 사람들은 기도와 명상을 통해 효과적으로 집중하고, 더 효과적으로 배우고, 창의적으로 생각하는 법을 배웠다. 그러니 마음챙김을 다시 교육의 장에 가져오는 건 매우 이치에 맞는 일이다.

치료사는 아이들과 작업하는 동안 마음챙김을 접목할 특별한 기회가 있다. 마음챙김은 정신 건강을 비롯한 다양한 문제에 도움이 된다는 사실이 여러 차례 입증되었고, 치료사는 일대일 상담 시간을 활용해 마음챙김을 가르치고 실행할 수 있기 때문이다. 마음챙김은 아동 환자를 대하는 의사나 간호사에게도 유용하다. 마음챙김은 의료인이 더 주의 깊고 공감 어린 태도로 효과적으로 진료하도록 돕는 한편, 환자들이

질병과 상처로부터 더 빠르고 온
전하게 회복하는 데도 유용하다
는 증거가 있다.

　평생 자녀와 함께하는 부모
는 모든 일에 마음챙김과 연민을
적용할 기회가 무수히 많다. 부모
말이라면 무조건 귀를 닫으려 하
는 회의적인 10대보다 어린아이
가 더 열린 자세를 보일 수 있다.
다행히 10대에게는 다른 성인 멘
토가 나서 마음챙김 연습을 전할
수 있다. 연습이 단단히 뿌리를 내
리면 도리어 그 아이들이 어른이
되어 부모에게 연습을 가르쳐줄
지도 모른다. 지금 나와 내 부모님
이 그러하듯 말이다.

　때로는 자신의 연습을 지속
하기가 어려운데, 특히 다른 사람
에게 마음챙김을 전하려고 애쓸
때 더욱 그렇다. 전통적으로 수행
을 지속하려면 탄탄한 가르침, 내
적 동기, 공동체의 지지라는 3대
요소가 있어야 한다. 불교에서는

tip

아이들의 발전적
연습을 돕는 방법

아이들의 마음챙김 연습을 도울 때 고려해
야 할 단계와 우선순위는 아래와 같다.

1. 먼저 나 자신의 연습을 기른다.
2. 나와 아이들의 연습을 지원해 줄 공동체
   를 만들거나 그런 공동체에 합류한다.
3. 공식적인 지도로 시작해서 아이들을
   가르치고 연습을 이끌면서 함께 연습
   한다.
4. 비공식적 연습을 전함으로써 일상생활
   에 마음챙김을 접목하게 한다.
5. 정기적인 활동에 주의 깊은 알아차림을
   적용한다.

이 모델은 아이들의 저항에 부딪혔을 때도
유용하다. 각 단계에서 저항에 부딪히면
한 걸음 물러나 이전 단계로 돌아간다.

이 요소들을 가리켜 삼보[三寶: 법보(法寶), 불보(佛寶), 승보(僧寶)]라고 한다. 이 세 가지 요소를 갖추면 시간과 함께 수행이 성장하고 무르익는다. 아이들에게 마음챙김을 전할 때는 좋은 가르침, 지지적인 공동체, 올바른 기법이 모두 아이의 학습 욕구와 일치해야 하고 그들의 본질적인 호기심과 동기를 유발해야 한다. 이런 완벽한 조화를 찾는 게 연금술처럼 불가능해 보일 수 있지만, 이번 장에서 소개하는 모범 사례들이 거기에 도달하는 데 큰 도움이 될 것이다.

마음챙김을 가르친다는 것

많은 사람이 아이들에게 마음챙김을 전하려는 이유는 자신이 마음챙김의 이로움을 경험해 보았기 때문이다. 물론 명상 방석 위에서 배운 것을 일상생활에 적용하려면 어려움이 따른다. 하지만 그 지혜를 아이들을 위한 가르침으로 바꾸고 아이들이 우리와 그들 자신의 연습을 통해 배우고 자라나 놀이터, 교실, 가정, 동네에서 이 지혜를 활용하게 하는 건 훨씬 더 어려운 일이다.

마음챙김을 연습하는 데서 가르치는 데로 나아가는 건 엄청난 도약처럼 느껴진다. 개인적인 연습을 오래 한 사람도 자신의 경험을 다른 사람에게 전하는 일이 낯설게 느껴질 수 있다. 어쩌면 불안과 의심의 감정이 일어날지도 모른다. '나는 부족한 사람이야. 내가 뭐라고 이걸 가르쳐? 내가 틱낫한 스님은 아니잖아! 다들 날 비웃을 거야. 망칠 게 뻔해!' 이런 감정은 특히 자기 의심, 자의식, 판단, 회의주의를 전염시키는

10대를 상대할 때 더 크게 일어난다. 하지만 이런 감정은 우리만 느끼는 게 아니다. 어떤 일을 시작할 때 의심이 드는 건 흔한 일이다. 꽤 오랫동안 누군가를 가르쳤다고 해도 그런 감정은 흔하게 일어난다. 내가 마음챙김 연습을 이끌 능력이 있을까 하는 의심이 든다면, 자신의 명상 스승이나 멘토와 의논해 보라. 의심이 전혀 들지 않고 자신감이 넘친다면 더더욱 반드시 누군가와 의논해야 한다. 지도를 구하는 건 나약한 태도가 아니다. 필요할 때 지원을 요청함으로써 아이에게 겸손의 모범을 보이고 우리의 상호 의존성을 몸소 보여줄 수 있다.

이 책의 목적은 아이들에게 마음챙김의 씨앗을 심도록 돕는 것이다. 종종 그것은 마음챙김의 기본 요소(지금 이 순간에 접촉하기, 알아차림, 집중, 판단하지 않고 받아들이기)에 대한 경험을 제공하고, 수잔 카이저 그린랜드가 말한 '새로운 ABC(주목-Attention, 균형-Balance, 연민-Compassion)'를 전하는 일이다. 이 일을 완수했다면 우리는 자기 몫을 다하고 뜻한 바를 이룬 것이나 다름없다. 아이들의 삶에서 공식적인 연습이 활발히 이루어지든 그러지 않든 걱정하지 않아도 된다.

초심자의 마음으로 시작하기

가르침에 임할 때는 자기 자신, 환경, 그리고 아이들을 초심자의 마음으로 대하자. 가능하면 모든 선입관과 기대를 내려놓길 바란다. 부모로서 아이와 싸우거나 화를 내야 할 상황이거나, 교사로서 만나야 할 아이들에 관해 안 좋은 소리를 전해 들었거나, 치료사로서 아이와 상담을 앞두고 막 두꺼운 사례 자료를 읽고 난 경우라도, 아이를 만날 때는 열린 마음과 가슴을 갖춰야 한다. 우리가 먼저 편견 없고 열린 마음 자세를 보여주면 아이도 안정감을 느끼고 같은 태도를 보일 것이다. 반대로 일이 어떻게 흘러갈지 선입관을 가지고 들어가면 아이 역시 마음을 걸어 잠그고 우리와 같은 태도를 보일 것이다. 초심자의 마음으로 아이를 바라보면 아이에게도 그런 관점이 퍼져나갈 가능성이 있다.

　아이를 가르치기 전에 일정한 의식이나 연습을 하면 초심자의 마음을 찾는 데 도움이 된다. 온화한 자기연민의 문구를 읊거나, 자신을 진정시킬 방법을 찾거나, 몸과 마음과 정신을 깨끗하게 정돈하려 노력하자.

　우리는 부모나 조부모일 수 있고, 치료사나 교사일 수 있으며, 어쩌면 마음챙김을 전하려는 아이의 인생에서 전혀 다른 역할을 맡고 있을지도 모른다. 무엇이든 어른들은 어린아이가 어떤 존재인지 너무도 쉽게 잊는다. 우리 모두 아이였던 때가 있었는데도 말이다! 우리가 어린 시절에 경험했던 긍정적인 경험을 편안하게 다시 떠올릴 수 있다면, 우리가 다가가려는 아이들과 더 진정성 있고 효과적으로 연결될 수 있을 것이다.

아이를 중심에 두기

거실, 교실, 사무실 등 연습을 지도하는 장소가 어디든, 호흡 알아차리기나 창의적 표현 등 어떤 기법을 활용하든, 해맑은 유치원생이나 소년범 등 누구와 작업하든 목적은 하나다. 아이들과 소통하면서 마음챙김의 긍정적인 경험을 전하는 것이다.

자신에게 와닿은 연습부터 시작하면 아이들이 이를 받아들일 확률이 높다. 또한 함께 목표(10회 호흡하기 또는 10분씩 연습하기 등)를 세우면 아이들에게 영감을 불어넣고 동기를 부여할 수 있다. 지도하는 내용이 명확할수록 아이들이 안정감과 편안함을 느끼면서 수월하게 따라온다.

어떤 아이들은 속도를 늦추고 마음챙김을 연습하는 데서 안도감을 느끼지만, 다른 아이들은 이를 낯설고 불편하게 느끼거나 심지어 불안해할 수도 있다. 아이에 따라 "이제 조용히 앉아서 생각을 들여다보자"라는 말에 지루함, 모호함, 공포를 느끼기도 한다. 침묵은 맥락과 문화에 따라 각기 다른 의미를 가진다. 치료에서 침묵은 치유의 공간을 의미지만 학교나 가정에서는 위험, 문제, 외로움을 나타내기도 한다. 이와 달리 "1분간 앉아서 들리는 모든 소리에 귀 기울여 보고, 각자 발견한 것을 이야기해 보자"라는 말은 명확하고 함축적이다. 생각을 들여다본다는 식의 추상적인 연습보다 소리에 귀 기울이는 것처럼 구체적인 연습부터 시작하면 아이들의 성취감을 높여 연습을 이어갈 의욕을 심어줄 수 있다. 아이에 따라 제각각 다르겠지만, 마음챙김의 정의도 명료하고 간결해야 한다. 경험상 마음챙김의 정의는 아이가 가족과 친구들에게 설명할 수 있을 만큼 간단해야 한다.

자신이 생각하는 명상의 이미지를 조금은 내려놓을 필요도 있다. 아이들에게 명상은 눈을 감고, 등을 곧게 펴고, 신발을 벗고 바닥에 서는 게 아닐 수 있다. 이런 자세는 낯설고 불편하고 불안하게 느껴지고, 문화에 따라 각기 다른 의미를 나타내기도 한다. 아이들에게 눈을 감거나 시선을 낮추라고 하면 주의가 덜 흐트러지고 자의식을 낮출 수 있지만, 거듭 말하건대 무엇보다 내 앞에 있는 아이를 잘 알아야 한다. 어떤 아이들은 이런 자세를 불편해할 수 있다.

바람직한 명상 길이도 때에 따라 다르다. 적절한 길이는 아이들이 꼼지락거리지 않고 참아낼 수 있을 정도보다 살짝 긴 편이 좋다. 특정 자세를 취하고 앉아 있을 때는 명상 시간을 더 늘려도 어렵지 않게 연습할 수 있다. 그래서 나는 '올바른' 또는 '잘못된' 자세를 설명하기보다 그저 "불편하거나 졸리지 않고 충분히 유지할 만한 자세가 가장 좋아"라고 말해준다. 명령이 아닌 초대로 느껴지는 이런 태도는 대다수 아이가 학교나 집에서 대우받는 방식과는 근본적으로 다르다. 나는 아이들에게 "오래 앉아 있는 게 더 좋아"라고 말하기보다 "오래 앉아 있거나 조금 더 자주 앉아 있으면 생각을 주의 깊게 들여다볼 기회가 더 많아져"라고 말하곤 한다.

가르치는 사람의 유연하면서도 지지적인 태도는 많은 아이가 살면서 접하는 옳고 그름의 뻔한 이분법을 벗어나게 한다. 또한 이를 통해 명상은 '이래야 한다'는 고정관념을 가볍게 내려놓을 수 있다. 문화적 전통에서 비롯된 이런 선입관들은 함께하는 아이들이 가진 생각과 맞지 않을 수 있다. 딱딱한 교육 과정을 제시하고 아이들이 거기에 맞춰주길 기대하기보다 아이들의 몸과 마음과 정신에 맞게 나와 나의 연습을 조정하는 게 더 낫다.

가능하면 아이들과 함께 연습하길 바란다. 아이들은 스스로 연습하거나 안 할 수 있지만, 함께하는 동안 가르치는 사람이 스스로 지금 이 순간에 머물면 순간순간 온전히 존재하도록 아이들을 가르치게 된다. 나는 명상을 이끌 때 항상 눈을 감지는 않지만 솔선수범해서 주의 깊은 자세를 보여주면 좋다는 걸 알게 되었다. 또한 안내문을 따라 움직이면 전달하려는 내용이 무엇인지 더 분명히 알게 된다. 그리고 함께 연습하면서 내가 하지 않을 일은 아이들에게도 요구하지 않는다는 걸 보여준다. 이 또한 많은 아이에게 익숙한 권위자와의 관계와 사뭇 다르다. 물론 먹기 명상 중에 입에 초콜릿을 물고 이야기하긴 쉽지 않다. 또한 움직임 연습의 일부 동작이 당신을 지치게 만들 수 있다. 그런 경우에는 안내자 역할을 충실히 하면서 할 수 있는 모든 것을 하면 된다.

연습을 시작할 때, 우리의 목적이 아이들에게 가볍게 마음챙김을 소개하고 긍정적인 경험을 제공하는 것임을 잊지 말자. 몇몇 아이들에게 그렇게 해주었다면 목적을 성취했다고 봐도 좋다. 나는 딱 한 사람만 주의 깊은 알아차림을 경험하고 연습의 유익을 얻게 하자고 마음먹곤 한다. 그러면 대개 생각보다 많은 성과를 거둔

 tip

마음챙김을 가르칠 때 유념해야 할 것

아래 내용은 아이들에게 명상을 가르치는 초보 안내자들이 실수를 예방하는 방법이다.

- 속도: 너무 빠르게 말하는 것도 흔한 실수지만, 너무 느리게 말하는 것도 청중을 졸리게 만들 수 있다. 호흡에 맞는 자기만의 속도를 유지하자.
- 성량: 충분히 큰 소리로 말하자. 너무 느긋하거나 부드럽게 말하면 뒤에 있는 사람이 듣지 못할 수 있다.
- 어조: 차분하면서 자신감 있고 단호한 어조가 이상적이다. 몽롱하거나 지나치게 엄한 어조를 띠지 않도록 주의하자.
- 용어: 안내문에 적힌 용어가 썩 와닿지 않는다면 당신과 아이들에게 맞는 단어로 즉석에서 고쳐서 전달하자.

다. 설령 아이들이 두 눈을 굴리며 따분하다는 내색을 하더라도 우리가 심은 씨앗은 때가 되면 꽃을 피울 것이다. 비록 그것이 우리가 바라는 때나 우리 생전은 아닐지라도 말이다! 자만을 경계하는 게 중요하다. 우리가 할 수 있는 건 마음챙김을 실천할 만한 환경을 조성하는 것뿐이다. 마음챙김을 배우는 아이들의 마음이 거둔 '성공'이나 '실패'에 지나치게 의미를 부여하면 자기 돌봄이나 상황에 대한 올바른 관점을 솔선수범할 수 없다.

적합한 공간 만들기

때에 따라 다른 사람의 공간에서 마음챙김을 가르칠 수 있다. 외부자로서 연습을 이끌 때는 손님으로서 존중 어린 태도를 보여야 한다. 감사의 말을 전하고 무언가를 조정해야 할 때는 늘 사전에 허락을 구하자. 자신의 바람대로 공간을 구성하지 못했다면 이미 있는 공간을 활용해야 한다.

예를 들어 익히 잘 알고 있는 학교에서 가르칠 경우, 교사들에게 문의해 마음챙김과 아이들이 배우는 다른 과목 사이의 연결고리를 찾을 수 있다. 벽에 걸린 천체 지도에서 따올 수 있는 은유는 없을까? 몸의 마음챙김에 관한 정보와 과학실의 해부도를 어떻게 연결할 수 있을까? 마음챙김 연습에 참여하는 사람들이 가진 재료를 활용하면 그들의 주의를 끄는 데 더 유리하다. 빈방도 나름의 은유로 작용한다. 그 방은 파괴를 견디기 위해 아무것도 없는 공간으로 두었을 수 있다. 우리가 파괴적인 생각으로 자신을 망가뜨리지 않도록 마음을 깨끗이 비우듯이 말이다. 무엇이든 현장에 존재하는 것을 활용하다 보면 창의적인 즉흥성이라는 중요한 기술을 기를 수 있다. 또한 이를 통해 지금 여기에 있는 것을 받아들이고 주변 환경에 의미를 부여하는 연습을 본보기로 보여줄 수 있다.

가능하면 자신이 이끄는 모임이 정기적으로 모이는 공간이나 건물 가까이에 마음챙김을 떠올리게 하는 무언가를 마련해 두자. 그리고 학교, 병원, 상담실 달력에 늘 모임 정보를 표시하자.

지금 사용하는 공간의 담당자를 만날 수 있다면 그 사람도 연습에 초대한다. 다른 사람과 협력을 이루는 데서 더 나아가, 그들이 모임을 보조하고 연습을 이끌도록 허락하자. 지속적으로 그들에게 다가가 부탁하면, 당신이 드러내는 자신감과 일관성이 아이와 어른 모두에게 안정감을 선사한다. 매번 사양하더라도 계속 물어보자. 홀로 연습할 때 단 한 번 마음이 방황하고 혼란스러운 생각에 빠졌다고 해서 연습을 포기하지 않는 것처럼, 모임에 참석한 누군가가 주의를 잃고 교실을 떠났다고 해서 지레 포기할 필요는 없다.

자신의 공간을 신성하게 만드는 일이 중요하다. 비록 외부에서 작업할 때는 쉽지 않은 일이지만 말이다. 나는 근래 들어 운이 좋게도 나만의 교육 공간을 가지게 되었지만 늘 그래왔던 건 아니다. 도심의 학교에서 일할 때만 해도 나와 동료들은 말 그대로 어디서나 치료 모임을 이끌었다. 강당의 무대 뒤편, 창고, 계단 꼭대기의 귀퉁이 공간, 비품실로 개조한 화장실에서도 모임을 이끌었다. 그곳에서 교사, 관리인, 다른 아이들로부터 수시로 방해받았다. 하지만 우리는 실망하지 않았고, 통통

튀는 페인트와 장식으로 자칫 무미건조할 수 있는 치료 공간을 모두를 위한 신성한 곳으로 만들었다. 이처럼 각자 주어진 공간에서 할 수 있는 일을 해보자.

자기만의 공간이 있다면 그곳을 신성한 공간 내지 적어도 특별한 공간으로 꾸며보자. 나는 삶에서 중요한 사람들과 사건을 상징하는 물품들로 나의 공간을 가득 채웠다. 내 주변에는 내가 좋아하는 장소를 떠올리게 하는 물건, 집에서 가져온 가구, 아끼는 책들이 가득하다. 바닥에는 조부모님이 주신 카페트가 깔려 있고, 맞은편 내담자 의자 주위에는 여행 가서 찍은 사진이 둘러 있으며, 내가 좋아하는 선생님들이 쓴 책 옆에는 나의 멘토들을 떠올리게 하는 물건들이 진열되어 있다. 자신이 직접 지었거나 다른 사람이 전해준 감동적인 인용문이나 시로도 공간을 활기차게 만들 수 있다. 함께하는 아이들에게 주인의식을 심어주기 위해 마음챙김을 떠올리게 하는 물건을 가져와 그곳에 두게 해도 좋다.

자기만의 공간을 활용한다고 해도 여러 가지 제약이 따를 수 있다. 이때 할 수 있는 최고의 일은 마음챙김 모퉁이를 만드는 것이다. 그럴 만한 공간조차 여의치 않다면 사진, 포스터, 종, 페인트 얼룩 한 점을 닻으로 삼을 수 있다. 그것이 당신을 비롯해 그 공간에 드나드는 모든 사람을 일깨워 주고 영감을 불어넣을 것이다.

만약 모임을 가르치고 있다면 아이들이 앉는 형태를 고민할 수 있다. 둥글게 둘러앉는 법, 줄지어 앉는 법 등 다양한 의견이 존재한다. 답은 아이들에게서 얻을 수 있다. 당신이 맡은 모임의 아이들은 어리석게 행동하면서 서로를 화나게 하는가 아니면 서로를 칭찬하면서 진지하게 토론에 임하는가? 둥글게 둘러앉았을 때 아이들의 자의식이 높아지는가 아니면 모두가 한눈에 들어올 때 더 안전하다고 느끼는가?

외부 기관이나 학교에서 가르칠 때는 그곳의 고유한 문화를 고려해야 한다. 다른 어른들과 친분을 쌓아 협력하면서 정보를 얻자. 모임의 역동성을 이해하는 건 더없이 중요한 일이므로 그 모임에 흐르는 정서적 분위기에 대해 직원들에게 묻거나 이를 잘 알 만한 사람과 관계를 맺자. 그러면 지지나 안전을 위해 누가 누구와 나란히 앉아야 하는지 혹은 반대로 떨어져 앉아야 하는지 파악할 수 있다.

아이들이 새로운 아이디어에 최대한 열린 자세를 보이고 건강한 주의 지속 시간을 가지는 시점이나 상황이 있는지도 고려해야 한다. 특정 요일의 특정 시간대, 특히 아이들의 마음과 정신이 가장 열려 있을 때 정기적으로 모임을 열면 그 경험이 아이들에게 예측 가능성과 안정감을 부여할 것이다.

저항에 대처하기

적극적이든 소극적이든 저항에 부딪히는 건 힘든 일이다. 자신의 마음챙김 연습에서와 마찬가지로 저항을 개인적으로 받아들이지 않는 게 중요하다. 세계 최고의 교사라고 해서 모든 학생을 완벽하게 다룰 수는 없다. 그러니 아이들과 자기 자신에게 조금 더 너그러워지자.

어떤 형태의 저항은 유익하다. 예를 들어 초심자는 연습 과정에서 종종 졸음에 빠지곤 한다. 그럴 때 나는 "이제 겨우 5분 연습했는데 벌써 무언가를 배웠네요. 잠이 부족하다는 사실을 말이죠! 어떻게 하면 필요한 휴식을 더 누릴 수 있을까요?"라고 농담을 하곤 한다. 그러면 대개 아이들은 킥킥거리는 소리를 내거나 어떤 반응을 보이는데, 거기에 주의를 기울여 연습을 이어갈 수 있다. 나는 그런 행동을 알아챘다는 의미로 미소를 띠는 동시에 많은 부모와 교사가 완벽하게 구사하는 진지한 표정을 지어 보인다. 아이들은 일부러 과장된 숨소리를 내거나 특정한 방식으로 움직이기도 한다. 때로는 이렇게 철없이 구는 아이들의 과장된 행동이 주어진 닻에 더 쉽게 집중하도록 도와주므로 이를 고려해 적절하게 대응하길 바란다.

만약 아이가 특정 연습에 유달리 심하게 저항한다면, 그럴 만한 이유가 있으므로 연습을 바꾸는 게 더 나을 수 있다. 가만히 앉아 있기를 힘들어하는 아이들에게는 연습하는 동안 다른 역할을 맡기면 도움이 된다. 몸을 꼼지락거리는 아이에게 종을 울리거나 시간을 알릴 기회를 주는 것이다. 언뜻 봐서는 이해되지 않지만, 이를 통해 그 아이는 위기 상황을 잘 극복하고 결과적으로 모임의 연습을 방해하지 않는다.

저항은 실망을 안겨주지만 그것이 곧 성장의 길임을 잊지 말자. 한 동료는 아이들이 균형을 배움으로써 중력에 저항해 걷는 법을 배운다고 지적했다. 저항은 배움의 기회이자 다음번에 무언가를 다르게 할 수 있는 기회를 제공한다. 또한 자신의 연습을 통해 맑은 정신을 가꿀수록 저항에 압도되지 않고 능숙하게 상황에 대처할 수 있다는 점도 명심하자.

긴 연습을 끝낼 때는 잠든 사람이 없는지, 더 직접적인 신호로 정신을 깨워야 할 사람이 없는지 확인하자. 예를 들어 아이들을 호흡 같은 내면의 닻에 집중하게 했다면, 마지막에는 알아차림을 바깥으로 뻗어서 몸 전체나 방안에 주의를 기울이도록 유도할 수 있다. 하나의 감각에 초점을 맞추게 했다면, 한 번에 하나씩 나머지 감각에 집중하면서 발가락을 꼼지락거리거나 종소리가 잦아들 때까지 소리에 귀 기울이라고 한 다음 눈을 뜨게 한다. 나는 이 과정을 통해 깨끗이 길을 닦아 자신이 연습에서 느꼈던 감정으로 되돌아갈 수 있다고 아이들을 일깨워 준다. 호흡, 소리, 몸, 그 밖에 조금 전 우리가 사용한 모든 닻을 활용해 언제든지 마음챙김으로 돌아갈 수 있다고 말이다.

아이들이 저항하는 모습이 너무 실망스럽거나 가르치는 자신이 번아웃에 빠질 것 같으면 267쪽에 정리한 팁 내용이 제안하듯 한두 걸음 물러나거나, 자신이 속한 공동체의 지지에 의지하거나, 스승과 상의하면서 자신의 연습에 더 깊이 들어가길 바란다.

질문하고 토론하기

연습을 마친 뒤에 적절한 질문을 던져 소감을 물으면 아이들이 자기 삶에서 마음챙김이 얼마나 유용한지 발견하게 된다. 마음챙김의 이로움을 곧바로 일러주지 않고 아이들이 스스로 발견하게끔 하는 것은 말보다 보여주기를 통해 가르침을 실천하는 예이며, 이로써 아이들은 자기만의 마음챙김을 만들어간다.

우리는 아이들이 자신의 연습에 관해 소감을 말하고, 어른과 또래에게 그 경험을 이야기하도록 독려할 수 있다. 아이들이 마음챙김 연습에서 활용한 시간과 방법을 실생활에 연결함으로써 연습에서 얻은 통찰을 실생활에서 활용하도록 도와주자.

아이들에게 던지는 질문과 토론의 방향은 치료사, 부모, 교사 등 우리의 역할에 따라 달라진다. 헛된 경험이란 없으므로 우리가 기대하는 연습의 효과와 상관없이 아이의 경험(긍정적, 부정적, 중립적 경험)을 모두 인정해야 한다는 사실을 명심하자. 우리가 아이들과 그들의 경험을 더 너그럽게 받아들일수록 아이들도 더 열린 태도를 보여준다. 개방적인 태도, 연결성, 연민 어린 호기심을 보여주면 아이들은 그 어느 때보다 자기가 존중받았다고 느낀다.

구체적인 질문에 답하든, 열린 토론에 참여하든, 조용히 글을 쓰거나 그림을 그리든, 연습 내용을 소화하는 시간을 가지면 아이들이 자신의 경험을 종합하고 연습에서 얻은 통찰을 내면화하는 데 도움이 된다. 또한 자기 목소리를 낼 기회를 제공하면 아이들에게 든든한 힘이 생긴다. 자기 의견을 큰 소리로 표현하기 어려워하는 아이들은 생각, 그림, 동작 등으로 표현하도록 독려한다. 나와 함께 일하며 아이들을 가르치는 조안 클락스브룬은 아이들에게 이렇게 말한다. "여러분에게 그 경험이 어떻게 느껴졌는지 들어보고 싶네요. 소리, 단어, 이미지, 동작, 감각, 무엇이든 원하는 대로 표현해 보세요." 모임을 가르칠 경우, 아이들이 서로의 이야기를 잘 경청하고 그에 대한 소감을 말하게 하면서 모든 구성원이 발표할 기회를 준다.

모든 아이에게 집단 토론이 바람직한 건 아니다. 그러니 소감을 나눌 때 모임을 더 잘게 나누거나 둘씩 짝을 지어주는 것도 방법이다. 어떤 형태로 소감을 나누고 토론하는 게 좋을지 고민해 보자. 열린 토론이나 안내자가 이끄는 토론을 진행할 수도 있고, 막대기 마이크나 돌멩이를 들고 한 번에 한 사람씩 발표하게 할 수도 있다.

질문을 주도하지 말고 토론을 유도하길 바란다. 방금 실천한 연습을 좋아하는 아이가 있는가 하면 그렇지 않은 아이도 있을 것이다. 어느 쪽이든 처음에는 조용히 있을 확률이 높다. 마음챙김 연습을 처음 해본 사람은 불안해하는 경향이 있어서 "제가 제대로 했나요?"라고 묻기도 한다. 마음챙김에 옳고 그름은 없다는 걸 잘 일깨워 주고 아이들의 경험이 모두 타당하다고 다시 한번 알려주자. "마음이 들떠 방황했던 사람이 또 있나요?", "제대로 하고 있는지 궁금했던 사람이 있나요? 그건 아주 흔한 일이에요"라는 말로 아이들의 경험이 정상이라고 짚어주는 것도 도움이 된다. 또한 초심자의 흔한 경험, 어쩌면 당신이 처음 연습할 때 경험했던 내용을 들려줌으로써 그런 분위기를 만들 수 있다.

어린아이들은 자기 경험에 관해 답하기 어려울 수 있다. 발달적인 면에서 이들은 대체로 답이 정해지지 않은 질문에 능숙하게 답하지 못하기 때문이다. 그럼에도 공개적인 방식으로 구체적인 사항을 물을 수 있다. 치료사들이 던지는 고전적인 질문인 "그랬더니 어떤 느낌이 들었나요?" 대신에 다음과 같이 묻는다. "몸과 마음이 어땠어? 무엇을 발견했니? 평소에 먹는 (호흡하는 또는 걷는) 법과 뭔가 다른 점이 있었어? 어떤 점에 놀랐어? 전에 비슷한 느낌이 들었던 적이 있어? 하나의 대상에 주의를 기울이거나 특정한 방법으로 집중하니까 어떤 경험을 하게 됐어? 어떤 점이 좋았어? 안 좋았던 점은 뭐였어?"라든가 "오늘 모인 사람 중에 너를 힐뜯는 사람이 있었어?"라고 묻기를 두려워하지 말자. 연습이 지루했다거나 싫었다고 자발적으로 말하는 아이가 있다면, 다음과 같은 질문을 통해 그 느낌을 더 자세히 표현하도록 권한다. "지루하다는 걸 어떻게 알았어? 지루함이란 무엇이었을까? 몸에서 일어난 감각이나 머릿속에 떠오른 생각이 있었어? 연습이 싫었다면 대신 뭘 하고 싶었니?"

아이들의 소감은 우리에게 많은 정보를 준다. 치료사들은 농담 반 진담 반으로 모든 것이 징후라고 말한다. 맞는 말이기도 하고 아니기도 하지만 분명 모든 게 유용하긴 하다. 아이들이 스스로 연습을 잘못하는 것 같다고 말하면, 이를 계기로 삼아 우리가 스스로를 판단하는 방식과 그런 압박과 목소리의 출처에 관해 대화를 나눌 수 있다. 또한 그 말을 통해 아이들이 스스로를 어떻게 느끼는지 엿볼 수 있다. 아이들이 좋고 싫음을 표현하는 걸 들으면 즐거움과 불편한 상황에서 그들이 어떻게 대처하는지 알게 된다. 아이들은 토론을 통해 더 큰 실제 상황의 대처법과 연습이라는 소우주를 연결할 수 있다.

우리의 임무는 아이들에게 긍정적인 피드백과 칭찬을 제공하는 것이다. 특히 연습 직후에 구체적인 내용을 토대로 피드백을 줄 때 가장 효과가 크다. 열린 자세로 함께해 줘서, 고요한 공간을 만들고 나눠줘서 고맙다고 아이들에게 말해준다. 일상생활에서 주의 깊고 연민 어린 태도를 보이는 아이의 모습을 발견했다면, 다른 사람 앞에서 이를 공개적으로 언급함으로써 아이들의 주의를 끌고 그러한 태도를 강화하길 바란다.

전날이나 지난주 동안 언제 마음챙김을 활용했는지 물어보면서 후속 조치를 할 수도 있다. 이러한 긍정적인 행동 지원과 강화는 비난이나 죄책감보다 훨씬 효과적으로 행동을 변화시키고 강화한다. 칭찬과 비난의 비율을 바꾸는 건 누구에게나 쉽지 않은 일이다. 스트레스에 짓눌릴수록 긍정적인 면을 칭찬하기보다 부정적인 면에 대해 잔소리할 확률이 높다. 이것이 자신의 연습을 새롭게 해야 할 또 다른 이유다. 내가 먼저 충분히 주의를 기울여야 무엇이 효과적인지 잘 알게 된다. 한편 아이들에게 친구와 가족에게 마음챙김을 알려주라고 권할 수도 있다. 일례로 나는 상담을 마칠 때 부모를 상담실로 불러서 아이에게 그날 우리가 했던 연습을 아빠 엄마에게 가르쳐주라고 말한다.

나의 경험을 공유하기

어떻게 하면 아이들의 마음을 열 수 있을지 고민이라면, 과연 나는 얼마나 마음을 열고 싶어 하는지 생각해 봐야 한다. 샘 히멜스타인은 마음챙김 안내자가 지녀야 할 현명한 자기 노출에 관해 자주 말한다. 우리는 아이들이 자연스러운 호기심을 표현하도록 권하고 싶지만, 때로는 답하기가 난처한 개인적인 질문을 던지는 아이들이 있다. 어떤 정보를 공유하는 게 적절한가는 내가 느끼는 편안함, 그리고 아이들과 관계 맺는 나의 역할이 결정한다. 만약 부모라면 아이에게 많은 이야기를 해줄 것이다. 교사는 그만큼 말해줄 수 없다. 그리고 대개 치료사는 자신에 관해 아무것도 공개하지 않도록 훈련받는다. 아이의 삶에서 내가 맡은 역할, 개인적인 편안함, 아이가 느끼는 안정감과 편안함 사이에서 어떤 균형을 추구해야 할까? 아이들을 가르치기 전에 이를 잘 알아야 한다. 그렇지 않으면 순식간에 어떤 부분이 자극을 받아 자기도 모르는 사이에 개인적인 정보를 알려주고 있는 자신을 보고 놀랄 수 있다.

자신의 정보를 공개할 때 생각해 봐야 할 질문은 다음과 같다. 이 정보를 공유하려는 의도가 무엇인가? 말하려고 하는 내용이 아이들의 가장 큰 관심사인가? 이 정보를 공유하는 게 나에게 더 중요한가 아니면 아이들에게 더 중요한가? 지금 아이들에게 뭔가를 투사하고 있지 않은가? 이 정보를 나눔으로써 일어날 장단기적 결과는 무엇인가?

나는 치료사로서 한 아이를 단독으로 대할 때보다 모임을 지도하거나 학교에서 작업할 때 더 많은 정보를 공유했다. 하지만 나는 아이들이 나 역시 인간이며, 연습 과정에서 어려움도 겪고 이로움도 누린다는 사실을 알 정도로만 정보를 공유한다. 가르치는 사람의 불완전함을 편안하게 받아들이면서 아이들은 매우 귀중한 교훈을 얻는다. 그렇다고 스스로를 비하하라는 뜻은 아니다. 아이들은 우리의 말뿐만이 아니라 행동에서도 배운다. 자기 자신을 몰아세우는 모습을 아이들에게 보여줘서는 안 된다.

정리하면, 아이들에게 나의 경험을 공유하는 건 나와 내 경험을 위해서가 아니라 아이들의 경험을 위해서다. 이를 위해 어느 정도의 경계를 설정해야 편하고 적절한지를 정하는 것이 무엇보다 중요하다.

한계 상황에 대비하기

아이들에 따라 마음챙김 연습이 많은 것을 불러일으킬 수 있다. 좋은 걸 떠올리게 할 수도 있지만 무서운 걸 떠올리게 할 수도 있다. 이는 가르치는 사람과 배우는 사람 간에 친밀한 관계가 형성될 때 더욱 두드러지게 나타난다.

어떤 기억이 떠오른다는 건 무언가를 제대로 하고 있음을 보여주는 신호이니 좋은 소식이다. 하지만 막상 이런 상황이 벌어지면 당신과 아이 모두 큰 부담을 느낄 수 있다. 특히 자기 자녀가 아닌 다른 아이와 함께할 때, 또는 정신 건강이나 트라우마에 관해 훈련받지 않았을 때 더욱 힘들다. 자신의 한계와 자신이 받은 훈련의 한계를 파악하고 인식하길 바란다. 교사이면서 치료사가 되려고 애쓰지 말자. 그 반대도 마찬가지다. 치료사라면 자신의 훈련 지식이나 스스로 편안하다고 느껴지는 경계 밖의 것을 다루지 마라. 일이 어려워지면 망설이지 말고 도움과 지원을 구하라. 항상 자신의 개인적·전문적 경계를 알고, 아이가 학대나 방임에 관한 이야기를 꺼냈을 때는 이 사실을 보고해야 할 윤리적·법적 의무가 있음을 잘 알아두길 바란다. 힘든 상황을 혼자서 감당하려고 애쓰지 말고, 자신이 없다면 절대 비밀을 지키겠다고 약속하지 마라.

자기 자녀가 아닌 아이들, 특히 취약한 아이들을 가르칠 때는 다른 전문가와의 긴밀한 협업과 공동체의 지지가 필수적이다. 아이들을 자극할 만한 요인이 무엇인지 모든 사항을 사전에 점검하고, 그들의 문제가 내가 다룰 수 있는 수준을 벗어날 때 나 또는 아이가 누구에게 조언을 구해야 하는지도 미리 알아두어야 한다. 마음챙김이 강렬한 반응을 일으킬 수 있다. 마음챙김이 효과적이면서 때로는 위험한 이유가 여기에 있다. 의약품처럼 마음챙김도 적정량을 사용하면 큰 치료 효과가 있지만 너무 많은 양을 한꺼번에 복용하면 취약한 아이들이 버거워할 수 있다. 자신의 진행 방식, 담당한 아이들, 도움을 구할 만한 전문적 지원을 최대한 자세히 파악해 두자.

성장하려면 자기만의 안락한 영역에서 벗어나야 한다는 말이 있다. 내 생각에 성장은 안락함과 안전함 사이에서 일어난다고 말하는 게 더 적확할 듯하다. 따라서 우리는 자기 자신과 우리가 가르칠 아이들이 안락함을 느끼는 지점과 안전지대를 모두 확인해야 한다.

끝으로 세상의 그 어떤 책, 워크숍, 인증 프로그램도 당신의 인생 그리고 당신이 함께하는 아이들의 인생에서 찾아오는 모든 위기의 순간에 완벽한 조언을 제공하지는 못한다는 걸 말하고 싶다. 그 어떤 교육 과정이나 기법도 당신을 구하지 못할 것이다. 마인드풀 스쿨스의 명상 지도자 비니 페라로는 말한다. "교육 과정은 당신이 해야 할 일 중 가장 하위 목록이다." 어려운 순간에 의지할 최고의 대상은 바로 나 자신, 즉 자신의 지혜와 연민이다. 자기 자신만의 마음챙김을 연습함으로써 이를 더 훌륭하게 가꾸고 발휘할 수 있다.

chapter 13

깨어 있는 공동체 만들기

지금 여기서 하는 일에 완전히 몰두하는 것,
이것이 진정한 삶의 비결이다.
일이라 부르지 말고 그것이 놀이임을 깨달아라.

—

앨런 와츠, 《앨런 와츠의 정수(The Essence of Alan Watts)》

많은 사람처럼 당신도 직장, 가정 혹은 더 큰 공동체에서 폭넓게 마음챙 김의 문화를 만들고 싶다는 마음이 들지 모른다.

앞서 말했듯이 틱낫한 스님은 아이들에게 마음챙김을 가르치는 일이 씨앗 심기와 같다고 말했다. 이 은유를 더 깊이 따라가면 가정은 토양, 학교는 햇빛, 그 밖의 기관과 공동체에 속한 어른들은 마음챙김 연습이 자라고 꽃을 피우게 하는 빗물과 비료라고 생각할 수 있다. 이 모든 것이 갖춰져도 반드시 연습이 꽃피우리라 장담할 순 없지만, 이것 들 없이는 연습이 시들어 버린다는 점만은 확신할 수 있다.

불교에서는 마음챙김 문화를 가꾸는 더 큰 집단을 가리켜 승가(僧 伽)라고 한다. 연습 공동체는 아이들을 지원하고, 어른들을 지원하며, 당신을 지원한다. 튼실한 공동체는 모든 구성원의 연습이 왕성하게 이 루어지도록 지속할 수 있고 자기 강화적인 명상 문화를 만들어낸다. 형 태는 다양할 수 있다. 특히 종교 기관들이 점점 공동체의 중심에서 밀려 나고 있는 지금의 세속 사회에서는 더욱 그렇다. 이제는 가정, 교실, 학 교, 진료소, 집회, 요가 스튜디오, 커뮤니티 센터 또는 이보다 더 큰 단위 가 공동체의 기본을 이뤄 그 자리를 채우고 있다. 이 집단은 생태계가 개별 존재의 삶에 영양분을 공급하듯 힘든 시기에 구성원을 든든히 지 탱하고, 아이들의 마음챙김 연습이 번성하도록 보살피는 컨테이너 역 할을 한다.

우리가 아이들이 다니는 학교나 그 외의 기관에 변화를 일으켜야 한다고 말할 때는 특별한 기회가 생기기도 하지만 특별한 형태의 저항 에 부딪히기도 한다. 모든 아이에게 적합한 단 하나의 연습이 따로 있지 않듯이 주의 깊고 연민 어린 공동체를 만드는 마법 같은 접근법 역시 존재하지 않는다.

이번 장에서는 자신이 속한 공동체에 마음챙김을 접목하는 데 도움이 될 만한 몇 가지 모범 사례를 제시하려고 한다. 수년간 주의 깊고 연민 어린 생태계를 구축하고자 노력해 온 부모들과 전문가들의 경험에서 우러나온 것들이다.

생각해 봐야 할 것들

어떤 일을 시작할 때 세심한 주의를 기울이면 우선 자신의 의도를 살피는 데 도움이 된다. 지금 내 의도는 충분히 현실적인가 아니면 까다로운 도전인가? 이렇게 다양한 질문을 던짐으로써 스스로를 돌아보고 현명한 행동 방향을 찾을 수 있다.

협력하거나 소속되길 원하는 기관에서 자신의 역할을 생각해 보자. 당신은 외부의 컨설턴트인가 아니면 행정 담당자나 직원 같은 내부 사람인가? 작은 가정의 부모인가 아니면 이보다 큰 병원이나 학군에 몸담은 직원인가? 아이들과는 어떤 관계인가? 부모인가, 임상의인가, 교육자인가, 그밖에 다른 사람인가?

당신이 구상하는 방식은 지도자의 지시로 프로그램이 진행되는 하향식 접근법인가 아니면 뜻이 맞는 동료들로 구성된 작은 그룹에서 시작해 점점 마음챙김을 키워가는 풀뿌리 접근법인가? 정해진 커리큘럼이 있는가 아니면 즉흥적인 방식인가? 그 모임에는 혼자 갈 생각인가 아니면 동료나 외부 전문가가 함께 가는가? 잠재적 협력자가 될 사람은 누구이며, 그들의 지식·전문성·마음챙김에 관한 관심과 의심은 각각 어느 정도 수준인가?

언제 어떤 방식으로 연습을 진행할지도 고려해야 할 사항이다. 매일 아침 식사 전에 할 것인가? 모든 학생이 모인 자리에서 일회성으로 마음챙김을 소개할 것인가? 치료 모임을 이루어 진행할 것인가? 연습을 모든 수업에 통합할 것인가 아니면 건강 수업이나 방과 후 프로그램의 일부로 진행할 것인가? 중대한 시험을 치르는 학교에서는 시험 준비에 마음챙김을 통합하는 게 최상의 방법일 수 있다. 시험 전에 짧게나마 마음챙김을 연습하면 점수를 대폭 향상할 수 있다.

현실적으로 접근하기

외부 사람이 어떤 기관에 접근해 마음챙김을 소개하기란 오르막길을 오르는 일처럼 힘든 일이다. 공공 기관은 전형적으로 상당한 관료주의에 젖어 있어 외부 사람을 경계하며, 특히 아이들과 관련된 기관은 저마다 아이들의 안전을 지킨다는 합당한 이유로 안전장치를 마련해 두고 있다. 학교에 접근할 경우, 부모나 숙련된 교육자가 아니라면 서비스를 제공하기보다 초대받는 편이 더 나을 것이다. 하지만 도서관, 소년원, 커뮤니티 센터, 방과 후 프로그램, 지역 영성 공동체 같은 기관은 청소년들에게 무료 프로그램을 제공하는 데 관심을 보일 수 있다. 펜실베이니아에 있는 마음챙김 단체 웰니스 웍스에서 근무하는 내 친구들은 가장 까다롭고 동시에 가장 큰 노력을 기울여야 할 아이들에게 성공적으로 서비스를 제공한 적이 있다. 또 다른 친구는 자신이 근무하는 학교에서 자원봉사로 시작해 지역 도서관으로 자리를 옮겨 그곳에서 모임을 키워나갔다. 공동체 구성원들의 눈에 연습의 결과가 보이기 시작하면 틀림없이 당신을 다시 초대할 것이다.

의사결정권을 가진 사람과 소통하는 일이 가장 어렵다. 설득 전문가들에 따르면 우리는 두 가지 루트를 사용할 수 있다. 하나는 이성으로 접근하는 것이고 다른 하나는 감성으로 접근하는 것이다. 마음챙김에 관해 말할 때는 지적인 주장과 감성적인 주장을 모두 동원하고, 여기에 자신의 경험을 덧붙이는 것이 좋다. 당신은 마음챙김이 중요한 이유를 이미 직관적으로 알고 있을 것이다. 그럼에도 이 책의 전반부에 마음챙김에 관한 연구와 이론을 제시한 것은 다른 사람을 설득하는 데 이를 활용할 수 있게 하려는 목적도 있다. 탄탄한 이해를 바탕으로 상대방을 설득하면 마음챙김에 대한 미신을 몰아내는 한편 연습이 지니는 힘을 효과적으로 전달할 수 있다. 그러면 상대방의 마음과 가슴과 그가 속한 공동체의 문을 열 수 있다.

마음챙김이라는 용어는 이제 하나의 유행이 되었다. 우리는 마음챙김을 무엇과 통합하든 효과적이라는 사실을 알고 있으며, 또한 모든 것이 변하고 이 유행도 언젠가는 사그라질 것이라는 걸 안다. 우리의 연습에 마음챙김이라는 이름을 붙이면 우리의 바람과 달리 오히려 그 수명이 짧아질 수 있다. 그러니 신중하게 용어를 선택하길 바란다. 주의 기울이기, 알아차리기 훈련, 회복탄력성, 집중력, 최상의 행동, 강화, 최적화 같은 용어가 더 나을 수도 있다.

가장 효과적인 방법은 아이들과 작업하기 전에 워크숍을 열어 부모, 교육자, 직원, 그 외 관계자에게 프로그램을 소개하는 것이다. 어른들에게는 각종 통계 수치, 뇌 스캔 이미지, 마음챙김 프로그램에 관한 세부 사항을 더 많이 소개할 필요가 있다. 이런 정보가 확실히 도움이 되기 때문이다. 나아가 마음챙김에 투자할 때 어떤 결과를 얻을 수 있는지 구체적으로 설명할수록 좋다. 예를 들어 학교 성적, 행동 변화, 번아웃(직원과 아이들 모두), 직원 이직률, 그 외 조직이 가장 중요시할 만한 측면, 방치하면 큰 대가가 따르는 신체 건강과 정신 건강상의 문제에 관해 설명하는 것이다. 최근 한 연구에 따르면, 거주 프로그램에 대한 저항을 낮추는 최고의 방법은 직원들에게 마음챙김 스트레스 완화 기법을 훈련하는 것이라고 한다.[1]

지성과 감성에 호소하는 주장보다 중요한 건 듣는 사람이 절실히 체감하도록 마음챙김의 직접적이고 강력한 경험을 들려주는 것이다. 시인 마야 안젤루는 "나는 사람들이 내 말과 행동은 잊을지언정 나로 인해 느낀 감정만큼은 결코 잊지 않는다는 걸 배웠습니다"라고 말했다. 마음챙김과 연민은 좋은 기분을 불러온다. 나는 마음챙김을 짧게 소개할 때 1장에서 말한 4단계 스트레스 관련 실습을 활용한다. 이 실습은 마음챙김의 가치를 회의적으로 바라보는 어른들에게 확신을 심어줄 만큼 훌륭하다. 특히 자녀가 중요한 국가시험을 앞두고 있거나 취침 시간을 놓고 협상을 벌일 때 아이들이 어떤 감정을 느끼길 바라는지 물어보면 더욱 효과적이다. 또한 직접 시범을 보여주면 마음챙김이 종교적일 거라는 오해와 우려가 해소된다. 과거에 자신이 무엇에서 흥미를 느꼈는지 돌이켜 보는 것도 도움이 된다. 관련 연구 자료를 읽었을 때였는가, 직접 마음챙김을 경험하고 나서였는가, 아니면 둘 다였는가?

지적으로든 직관적으로든 다른 사람들이 마음챙김에 대한 이해가 깊어지면 가정, 학교, 진료소, 병원의 나머지 구성원도 관심을 기울이게 된다. 이로써 공동체 내에 마음챙김 문화가 형성되어 주의 깊은 알아차림이 번성하는 모습을 보게 될 것이다. 이를 위해 조직의 직원들에게 먼저 프로그램을 선보임으로써 기반을 탄탄히 다질 수 있다. 경영진, 인사부, 노조, 직장 의료보험 담당자에게 프로그램을 홍보하는 것이다. 이들을 포함해 조직 내에 마음챙김 문화가 자리 잡으면 번아웃으로 인해 발생하는 각종 의료 문제와 이직 등에 따른 비용을 줄일 수 있다. 한편 프로그램을 운영할 자금이 부족할 수 있는데 번득이는 아이디어로 기금을 마련할 방법을 찾는 일 또한 당신의 역할이다. 직원의 수행력과 행복이 향상하면 장기적으로 기업은 돈을 아끼는 셈이니 좋은 프로그램이 있다면 지원을 아끼지 않을 것이다. 기업 외에도 학부모-교사 연합을 형성해 부모와 교육자를 위한 연합 워크숍이나 마음챙김 코스에 필요한 기금을 함께 마련할 수 있다. 실제로 나는 한 지역 병원 네트워크에서 이런 프로젝트를 진행해 왔다.

아이들에게 마음챙김을 가르치는 대다수 치료법과 교육 모델은 어른과 아이가 함께 연습할 것을 권장한다. 스스로 마음챙김을 연습하는 교사, 치료사, 부양자, 양육자는 더 높은 행복감을 느끼면서 자신의 역할을 더 훌륭하게 수행한다. 그들이 아이들에게 연습을 전하든 그러지 않든, 그들 스스로 연습의 성과를 맛볼 것이다. 자신이 하는 일을 직원이나 부모에게 안내할 수 있을 때 모든 것을 공통의 경험에서 우러나온 공통 언어로 말하게 될 것이다.

일회성 강연이든 정기적인 모임에서든 공동체의 모든 구성원이 마음챙김을 어느 정도 경험하게 하자. 한 기관의 직원이나 아이들뿐만 아니라 학부모, 졸업생, 병원 이사회, 진료소를 후원하는 지역 기업과 민간 기부자까지 공동체의 모든 관계자를 고려하고 그들에게도 마음챙김의 경험을 제공하자. 학교 이사회, 심지어 지역 정치인도 사람들에게 웃음을 주어야 할 때가 있다. 나는 이 사실을 내 친구 바네사가 우리 주 하원의원에게 몇 가지 연습을 가르쳐 달라며 나를 주의회 의사당에 데려갔을 때 알게 되었다. 몇몇 공동체의 부모와 기부자는 직접 마음챙김을 이해하고 경험한 뒤에 놀라울 정도로 후한 모습을 보이기도 한다. 내 친구는 자기가 근무하는 학교에서 부모 마음챙김 코스에 참여했던 한 사람으로부터 억대 규모의 후원금을 받기도 했다. 한 가지 명심할 사항은 부모에게 제공하는 프로그램에는 주의 깊은 양육법이 반드시 포함되어 있어야 한다는 것이다.

한편 조직 어딘가에 마음챙김 정보 코너나 책장을 만들 수도 있다. 나의 동료는 누구나 쉽게 찾아 활용할 수 있도록 자기 자리에 활동 정보를 모아둔 서류철과 함께 연습에 활용할 만한 장난감, 도구 상자, CD, 책, 방석과 요가 매트 등을 늘 준비해 두었다. 도구 상자뿐만 아니라 조직 내에 마음챙김 담당 직원을 지정해 두면 좋다. 그러면 누구나 그 직원에게 마음챙김에 관해 물을 수 있고, 그가 걸어 다니는 것만 봐도 공동체 구성원이 마음챙김을 떠올릴 수 있기 때문이다.

어디서부터 문화를 바꿔 나갈지는 어려운 문제다. 다만 변화에 성공한 대다수 사람은 하향식 접근법이 풀뿌리 접근법보다 더 많은 저항을 불러일으킨다는 데 동의한다. 하향식 접근법을 통해 장기적으로 변화를 가져올 수 있는 조직은 차터 스쿨(공적 자금을 바탕으로 운영되는 자율형

공립학교-옮긴이), 사립학교, 지도력 있는 경영진이 운영하는 소규모 진료소나 기관 등 소수에 불과하다.

더 좋은 방법은 자신을 포함해 몇몇 관심 있는 부모 및 동료와 함께 모임을 시작해 이를 키워나가는 것이다. 모든 조직에는 공식 지도자와 더불어 다양한 방식으로 영향력을 발휘하는 여론 주도자들이 있다. 이에 관해 하버드 경영대학원에서 일하는 내 친구는 이렇게 말했다. 공식 지도자가 각서와 정책을 작성하는 사람이라면 여론 주도자는 직원들이 찾아가 "이번에 나온 새 정책의 요점이 무엇입니까?"라고 물어볼 수 있는 사람이다. 진정한 변화를 일으키고 싶다면 이들을 움직여야 한다. 명상 연습에 관한 영감을 불어넣어야 할 대상 역시 여론 주도자들이다. 이들이 형성한 문화가 점차 아래로 퍼져나가기 때문이다. 지혜로운 전문가들에 따르면 최고의 지도자는 훌륭한 청자로서 자신을 공동체의 주인이 아닌 종으로 생각한다.

직장에 개입하는 또 다른 방법은 동료 직원이나 부모에게 마음챙김을 알리는 것이다. 일주일에 한 번 쉬는 시간이나 근무 외 시간에 모이는 주간 명상 그룹을 시작하거나, 이따금 마음챙김 식사 시간을 마련한다. 이를 출발점 삼아 관심 있는 공동체 구성원들과 함께 마음챙김 일 모임, 공부 모임, 연습 모임을 만든다. 지도자 위치에 있는 사람이라면 직원 회의를 시작하고 끝낼 때 짧은 연습을 진행함으로써 주간 업무에 마음챙김을 통합할 수 있다. 또는 사내에서 마음챙김 훈련을 진행하거나 외부 훈련 비용을 제공함으로써 직원들을 교육할 수도 있다. 매년 특정 주제를 모토로 삼아 그에 관한 책을 읽는 독서 프로젝트를 진행하는 공동체가 많이 있다. 이들에게 마음챙김 책을 제안해 보자. 부모, 교사,

소아과 의사, 기타 서비스 제공자 등 공동체에 속한 모든 사람을 대상으로 하는 워크숍, 강연, 공부 모임을 열어 정보를 공유하자. 나의 몇몇 동료는 매년 몇 차례 지역 병원에서 열리는 행사에 찾아오는 사람과 병원 직원 모두에게 마음챙김의 날을 제공하기 위해 지역 병원에서 일하기 시작했다.

최근 핀란드에서 만난 한 남성은 자신이 속한 작은 마을에서 마음챙김의 날을 시작했다. 그는 이날을 가리켜 '한 번에 한 가지만 하는 날'이라고 불렀다. 이날은 마음챙김의 여러 측면을 연습하는 데 전념하는 날이다. 미국 버몬트주의 위누스키 지역은 최초의 마음챙김 도시가 되려고 애쓰고 있다. 의심할 여지 없이 이보다 더 많은 크고 작은 접근법을 떠올릴 수 있을 것이다. 나는 세계 곳곳에서 다양한 사람들과의 대화를 통해 단지 뜻이 맞는 두세 사람이 모여 한자리에 앉아 노력하고, 자신들의 연습을 주변 사람에게 전함으로써 얼마나 많은 성과를 이루었는지 확인할 수 있었다.

11장에서 마음챙김하는 순간에 관해 아주 자세히 이야기했는데, 거기서 제시한 여러 가지 연습이 다른 사람들과 소통하는 데 유용할 것이다. 정신없이 분주한 가정이나 조직에 몸담은 사람이라도 의지를 발휘하면 곳곳에서 자기 자신을 살필 순간을 가질 수 있다. 20년 전, 스트레스에 짓눌리던 노동자들은 일부러 흡연 휴식 시간을 만들어 숨 쉴 틈을 만들었다. 바쁜 나날 중에도 동료들이 평화로운 순간을 찾을 수 있도록 도와보자. 다음 수업 전까지 아이들이 자리를 비운 시간, 진료실에서 다음 환자가 들어오기 전까지 짧은 찰나, 그 밖에 하루 중 찾아오는 짧은 휴식 시간 같은 순간들 말이다. 사소한 일 하나가 짐이 되어 큰 부담을 안길 때가 있듯이 사소한 마음챙김의 순간이 우리 삶에 힘이 되고 균형을 잡아줄 수 있다.

자신이 속한 조직이 명시적으로 아이들에게 마음챙김을 가르치든 아니든, 어른들이 마음챙김을 가꾸면 그 이로움이 모든 사람에게 퍼진다. 만약 다른 모든 시도가 실패하고 저항이 계속된다면 일터에서 만나는 사람을 위한 연민 연습에서 영감을 얻을 수 있다. 거듭 말하건대 자신이 속한 마음챙김 공동체, 스승, 자기 자신만의 수행에서 쉼과 힘을 얻는 것도 좋은 방법이다.

호의적이지 않은 사람들을 대하는 법

특히 외부인이 동료나 상급자에게 접근하는 건 상당히 어려우며, 이 과정에서 저항에 부딪힐 수 있다. 최근 비니 페라로는 열정 넘치는 마음챙김 지도자들에게 저항과 양가감정의 차이를 구별할 수 있냐고 물었다. 이는 개인 연습에서도 생각해 볼 만한 가치가 있는 질문이다. 한두 사람과 협력 관계를 맺는 일뿐만 아니라 자기 자신의 연습을 견고히 할 필요가 있음을 다시 한번 지적한다.

대개 저항은 두려움, 특히 미지에 대한 두려움에 뿌리를 둔다. 조직의 저항은 시간과 비용이라는 매우 실제적인 한계를 염려하는 데서 비롯된다. 마음챙김을 위한 시간을 따로 마련하는 것은 간단한 산수 문제다. 즉 교사나 직원의 시간을 빼앗으면 시험 성적이나 다른 중요한 결과에 영향을 미치지 않느냐는 것이다. 다행히 마음챙김을 도입함으로써 장기적으로 직원 의료 비용을 더 줄일 수 있고, 아이들의 성과도 향상된다는 사실을 보여주는 풍부한 증거가 있다. 시간이 돈인 요즘 시대에 정신없이 바쁜 의사나 교사가 리더에게 마음챙김을 연습할 시간을 달라고 요청하는 건 분명 적지 않은 비용이 드는 일이지만, 짧은 연습만으로도 마음챙김하는 데 그리 많은 시간이 필요치 않는다는 것을 확인시켜 줄 수 있다.

한 가지 은근한 형태의 저항은 번아웃에 빠진 직원들에게서 나타난다. 외부인이나 관리자가 이런 태도를 파악하기란 쉽지 않다. 번아웃에 빠진 직원은 당연히 '다가올 큰일'에 관한 연례 훈련에 회의적인 태도를 보일 것이다. 그럴 때는 마음챙김이 이미 오래전부터 교육과 치유 분야에서 표준으로 자리매김했으며, 선도적인 조직들이 앞다투어 실천하는 이 활동을 실천할 적기를 놓칠지도 모른다고 말해준다. 이것이 마음의 문과 조직의 문, 즉 예산을 여는 데 더 동기부여가 되는 접근법일 수 있다. 하지만 현재 상황에 이의를 제기할 때마다 사람들은 이를 개인적인 문제로 받아들일 수 있음을 명심하자. 그래서 협력 관계를 구축하는 일이 매우 중요하다. 서로의 지혜와 경험을 존중하면 반드시 준비된 협력자를 만날 것이다. 반대로 사람들에게 도전하거나 깎아내리는 말을 하면 잠재적인 파트너를 잃게 된다.

20년 전만 해도 마음챙김 연습은 심리치료 분야에서 비주류에 속했으나 지금은 완전히 주류에 진입했다. 불안과 우울에 대처하는 방법으로 마음챙김을 권하지 않는다면 최선의 방책을 비껴가는 것이다. 심리치료를 가르치는 대다수 대학원은 의사들에게 마음챙김 훈련을 제공하는데 현재 가장 인기 있는 과정으로 손꼽힌다. 머지않아 의과대학,

간호대학, 교육대학, 그 외 유사 기관에서도 같은 일이 일어날 것이다.

아동 심리치료 분야에서 아이들과 함께 작업하는 건 가족과 더 거대한 시스템, 그리고 그들 각각의 제약을 상대하는 일이라는 말이 있다. 좌절감을 주는 가족, 과로에 지친 사회복지사, 스트레스에 짓눌린 직원 등과 필연적으로 마주치게 되기 때문이다. 나를 포함한 많은 사람이 이 지점에서 가장 큰 어려움을 느낀다. 내가 도심에서 함께한 아이들은 그들 주변의 어른들보다 훨씬 상대하기 수월했다. 오히려 어른들의 저항이 전염성이 강했다. 문에는 금속 탐지기가 달려 있고 창문에는 창살이 달린 학교 자체는 물론, 오래된 직원들 사이에 만연해 있는 거센 냉소주의가 상당히 위압적이었기에 그런 상황에 대응하기가 상당히 두려웠다.

몹시도 지쳤던 어느 금요일 오후에 나는 상사의 소파에 털썩 주저앉았다. 그리고 아이들을 돕겠다고 열심히 무언가를 시도할 때마다 매번 비협조적인 직원들 때문에 답답해 미칠 지경이라고 불만을 쏟아냈다. 느긋하게 앉아서 내 하소연을 다 들은 상사는 이렇게 말했다. "우리가 여기 있는 건 아이들과 함께하기 위해서야. 그러려고 계약서를 쓴 거고. 자네도 그렇지 않나?" 나는 동의와 안도의 뜻으로 고개를 끄덕였다. 마침내 그가 내 고민을 제대로 알아주었다는 느낌이 들었다. 내 일을 방해하는 사람은 아이들이 아닌 다른 어른들이었다. 그는 자세를 고쳐 앉더니 이렇게 말했다. "하지만 현실은 다르다네. 아이들은 주변의 어른들과 시스템에 둘러싸여 있어. 그러니 아이들을 상대하면서 주변의 시스템과 싸우려고 애쓰지 말고 아이들과 그들이 놓인 시스템 전체를 함께 다루는 게 어떤가? 눈앞의 아이들은 곪아 있는 더 큰 구조가 드러내는 하나의 증상이라 여기면서 말이야."

사실 내가 원한 건 그렇게 복잡한 답이 아니었지만, 그의 말은 나에게 깊이 생각할 거리를 던져주었다. 그리고 시간이 흘러 그날 그가 들려준 답은 내가 더 큰 관점에서 사회정의를 고민할 때마다 떠올리는 말이 되었다. 여전히 나는 어떤 식으로 시스템을 다루어야 할지 잘 모르지만, 그의 말은 내가 일을 더 넓은 관점에서 바라보고 접근하도록 도와주었다.

그날 상사와 대화를 이어가면서 실망스러운 직원들에 관해 이야기 나누었는데, 그들도 한때는 아이였고 훈련생이었을 거라는 생각이 들었다. 우리는 그들이 받는 스트레스에 관해 이야기했다. 이상주의까지는 아니어도, 아마 그들도 처음에는 낙관적으로 일하면서 자신이 조직에 도움이 되길 바랐을 것이다. 하지만 얼마간 일하다가 나처럼 현실의 쓴맛을 보았을 것이다. 내 마음속에 서서히 스며든 냉소주의는 무언가를 바꿀 필요가 있음을 알리는 경고 신호였다. 아마도 그건 나 자신의 연습일 것이다. 한참 시간이 흐른 뒤에 돌이켜 보니, 내가 감당해야 할 유일한 저항은 나 자신의 저항뿐이라는 생각이 들었다. 당신은 어떠한가. 스스로 한번 자문해 보라. 누가 가정하고 있는가? 누가 저항하고 있는가? 이 저항 때문에 고통받는 사람이 누구인가?

한참 고민하던 그즈음에 내가 번아웃에 빠지고 있음을 몸이 알려주기 시작했다. 특히 어느 학교에 가는 날이면 아침마다 복통과 늦잠이 나를 괴롭혔다. 탁월한 치료사가 아니라도 이 상황에서 어떤 연관성을 찾을 수 있을 법한데, 나는 동료 및 멘토와 상의할 때까지 그 사실을 전혀 알아차리지 못했다. 이후 나는 연습의 깊이를 더하고 지역 명상센터에서 자애 명상 코스를 수강했다. 그러자 서서히 몸이 회복되기 시작했고, 닫혔던 마음의 문이 열리면서 그 학교에 대한 나의 반응도 달라졌다.

괴로움은 저항에 고통을 곱한 값이라는 말이 있다. 저항에 맞서다 보면 더 큰 고통을 초래할 수 있다. 여기서 나는 또 다른 공식을 제안하고 싶다. 저항에 연민을 곱하면 통찰이 나온다. 이 통찰을 바탕으로 저항에 대처하는 더 나은 방법을 깨달을 수 있다.

자애 연습

자기 몸과 마음과 정신 또는 배우자, 친구, 동료를 통해 자신이 번아웃에 빠졌음을 알아차렸다면 자애 연습을 실천해 보자.

자애는 두려움에 대응하기 위해 특별히 개발되었다. 먼 옛날 붓다가 제자들을 정글에 보내 수련하게 했는데, 제자들은 야생동물과 위험한 도적이 돌아다니는 곳에서 혼자 수련하는 게 두려운 나머지 되돌아왔다. 물론 우리는 호랑이가 어슬렁거리는 인도의 정글에 있진 않지만, 어쩌면 콘크리트 정글 속에서 호랑이만큼 거친 학생들과 직원들을 마주하고 있을지 모른다. 그로 인해 두려움과 좌절에 휩싸여 스스로에 대한 믿음, 자신의 연습에 대한 믿음이 흔들릴 수 있다. 대부분의 영적 전통에는 적을 위해 기도하고 그들을 향해 친절한 소망을 담아 보내라는 가르침이 있는데, 자애는 그것의 한 변형이라고 볼 수 있다.

자애 연습의 과정은 간단하다. 우선 편안한 명상 자세를 취한다. 한 손이나 양손을 가슴에 얹는 게 도움이 되지만 반드시 그럴 필요는 없다.

먼저 항상 내가 최고의 상태이길 빌어주는 누군가를 떠올립니다. 이 사람을 후원자라고 부르겠습니다. 후원자는 영감을 주는 상사, 나이 지긋한 교수님 또는 다른 멘토일 수 있습니다. 젊은 시절 나의 일에 열정을 심어준 사람, 명상이나 영적인 길을 처음 알려준 사람, 개인적인 열정을 직업적인 열정으로 연결해 준 사람일 수도 있습니다. 이제 그들을 위해 선의의 소원을 빕니다. 이를테면 이렇게 기원할 수 있습니다. "당신이 행복하길 바랍니다. 당신이 안전하길 바랍니다. 당신이 편안하고 평화로운 삶을 살길 바랍니다." 며칠간 정기적인 명상 연습을 할 때마다 이렇게 기원하면서, 그들도 나를 위해 같은 소원을 빌어준다고 상상합니다. 또는 자기 자신을 향해 앞서 빌었던 선의의 소원을 똑같이 반복해도 좋습니다. 지금 내 삶이 행복하고, 안전하고, 편안하고, 평화롭다고 말하는 게 아닙니다. 다정한 친구처럼 그런 상태를 발견하고 누리길 바라는 겁니다. 만약 이 문구가 마음과 경험에 와닿지 않는다면 더 진정성이 느껴지는 문구를 찾아보세요. 그리고 그 말을 후원자가 해준다고 상상합니다. 그들이 어떤 말로 나에게 영감을 불어넣을까요? 이를테면 이렇겠지요. "당신은 영감을 받을 만한 사람입니다. 당신이 행복과 사랑을 누리길 빕니다. 남을 도우려는 당신의 일에 용기를 내길 빕니다. 안전한 상태에서 몸과 마음이 안정감을 느끼길 빕니다." 지혜로운 다른 사람의 관점으로 자신을 바라보면서, 나를 향해 선의의 소원을 보내며 일주일간 정기적인 명상 연습을 실천합니다. 자기 자신에게 선의를 보내는 일이 불편하게 느껴질 수 있습니다. 특히 주변 사람이나 자기 자신으로부터 감사와 친절한 바람을 받는 게 익숙하지

어떻게 아이 마음을 내 마음처럼 자라게 할까

않다면 더욱 그럴 겁니다. 그래도 계속하세요. 일주일 뒤에 친절한 소원을 빌어주고 싶은 동료를 추가합니다. 아마도 나에게 냉소적이고 실망을 안겨주는 사람보다 긍정적인 기운을 북돋아 주는 사람이 겠지요. 그런 다음 그들을 향한 자애 명상을 정기적인 연습에 통합해 일주일 정도 실천합니다. 그다음 주에는 나에게 긍정적이지도 부정적이지도 않은 사람, 아무런 느낌이 없는 사람을 떠올립니다. 오며 가며 인사는 나누지만 그다지 교류가 없는 사람, 이를테면 별다른 대화를 나눌 일 없는 관리인을 떠올릴 수 있을 겁니다. 또 한 주가 지나면 이번에는 일터에서 마주치는 상대하기 힘든 사람을 향해 선의의 소원을 빌어줍니다. 까다로운 부모, 강경한 관리자, 말썽꾸러기 아이 등을 향해서요.

상대하기 힘든 사람들에게 선의의 소원을 빌기란 결코 쉽지 않다. 그러니 작은 것부터 시작해서 조금씩 그들에게 다가가자. 명상 지도자 노아 레빈은 이렇게 말했다. "이것은 영적인 중량들기입니다. 삶에 존재하는 가벼운 덤벨부터 시작해서 점점 무게를 늘려가야 해요." 커다란 덤벨이 너무 무거워 보이면, 상대가 이제 막 일을 시작한 이상주의적인 초보자나 순수한 아이라고 생각하자. 또는 그 사람의 태도나 행실 가운데 마음에 드는 한 부분이나 최소한 크게 신경 쓰이지 않는 한 가지에 집중하자. 다른 사람을 위해 소원을 빌다 보면 우리의 관점이 달라진다. 까다롭다고 여기는 사람들이 진정으로 행복하고 불안해하지 않고 자기답게 행동함으로써 자기 본연의 의도와 선함에 다가간다면, 그들의 행동이 예전과는 사뭇 달라져서 나를 곤란하게 만드는 일이 크게 줄어들 것이다. 그러면 그들을 위해 더 나은 소월을 빌어줄 수 있다.

자신이 선택한 문구를 말로 표현하면 뭔가 신비로운 일이 일어난다. 어쩌면 우리의 인지적 관점이 달라질 수 있다. 뭐가 됐든 일터에서 상대하는 까다로운 사람들과의 관계가 달라질 가능성이 커진다. 설령 사람들이 변하지 않더라도 그들에 대한 나의 반응이 달라진다. 점점 더 지혜롭고 능숙한 방법으로 사람들을 상대하게 된다. 차분하고 개방적이고 연민 어린 마음을 가지고 있기 때문이다. 그러면 협력하던 사이가 친구 사이가 되고, 중립적이었던 사이가 서로 영감을 주고받는 조용한 원천이 될 수 있다. 물론 적들은 변할 수도 있고 변하지 않을 수도 있다. 그와 상관없이 더 이상 그들은 좌절을 안기는 대상이 아니라 나에게 무언가를 일깨워 주는 존재로 바뀔 수 있다.

결국 이런 저항의 문지기들도 적이 아님을 명심하자. 그들은 어떻게 활용해야 할지 알아내지 못한 협력자이자 스승이다. 자애 연습으로 새로운 가능성을 열어보자. 무엇보다 중요한 건 연민 어린 태도로 행동할 시간을 만드는 일이다. 틱낫한 스님은 연민이 명사가 아닌 동사라고 말했다. 현실에서, 자신을 둘러싼 공동체에서 연민을 실천하길 바란다. 당신은 마음챙김과 연민을 드러내는 횃불이다. 당신은 자애 같은 공식적인 명상을 실천할 수도 있고, 그저 가만히 다른 사람을 지원할 수도 있다. 일례로 내 친구 프란시스는 매년 자기보다 나이가 어린 직원 한 명을 골라 '비밀 멘티(mentee)'로 삼은 다음, 일부러 시간을 내 그의 상태를 살피고 필요한 지원을 제공하고 때로는 그저 가만히 지켜본다.

다른 사람과 함께 일하기

시간, 집중력, 금전적 자원을 놓고 경쟁하는 조직에서는 모든 구성원이 아이들을 돕고자 노력하고 있음을 잊어버리기 쉽다. 우리는 단지 어떤 식으로 도울 것인가에 대한 저마다 다른 의견을 가지고 있을 뿐이다.

우리는 이 여정에서 명확하고 겸손한 태도로 새로운 아이디어와 관점에 늘 열린 자세를 취해야 한다. 주변 사람들로부터 배울 점이 무궁무진하다는 걸 기억하자. 치료사는 치료사로서의 일을 하고, 교사와 부모는 교사와 부모가 해야 할 일을 하며, 다른 양육자는 각자 최선을 다해 자기 몫을 다하고 있음을 믿자.

또한 우리가 서로를 통해 배울 수 있음을 잊지 말아야 한다. 부모로서, 나는 책이나 대학원에서 얻은 것보다 훨씬 더 많은 지혜를 친구들과 친척들로부터 배웠다. 치료사로서, 나는 그 어떤 집단 치료 과정보다 교사들로부터 아이들을 관리하는 법을 훨씬 더 많이 배웠다. 또한 심리학 공부보다 세계 곳곳을 돌아다니며 사람들을 관찰하는 과정에서 인간 본성에 관해 훨씬 많은 것을 배웠다. 이 책은 수많은 대화와 워크숍과 다른 책에서 얻은 지혜를 모은 것이다. 교사, 치료사, 부모는 서로가 같은 목표를 위해 노력하고 있음을 쉽게 잊는다. 이 사실을 기억하고 서로가 서로를 지지한다면 정말 멋진 일일 것이다.

공동체에 마음챙김을 전할 때 뜻하지 않은 곳에서 협력자를 만나기도 한다. 그 한 사람 한 사람에게 감사하는 마음을 품자. 정기적으로 서로를 돌보고 영감을 불어넣음으로써 필요한 순간에 힘과 지지를 얻길 바란다.

아이들에게 마음챙김을 전하리란 목표를 가지고 노력하는 과정에서 나는 이를 위한 최고의 방법 중 하나가 다른 어른들을 돕는 것임을 깨달았다. 다른 사람을 돕는 일에 관한 상투적인 표현이 하나 있다. 비행기가 이륙하기 전 승무원이 안전 교육을 할 때, 비상시 다른 사람을 돕기 전에 자기 먼저 산소마스크를 쓰라고 안내한다. 마찬가지로 다른 사람에게 마음챙김을 전하는 데도 자기 돌봄과 자기 연습이 핵심이다. 나부터 시작해서 동료들에게도 꼭 마음챙김 호흡법을 일러주자. 마음챙김하는 소수의 직원이 연습을 통해 얻은 통찰을 바탕으로 진정성 있게 행동하고 존재하면 많은 아이가 치유의 경험을 누리게 된다. 당신이 직접 가서 아이들을 가르치지 않더라도 말이다. 마음챙김 연습으로 얻은 통찰을 기초로 형성된 문화는 나와 내 동료들을 최고의 교사, 치료사, 양육자, 부모로 만들어준다. 이로써 아이들이 건강하게 무럭무럭 자라날 가능성이 기하급수적으로 늘어난다. 내가 속한 공동체의 다른 어른들에게 마음챙김을 장려하면, 아이들을 도우려는 나의 노력이 힘을 받을뿐더러 아이들을 돕고자 나와 같은 길을 걷는 이들에게도 큰 힘이 된다. 나의 공동체에 마음챙김 문화를 이루기 위해 다음 주에 어떤 일을 할 수 있을까?

마음챙김 공동체를 만들기 위한 아이디어

- 최근에 공동체에서 일어난 일에 꾸준히 관심 갖기
- 아이들과 어른들 사이에서 영향력 있는 인물 파악하기
- 내부인이나 외부인으로서 내가 맡은 역할의 장점과 고충 생각하기

- 마음챙김 모임 또는 공부 모임 만들기
- 구성원이 함께하는 책 읽기, 다양한 훈련, 연간 주제 등을 고민하기
- 의사, 교육자, 부모, 직원 등 모든 관계자를 불러 모아 연습 안내하기
- '마음챙김의 날' 또는 '한 번에 한 가지만 하는 날'을 지정하기
- 회의를 시작할 때나 끝낼 때 잠시 명상하는 시간 갖기

스스로에게 평화의 순간을 허락하라. 그동안 얼마나 어리석게 허둥댔는지 알게 될 것이다. 침묵하는 법을 배워라. 그동안 너무 많은 말을 해왔음을 알아차릴 것이다. 친절하라. 그동안 다른 사람을 너무도 가혹하게 판단했음을 깨닫게 될 것이다.

–

작자 미상

나는 20대 초반부터 아이들에게 마음챙김을 가르쳤다. 그때 나는 이상주의자였다. 어쩌면 오만했는지도 모른다. 대학교를 갓 졸업한 시점에 아이들에게 마음챙김을 가르쳐 세상을 바꿔보리라 마음먹었으니 말이다. 그러나 기대와 달리 내가 가르치는 치료기숙학교(치료와 교육을 제공하는 기숙학교-옮긴이)의 직원은 물론 학생들조차 나와 생각이 다르다는 걸 금세 알게 되었다. 진로를 바꿔 임상심리학 대학원 과정을 밟을 때는, 장차 현장에 나가면 내담자와 40분간 명상을 진행하고 마지막 10분간 내 덕에 우리가 얼마나 깨달음에 가까이 다가갔는지 이야기하는 시간을 가지리라 생각했다. 지금은 눈곱만큼도 그럴 생각이 없다. 나의 이런 망상은 어느 날 세상만사에 싫증이 난 15세 소년이 한숨을 푹 내쉬고 두 눈을 굴리면서 내게 이렇게 말하는 순간 산산조각이 났다. "박사님, 호흡하기는 이제 한물갔어요."

마음챙김의 여정에서 내가 가장 힘들었던 건 성공을 새롭게 정의

하고 받아들이는 일이었다. 한 멘토는 내게 "우리가 하는 일은 야드 스틱(길이를 재는 도구-옮긴이)이 아니라 캘리퍼스(두 지점의 간격을 재는 도구-옮긴이)로 성공을 측정한다네"라고 말해주었다. 또한 그는 성장이 늘 직선적으로 이루어지는 건 아니라는 사실을 깨닫게 해주었다. 이를 처가 식구, 보험 회사, 교육 정책 입안자는 이해하지 못한다. 나는 심각한 문제를 겪고 있는 아이들과 함께 작업하면서, 내가 할 일은 그들을 내리막길에서 끌어내거나 길 자체를 없애는 것이 아니라 전보다 느린 속도로 내려가게 도우면서 그들이 지쳐 있을 때 함께해 주는 것뿐임을 깨달았다. 세상의 모든 아이에게 마음챙김이 필요함을 절실히 느낀다고 해도, 그들은 아직 자기 삶에 마음챙김을 받아들일 준비가 안 되었을 수 있다. 그러면 마음챙김을 아무리 재미있게 만들어도, 학교나 기관에 아무리 열심히 홍보해도 소용없다.

이런 시기에 우리가 실제로 영향을 미칠 수 있는 유일한 학생은 자기 자신뿐이다. 내가 양육, 교육, 임상 부문에서 얻은 성과는 나의 연습 그리고 내가 만난 아이들과의 관계 속에서 깨달은 통찰과 지혜와 연민에서 비롯된 것이지 내가 그들에게 사용한 각종 도구나 기법에서 나온 게 아니다.

꽤 오랫동안 치료사로 일했음에도, 여전히 나는 50분간의 상담이나 내가 진행하는 워크숍에서 몇 분 동안 자리에 앉아 명상하는 것에 대해 보수를 받지 않는다. 나는 아직 깨달음에 이르지 못했다. 솔직히 말해 내 주변에 있는 사람들이 나보다 훨씬 깨달음에 가까이 있는 것처럼 보인다. 지금 내가 하는 일은 오래전 머릿속에 그렸던 모습과는 사뭇 다르다. 내가 보는 나의 명상은 때로 두 사람이 조용히 함께 연습하는 모습이다. 그러나 더 자주, 감정으로 소용돌이치는 방에서 마음챙김을 유지하고 이를 다른 사람들에게 본보기로 보여주려고 애쓰는 모습이다. 흔한 광고 문구처럼 사람마다 연비가 다를 수 있다. 당신이 아이들과 함께하는 연습은 십중팔구 이 책에서 읽은 것과 비슷하겠지만, 그 안에는 각자가 처한 상황과 아이들의 특성에 따라 훨씬 더 많은 무언가가 담겨 있을 것이다.

몇 해 전 자애 연습을 하던 중에 문득 내가 누군가의 삶에 후원자일 수 있다는 생각이 들었다. 그 순간 흥분과 두려움을 동시에 느꼈다. 우리는 한 아이의 삶에 존재하는 회복력을 가늠하는 최고의 지표가 그들을 전적으로 신뢰하면서 필요할 때마다 도움이 되는 어른의 존재라는 사실을 잘 알고 있다. 어떤 아이들에게 그런 어른이 나일지도 모른다. 이 얼마나 커다란 특권이자 막중한 책임인가.

틱낫한 스님은 트라우마를 겪은 공동체에 마음챙김이 중요한 이유를 다음과 같이 설명했다.

베트남에는 보트피플(boat people)이라 불리는 사람이 많습니다. 이들은 작은 배를 타고 고국을 떠납니다. 종종 보트는 거친 바다나 폭풍우에 휩쓸리는데, 그러면 사람들이 공황 상태에 빠지고 배가 가라앉기도 합니다. 그때 배에 탄 사람 중 단 한 명이라도 차분함과 명료함을 유지한 채 지금 무엇을 해야 하고 하지 말아야 하는지 알 수 있다면, 배에 탄 사람들을 살릴 수 있습니다. 그는 표정과 말투로 차분함과 명료함을 전달하고, 이를 본 사람들은 그를 신뢰하며 그의 말에 귀 기울입니다. 그런 사람 한 명이 많은 이들의 생명을 구할 수

있습니다.[1]

자녀들에게 또는 자녀들이 다니는 학교, 일터, 가정, 내가 속한 공동체에서 이렇게 차분한 사람이 되길 원하는가? 그렇다면 이제 책을 내려놓고 판단 없이 받아들이는 태도로 지금 이 순간에 온전히 머물라. 바로여기서부터 시작하라.

모든 존재가 평화롭기를!

참고 문헌

프롤로그

1. Timothy D. Wilson et al., "Just Think: The Challenges of the Disengaged Mind," *Science* 345, no. 6192 (2014): 75–77.

1장. 스트레스에 짓눌리는 아이들

1. Britta Holzel et al., "Mindfulness Practice Leads to Increases in Regional Brain Gray Matter Density," *Psychiatry Research* 191, no. 1 (2011): 36–43. S. W. Lazar et al., "Meditation Experience Is Associated with Increased Cortical Thickness," *Neuroreport* 16 (2005): 1893–97.

2. David Black et al., "Notes from a Growing Science," and W. Britton and Arielle Sydnor, "Neurobiological Models of Meditation Practices: Implications for Applications with Youth," in *Teaching Mindfulness Skills to Kids and Teens*, edited by Christopher Willard and Amy Saltzman (New York: Guilford, 2015). Sara Lazar, "Neurobiology of Mindfulness," in *Mindfulness and Psychotherapy*, 2nd edition (New York: Guilford, 2013), 282–94.

3. Lisa S. Blackwell, Kali H. Trzesniewski, and Carol Sorich Dweck, "Implicit Theories of Intelligence Predict Achievement Across an Adolescent Transition: A Longitudinal Study and an Intervention," *Child Development* 78, no. 1 (2007): 246–63.

4. Sherry Turkle, "Connected, but Alone?", TED Talk, filmed February 2012. Available with interactive transcript at ted.com/talks.

5. 스즈키 순류 지음, 정창영 옮김,《선심초심》, 김영사, 2013.

어떻게 아이 마음을 내 마음처럼 자라게 할까

2장. 마음챙김 : 정확히 무엇을 말하는 걸까?

1.   M. A. Killingsworth and D. T. Gilbert, "A Wandering Mind Is an Unhappy Mind," *Science* 330, no. 6006 (2010): 932.

2.   Carl Rogers, *The Carl Rogers Reader*, edited by Howard Kirschenbaum and Valerie Land Henderson (New York: Mariner, 1989), 19.

3.   수잔 폴락·토마스 페둘라·로널드 시겔 지음, 메디컬마인드풀니스연구회·김경승·강수용·김준모·이성근·이동현·정도운·정성수 옮김,《심신자각과 정신치료: 심신자각에 근거한 정신치료를 위한 필수 기술들》, 하나의학사, 2016.

4.   Lazar, "Neurobiology of Mindfulness."

5.   Centers for Disease Control and Prevention, National Center for Injury Prevention and Control, "10 Leading Causes of Death by Age Group, United States—2013," graphic chart available at cdc.gov. Accessed August 13, 2015.

3장. 기초쌓기 : 나부터 실천하는 마음챙김

1.   Susan M. Bögels et al., "Mindful Parenting in Mental Health Care: Effects on Parental and Child Psychopathology, Parental Stress, Parenting, Coparenting, and Marital Functioning," *Mindfulness* 5, no. 5 (2014): 536 – 51.

2.   Lisa Flook et al., "Mindfulness for Teachers: A Pilot Study to Assess Effects on Stress, Burnout, and Teaching Efficacy," *Mind, Brain, and Education* 7, no. 3 (2007): 182 – 95.

3. Ludwig Grepmair et al., "Promoting Mindfulness in Psychotherapists in Training Influences the Treatment Results of Their Patients: A Randomized, Double-Blind, Controlled Study," *Psychotherapy and Psychosomatics* 76, no. 6 (2007): 332 – 38.

5장. 시각화하기: 상상력을 활용한 연습

1. 엘레나 보드로바·데보라 리옹 지음, 신은수·박은혜 옮김, 《정신의 도구: 비고츠키 유아 교육》, 이화여자대학교출판문화원, 2010.

2. Simon Lacey, Randall Stilla, and K. Sathian, "Metaphorically Feeling: Comprehending Textural Metaphors Activates Somatosensory Cortex," *Brain and Language* 120, no. 3 (2012): 416 – 21.

3. Susan M. Orsillo and Lizabeth Roemer, *Mindfulness and Acceptance Based Behavioral Therapies in Practice* (New York: Guilford, 2009), 127.

4. 수잔 폴락·토마스 페둘라·로널드 시겔 지음, 메디컬마인드풀니스연구회·김경승·강수용·김준모·이성근·이동현·정도운·정성수 옮김, 《심신자각과 정신치료: 심신자각에 근거한 정신치료를 위한 필수 기술들》, 하나의학사, 2016.

6장. 몸 알아차리기: 신체에 기반한 연습

1. L. Nummenmaa et al., "Bodily Maps of Emotions," *Proceedings of the National Academy of Sciences* 111, no. 2 (2014): 646 – 51.

2. 마크 윌리엄스·존 티즈데일·진델 시겔·존 카밧진 지음, 장지혜·이재석 옮김, 《마음챙김으로 우울을 지나는 법: 지긋지긋한 슬픔과 무기력, 우울에서 벗어나는 8주 마음챙김 명상》, 마음친구, 2020.

3. E. T. Gendlin, "Focusing," Psychotherapy: *Theory, Research and Practice* 6, no. 1 (1969): 4 – 15.

4. J.D.Creswell et al., "Neural Correlates of Dispositional Mindfulness During Affect Labeling," *Psychosomatic Medicine* 69, no. 6 (2007): 560 –65.

5. W.Levinson et al., "Physician-Patient Communication: The Relationship with Malpractice Claims among Primary Care Physicians and Surgeons," *Journal of the American Medical Association* 277, no. 7 (1997): 553 –69. John Mordechai Gottman and Nan Silver, *Why Marriages Succeed or Fail: What You Can Learn from the Breakthrough Research to Make Your Marriage Last* (New York: Simon & Schuster, 1994).

6. 존 카밧진 지음, 장현갑·김정호·김교헌 옮김,《마음챙김 명상과 자기치유(상): 삶의 재난을 몸과 마음의 지혜로 마주하기》, 학지사, 2017, 165쪽.

7. Thich Nhat Hanh, *Interbeing: Fourteen Guidelines for Engaged Buddhism* (Berkeley, CA: Parallax Press, 1998).

8. 브라이언 완싱크 지음, 강대은 옮김,《나는 왜 과식하는가: 무의식적으로 많이 먹게 하는 환경, 습관을 바꾸는 다이어트》, 황금가지, 2008, 56쪽, 절판.

7장. 흐름에 맡기기: 움직임 연습

1. 존 레이티·에릭 헤이거먼 지음, 이상헌 옮김, 김영보 감수,《운동화 신은 뇌: 뇌를 젊어지게 하는 놀라운 운동의 비밀!》, 녹색지팡이, 2009.

2. 리처드 루브 지음, 김주희 옮김,《자연에서 멀어진 아이들》, 즐거운상상, 2017.

3. 잰 초즌 베이 지음, 황근하 옮김,《내 안의 성난 코끼리 길들이기: 날마다 깨어있기 연습법 53》, 물병자리, 2013.

4. Fred Boyd Bryant and Joseph Veroff, *Savoring: A New Model of Positive Experience* (Mahwah, NJ: Lawrence Erlbaum Associates, 2007), 120.

5. Dana R. Carney, Amy J. C. Cuddy, and Andy J. Yap, "Power Posing: Brief Nonverbal Displays Affect Neuroendocrine Levels and Risk Tolerance,"

Psychological Science 21, no. 10 (October 2010): 1363 – 68.

8장. 현재를 경험하기: 소리와 감각을 활용한 연습

1. 이 문구는 알렉스 파타코스의 《무엇이 내 인생을 만드는가: 〈죽음의 수용소에서〉 저자 빅터 프랭클에게 배우는 인생의 지혜》에 스티븐 코비가 쓴 서문에 나와 있다.

2. Helen Keller, "Three Days to See," *Atlantic Monthly*, January 1933, 35 – 42.

9장. 놀면서 집중하기: 창의적인 놀이 연습

1. 틱낫한 지음, 이현주 옮김, 《평화 되기》, 불광출판사, 2022.

2. 틱낫한·플럼빌리지 지음, 이수경·혜주 옮김, 《틱낫한 스님의 마음 정원 가꾸기: 온 가족이 함께하는 명상 가이드》, 판미동, 2013.

3. Adam Zeman et al., "By Heart: An fMRI Study of Brain Activation by Poetry and Prose," *Journal of Consciousness Studies* 20, no. 9 (2013): 132 – 58.

4. Simon Lacey, Randall Stilla, and K. Sathian, "Metaphorically Feeling: Comprehending Textural Metaphors Activates Somatosensory Cortex," *Brain and Language* 120, no. 3 (2012): 416 – 21.

5. Daniel Bowen, J. Greene, and B. Kisida, "Learning to Think Critically: A Visual Art Experiment," *Educational Researcher* 43, no. 1 (2014): 37 – 44.

10장. 기술과 의식적인 관계 맺기: 최신 기기를 활용한 연습

1. Linda Stone, "Are You Breathing? Do You Have Email Apnea?" blog post, November 24, 2014. Available at lindastone.net. Accessed March 29, 2015.

2. Yalda T. Uhls et al., "Five Days at Outdoor Education Camp without

Screens Improves Preteen Skills with Nonverbal Emotion Cues," *Computers in Human Behavior* 39 (2014): 387 –92.

3. N. I. Eisenberger, "Broken Hearts and Broken Bones: A Neural Perspective on the Similarities between Social and Physical Pain," *Current Directions in Psychological Science* 21, no. 1 (2012): 42 –47.

11장. 마음챙김 유지하기: 일상에서 실천하는 짧은 연습

1. 대니얼 J. 시겔 지음, 최욱림 옮김, 《십대의 두뇌는 희망이다: 혼란을 넘어 창의로 가는 위대한 힘》, 처음북스, 2014, 71 -72쪽, 절판.

2. Elisha Goldstein, *Uncovering Happiness* (New York: Atria, 2015), 72.

13장: 깨어 있는 공동체 만들기

1. Nirbhay N. Singh et al., "Mindful Staff Can Reduce the Use of Physical Restraints When Providing Care to Individuals with Intellectual Disabilities," *Journal of Applied Research in Intellectual Disabilities* 22, no. 2 (2009): 194 –202.

에필로그

1. Thich Nhat Hanh, *Essential Writings*, 162.

내 아이에게 맞는 연습 고르기

이 책에서 소개한 모든 연습을 목록으로 정리했다. 이 중 몇몇은 특정 문제를 다루는 데 더 나을 수 있지만, 사실 대부분의 연습은 대다수 상황에 도움이 된다. 각 연습이 어느 경우에 유용한지에 관한 지침을 제공하고자 아래와 같은 약어를 활용했다.

반드시 지켜야 할 규칙은 없다. 그러니 이 내용도 나의 경험과 다른 여러 부모와 아동 전문가의 경험을 토대로 한 지침으로 여겨주길 바란다. 자신이 대하는 아이들에게 맞도록 얼마든지 이 연습을 자유롭게 각색해도 좋다. 이 가운데 다수는 나의 오디오 프로그램 〈마음챙김과 함께 성장하기 위한 연습들(Practices for Growing Up Mindful, Sounds True, 2016)〉에서도 찾아볼 수 있다.

I =   **입문자를 위한 연습 :** 이 연습들은 마음챙김을 처음 해보는 사람, 어린아이, 주의 지속 기간이 짧은 아이가 실천하기에 적합하다.

A =   **불안 :** 불안에 대처하는 방법으로 권장되는 이 연습들은 투쟁 혹은 도피 반응을 잠재운다. 여기에 해당하는 다수의 연습은 전반적으로 불안을 줄이는 데 마음을 사용하며, 그 외 다른 연습들은 몸을 알아차리고 이완하는 데 초점을 맞춘다. 몇몇 연습은 불안한 사고방식을 넘어설 수 있는 관점을 길러준다. 호흡 연습은 불안을 해결하려는 사람들에게 특히나 까다롭게 느껴진다. 이들은 하루 중 대부분의 시간을 보내는 일터에서 신속하고 효과적으로 일하기 때문에 비교적 길게 느껴지는 호흡 연습을 하면 불안이 커질 수 있다. 내가 연습을 잘못하고 있다는 느낌이 쉽게

들기 때문이다. 따라서 이 연습들은 불안을 느끼지 않을 때 실천하는 것이 중요하다.

D = **우울 :** 여기에 속하는 대다수 연습은 인지적, 정서적, 신체적으로 활성화하는 역할을 함으로써 우울한 생각과 학습된 무기력으로부터 우리를 건져준다. 몇몇 연습은 중심을 든든히 잡아주는 동시에 우울한 생각에서 벗어나도록 돕고, 다른 연습들은 더 거시적이고 긍정적인 관점으로 이끌어 기분을 변화시킨다. 지나치게 이완시키는 연습들은 기분 좋게 마음챙김을 접하게 하지만 장기적으로 우울을 해소하는 데는 그리 유익하지 않다.

F = **집중 :** 이 연습들은 지속적이고 선택적인 주의를 가르쳐주며, 주의를 흩뜨리는 것을 마주할 때 주의력을 발휘하도록 돕기도 한다. 구체적으로 마음의 초점을 좁히고 집중력과 실행력을 강화해 준다.

S = **스트레스 / 번아웃 :** 이 책에 소개한 거의 모든 연습은 스트레스로 고통받는 사람에게 유용하다. 'S'라고 표시한 연습들은 특히 투쟁 혹은 도피 반응이나 정지 반응을 인식하고 이로부터 벗어나 신경계를 재조정하게 돕는다. 몇몇 연습은 스트레스에 치우쳐 있는 관점에서 벗어나도록 도와준다.

T = **트라우마 :** 트라우마를 겪은 사람들이 널리 활용하는 연습은 중심을 잡아주는 것들로 이 연습들은 오감을 사용해 외부의 닻에 초점을 맞춘다. 여기에는 트라우마의 촉발 요인을 인식하도록 가르쳐주는 연습, 자기를 진정시키는 몇몇 연습도 포함되어 있다. 트라우마를 극복하려고 애쓰는 사람이 어떤 연습을 까다롭게 여길지 예측하기란 어렵다. 이 연습들 대

다수는 길이가 짧으며 눈을 뜬 상태에서도 쉽게 할 수 있다. 시각화가 도움이 되긴 하지만 우선은 긍정적인 마음챙김의 경험으로 기초를 다지길 권한다.

PA = **수행 불안**: 시험, 대중 발언, 스포츠, 사교 행사 등을 어려워하는 사람들에게 권장되는 이 연습들은 자신의 감각을 집중적으로 알아차리고, 더 느긋한 상태로 신속히 옮겨가도록 돕는다.

R = **회복력**: 우리는 모두 실패와 좌절을 겪지만 유난히 이런 상황에 대처하기 힘들어하는 사람들이 있다. 정서적 회복력을 기르는 데 권장되는 이 연습들은 삶의 도전 과제와 변화 앞에서 자존감, 자기연민, 평정심을 기르게 돕는다.

EI = **정서 지능**: 정서 지능을 기르는 데 권장되는 연습들은 내적 경험과 외부 세계가 자신에게 어떻게 영향을 끼치는지 파악하고 받아들이고 함께 일하도록 돕는다.

ER = **정서 조절**: 이 연습들은 까다로운 감정을 달래고, 스스로를 진정하고, 감정적인 상태와 인지적인 상태 사이를 부드럽게 오가며, 다양한 맥락 사이를 적절히 전환하도록 돕는다. 감정을 일으키는 강렬한 촉발 요인을 마주할 때 유용한 연습들이다.

IC = **충동 조절**: 충동 조절을 어려워하는 사람들에게 권장되는 이 연습들은 행동에 뛰어들게 만드는 요인을 알아차리고 이를 억제하는 데 도움이 되는 능숙한 대응법을 가르쳐준다. 따라서 이 연습들을 실천하다 보면 인내력이 길러진다. 또한 자해, 공격, 약물 남용 같은 문제로 괴로워하는 사람들에게도 유용하다.

연습 목록

3-2-1 접촉(247쪽): 몸과 마음의 중심을 잡아주고 차분히 가라앉힌다. I;
A, F, PA, S, T

4×4 호흡(243쪽): 몸과 마음의 신경계를 진정시킨다. I; A, S

7-11 호흡(239쪽): 심호흡을 가르쳐주고 차분해지도록 돕는다.
I; A, ER, S

• **11-7 호흡:** 심호흡을 가르쳐주고 에너지와 초점을 길러준다. D

79번째 장기(210쪽): 알아차림을 가르쳐주고 불쾌한 것을 포용하도록
이끈다. EI

각색한 바디 스캔(141쪽): 몸에서 감정이 일어나는 방식을 이해하도록 돕
는다. I; A, D, EI, S

감각 카운트다운(254쪽): 초점을 좁히고 주의를 다른 곳으로
옮기게 한다. F

개인 공간 연습(140쪽): 정서 지능, 개인적 편안함, 경계 설정 능력을 길러
준다. I; EI, T

고요한 한숨(240쪽): 부정적이고 실망스러운 감정을 해소시킨다.
I; A, D, F, PA, S

고요함 찾기(250쪽): 몸과 마음의 중심을 잡아주고 차분히 가라앉힌다. I;
PA, S, T

구름 걷어내기(197쪽): 더 넓은 영역의 감정들에 접근하게 한다.
I; A, D, EI, F, IC, R, S, T

그저 존재하기×3(257쪽): 관점을 넓혀준다. A, D, PA, S, T

글리터 자(125쪽): 변화하는 감정들을 편안히 대하게 한다. I; ER, IC, R

기본 걷기 명상(157쪽): 활력을 끌어올린다(앉기 명상보다 집중에 더 유용하다). A, D, PA, S, T

- **5-4-3-2-1 걷기(165쪽):** 감각과 주변 세계에 주의를 기울이고 이를 음미하게 한다. F, D, S
- **감각 알아차리면서 걷기(164쪽):** 방황하는 생각과 감정으로부터 지금 이 순간 느껴지는 감각과 경험으로 주의력을 집중시킨다. F
- **감사하며 걷기(166쪽):** 더 넓은 관점을 갖게 한다. I; A, D, EI, PA, R, S, T
- **느낌 알아차리면서 걷기(160쪽):** 감정적 경험과 심신 연결성을 알아차리게 가르쳐준다. I; A, D, PA, EI, IC
- **동전을 활용한 걷기(165쪽):** 좌절의 감정뿐만 아니라 움직임에도 주의를 기울이게 한다. I; F, IC
- **말하면서 걷기(158쪽):** 몸과 마음을 안정시킨다. A, D, F, PA, R, S, T
- **우스꽝스럽게 걷기(163쪽):** 자의식을 극복하고 주의를 전환하는 데 도움을 준다. I; D, F, ER, IC
- **이렇게 걸어봐!(161쪽):** 몸 상태가 기분에 미치는 영향을 알아차리게 돕는다. I; A, D, EI, ER, PA, S, T
- **캐릭터처럼 걷기(162쪽):** 다른 사람의 입장이 되어 걸음으로써 공감 능력을 기르고, 다양한 감정 상태에 따라 몸과 마음이 세상에 반응하는 방식이 어떻게 달라지는지 인식하도록 이끈다. I; A, D, T, PA, R, EI, ER

기본 마음챙김 명상(57쪽): 생각, 감정과 맺는 관계를 바꿔주는 마음챙김의 작동 방식과 현재에 머무는 방법에 관한 기초를 제공한다. 모든 상황에 적합한 연습이다.

나만의 호흡 명상 기록하기(200쪽): 아이들이 스스로 연습을 실천하고, 까다로운 감정을 다루는 데 필요한 견고한 닻과 이미지를 제공한다. I; A, D,

F, PA, S, T

나무 연습(119쪽): 인생의 역경 앞에서 평정심을 길러준다. A, D, ER, F, R, S

나비 포옹(245쪽): 자기 연민을 길러준다. I; A, D, S, T

내 몸 스캔하기(252쪽): 몸에서 일어나는 감정들을 인식하도록 도와준다. EI

다른 눈으로 바라보기(256쪽): 관점을 바꾸는 시각적 알아차림 연습이다. I

- **사무라이의 눈:** 주의력과 알아차림을 훈련한다. F
- **아이의 눈:** 우울한 사고방식으로부터 관점을 바꾸게 한다. D
- **예술가의 눈:** 관점을 바꿔준다. A, D, F

다섯 손가락 호흡(242쪽): 몸과 마음의 신경계를 진정시킨다. I; A, ER, F, PA, R, S

단어가 일으키는 물결(183쪽): 감정적 촉발 요인을 알아차리게 도와준다. EI

마음, 몸, 가재(136쪽): 감정적 알아차림을 길러준다. I; EI

마음챙김 먹기(147쪽): 건강한 자기 돌봄을 익히고 긍정적인 부분에 감사하도록 이끈다. I; D, EI, F, IC

마음챙김 색칠하기(195쪽): 집중, 이완, 감각 알아차림을 강화해준다. A, F, T

말하기 전에 생각하기(250쪽): 발언에 대해 숙고하게 함으로써 충동 조절을 도와준다. EI

모든 감각으로 호흡하기(241쪽): 호흡 알아차림과 집중을 가르쳐준다. I; A, D, R, IC

몸과 마음 진정하기(129쪽): 몸과 마음의 중심을 잡아주고 차분히 가라앉힌다. I; A, ER, F, R, S, T

미소 명상(192쪽): 행복감과 대인관계의 알아차림을 가져다준다. I; D, F, R, EI

방해꾼 박사(191쪽): 유혹과 방해 앞에서 충동을 억제하는 법을 가르쳐준다. IC

사라지는 소리 듣기(175쪽): 몸과 마음의 중심을 잡아주고 차분히 가라앉

힌다. I; A, F, S, T

색깔 탐정(256쪽): 주의력과 알아차림을 훈련한다. I; F, PA, T

성가신 감정 지켜보기(253쪽): 촉발 요인이나 기분이 지나가게 내버려 두는 능력을 길러준다. A, D, EI, PA, S, T

소리 찾기(191쪽): 주의를 전환하고 좁혀준다. F

소리 카운트다운(254쪽): 초점을 좁혀 마음의 중심을 지금 이 순간에 두게 한다. I, A, F, PA, IC

소리 풍경 넘나들기(176쪽): 몸과 마음의 중심을 잡아주고 차분히 가라앉힌다. A, EI, ER, F, PA, R, S, T

• **반대되는 소리들:** 곳곳에 퍼져 있는 주의력을 몇몇 대상으로 좁혀서 선택적 주의를 훈련한다. I; A, F, IC

소셜 미디어 마음챙김(221쪽): 불리한 비교를 상쇄시킨다. A, D, EI, S

손안의 얼음(137쪽): 까다로운 감정을 포용하는 법을 가르쳐준다. I; A, D, EI, ER, F, IC, S, T

수프 호흡(238쪽): 몸과 마음의 신경계를 진정시킨다. I; A, ER, PA, S

스톱(228쪽): 되풀이하는 생각으로부터 마음을 분리시킨다. I; A, D, EI, F, PA, S

슬로우(248쪽): 몸과 마음을 이완시킨다. A, PA, S

싱글태스킹(78쪽): 생각에 쏠린 주의를 지금 여기서 일어나는 신체 경험으로 옮긴다. I; A, D, ER, F, IC, PA, S, T

어떻게 알 수 있을까?(84쪽): 되풀이하는 생각의 자동 조종 장치를 끈다. I; A, D, S

오감 스캔(246쪽): 신체 알아차림 길러주고 주의력을 한 곳에 집중시킨다. I; A, F, EI

음악을 들으며 감정 알아차리기(182쪽): 감정이 일어날 때마다 인식하도록 도와준다. I; EI

인간 거울(194쪽): 대인관계와 몸에 관한 알아차림을 가르쳐준다. I; F, PA, EI, IC

• **인간 만화경(195쪽):** 공간 알아차림과 대인관계의 연결을 가르쳐주는 집단 신체 마음챙김 연습이다. I; F, PA, EI, IC

자애 연습(301쪽): 자신과 다른 사람에 대한 연민을 길러준다. A, D, S, T

자애 호흡(244쪽): 자신에 대한 연민을 길러준다. A, D, EI, ER, PA, R, S, T

잘된 일은 무엇일까?(85쪽): 긍정적인 방향으로 관점을 옮기게 한다. I; A, D, EI, R, S

좋아하는 노래 듣기(182쪽): 몸과 마음의 중심을 잡아준다. I; A, F, PA, S

줌 렌즈와 광각 렌즈(255쪽): 주의를 다른 곳으로 옮겨준다. F

지금 이 순간의 경험 살피기(252쪽): 생각과 감정을 인식하도록 돕는다. EI, PA

직관 따르기(86쪽): 몸이 발휘하는 지혜에 마음을 모으게 한다. A, D, EI, R, S

초록빛 찾기(251쪽): 긍정적인 방향으로 관점을 옮기게 한다. I; A, D, S, T

친절한 소원(257쪽): 연민과 자기연민을 길러준다. D, T, R, EI

틈새 공간(245쪽): 초점을 좁히고 주의력을 훈련한다. F

하늘에 떠 있는 구름(121쪽): 더 넓은 관점을 길러준다. A, D, EI, ER, F, IC, R, S

호숫가의 조약돌(123쪽): 인생의 역경 앞에서 평정심을 길러준다. A, D, ER, F, R, S

호흡 전달하기(193쪽): 속도를 늦추고, 주의를 전화하고, 충동을 억제하는 법을 가르쳐준다. F, IC

홀트(249쪽): 기본적인 욕구를 인식하게 해준다. EI, IC

이 책은 창조보다는 조합에 가까웠다는 느낌이 든다. 많은 사람이 들려준 지혜의 말과 연습들을 한데 모았고, 나를 넘어서는 보편적인 내용을 담았기 때문이다. 이 과정에서 영감을 불어넣고 여러모로 도움을 준 모든 사람의 공로를 치하하고 싶지만 늘 이런 일은 말로 다 전하기가 어렵다. 그래서 아래에서 언급하는 모든 사람에게 감사의 인사를 전하려 한다. 이름을 말하지 않았어도 정신만은 이 책에 고스란히 담긴 모든 이들에게도 진심으로 감사한다.

먼저 내 아내 올리비아 바이서에게 감사하고 싶다. 올리비아는 내가 시시각각 떠오르는 생각을 장황하게 늘어놓아도 끈기 있게 들어주고, 내가 그 아이디어를 궁리하고 글로 옮기는 데 필요한 시간과 공간을 제공해 준다. 작가가 되려면 나뿐만 아니라 나를 사랑하는 사람들의 희생과 지원이 필요하다. 내 아들 리오에게도 감사의 인사를 전한다. 부모님 앤과 노먼 윌라드에게도 감사한다. 두 분은 내게 마음챙김과 글쓰기를 사랑하는 마음을 불어넣어 주셨다. 나의 누이 마라 윌라드와 그녀의 가족에게도 감사의 인사를 전한다.

나의 동료 미치 애블렛은 여러 버전의 초안을 검토하고 글쓰기에 관한 많은 통찰을 제공해 주었다. 또한 다른 교육과 글쓰기 프로젝트에서도 사람들이 꿈에 그리는 탁월한 협력자가 되어주었다. 이 밖에 장별로 피드백을 제공하며 이번 집필 프로젝트에 친구이자 지원자 역할을 해준 동료들 마크 버틴, 제프 브라운, 피오나 젠슨, 아드리아 케네디, 중

보에게 감사한다. 크리스틴 베튼코트는 다양한 초안과 색인에 대한 피드백으로 큰 도움을 주었다. 이는 결코 쉬운 일이 아니다! 지금의 에이전트 캐롤 만을 소개해 준 마크에게도 감사의 뜻을 전한다.

　내가 좌절과 실망의 순간마다 앉기 연습, 심리치료, 양육, 집필을 이어갈 수 있었던 건 많은 멘토가 곁에 있었기 때문이다. 이 책 곳곳에 그들이 들려준 지혜의 말이 적혀 있다. 특히 멘토로서 내게 큰 영감을 전해준 크리스토퍼 거머, 수잔 카이저 그린랜드, 매디 클라인, 수잔 폴락, 잰 서레이, 에드 예이츠에게 이 기회를 빌려 진심 어린 감사의 인사를 전한다. 조안 클락스브룬, 톰 페둘라, 론 시겔을 비롯한 '명상과 심리치료 연구소(Institute for Meditation and Psychotherapy)' 위원들도 큰 지지를 보내주었다.

　대화를 나누고 강연을 듣는 중에도 집필 아이디어를 많이 얻었다. 지금 기억나는 사람으로는 차스 디카푸아, 제프 고딩, 에디 하우벤, 브라이언 캘러핸, 애슐리 시트킨이 있다. 이 밖에도 수많은 사람이 들려준 지혜의 말과 연습법들이 이 책에 수록되어 있다. 예를 들어 리 거렛은 '백조와 호랑이의 에너지'를 묘사했다. 한편 '이렇게 걸어봐!' 연습법은 한 연극 교사와의 대화에서 나왔다고 생각했는데, 데보라 슈벌린이 쓴 《마음챙김 교수법으로 행복 가르치기》에도 비슷한 연습이 있었다. 샘 히멜스타인은 까다로운 아이들에게 접근하는 법에 관한 요령을 아낌없이 가르쳐주었고, 4장과 12장을 작성하는 데도 큰 영향력을 미쳤다. 혹시라도 그가 진행하는 워크숍에 참여할 기회가 생긴다면 주저 없이 참석하라고 적극적으로 추천하고 싶다. 매년 캘리포니아대학교 샌디에이고 캠퍼스(UCSD)에서 개최하는 〈다리 놓기(Bridging)〉 콘퍼런스에 모이는 공동체는 언제나 내게 영감을 불어넣는다. 스티브 힉맨과 앨런 골드스타인, 리사 플룩, 랜디 셈플, 미나 스리니바산, 그 외 여러 사람과 복도나 저녁 식사 자리에서 나눈 대화도 책 곳곳에 스며 있다. 마인드풀스쿨스의 비니 페라로, 메건 코완, 크리스 맥케나 등이 진행하는 워크숍에서도 소중한 지혜를 얻을 수 있었다. 특히 이 책에 직접 등장하기도 하고 정신적으로도 영향을 준 바네사 고베, 프란시스 콜라릭, 피터 로젠마이어에게 특별한 감사의 인사를 전한다.

나의 에이전트 캐롤 만에게 감사한다. 캐롤은 훌륭한 출판사인 사운즈 트루(Sounds True)에 나를 연결해 주었고, 이후 제니퍼 브라운을 비롯해 사운즈 트루의 저자 유치팀 전원이 이번 집필 프로젝트를 지원해 주었다. 특히 내가 전혀 발견하지 못한 통찰을 기울여 글을 편집하면서 집필 과정을 이끌어준 에이미 로스트에게 감사한다. 나의 첫 오디오 프로그램을 이끌어준 스티브 레자드, 원고를 정리하며 지혜로운 통찰을 공유해 준 알레그라 휴스턴에게도 감사의 뜻을 전한다.

내가 진행한 워크숍에 참석했거나 다른 방식으로 나와 협력했던 모든 사람에게 깊은 감사의 인사를 전한다. 마음챙김을 위한 교육자 모임, 명상과 심리치료 연구소의 동료들, 제프 슈만-올리비에를 비롯한 CHA 마음챙김과 연민센터의 모든 구성원에게도 감사의 인사를 전하고 싶다.

무엇보다도 그동안 나와 만났던 아이와 성인 환자들에게 감사한다. 내가 글을 쓰고 가르치는 건 모두 그분들을 위한 일이다.

어떻게 아이 마음을 내 마음처럼 자라게 할까

실패와 좌절에도
무너지지 않는
단단한 마음 연습

어떻게
아이 마음을
내 마음처럼
자라게 할까

2022년 10월 5일 초판 1쇄 발행

지은이 크리스토퍼 윌라드 • 옮긴이 김미정
발행인 박상근(至弘) • 편집인 류지호 • 상무이사 김상기 • 편집이사 양동민
책임편집 양민호 • 편집 김재호, 김소영, 권순범
디자인 쿠담디자인 • 제작 김명환 • 마케팅 김대현, 정승채, 이선호 • 관리 윤정안
펴낸 곳 불광출판사 (03150) 서울시 종로구 우정국로 45-13, 3층
        대표전화 02) 420-3200 편집부 02) 420-3300 팩시밀리 02) 420-3400
        출판등록 제300-2009-130호(1979. 10. 10.)

ISBN 979-11-92476-49-0 (03590)

값 22,000원